Schnittpunkt 10

Mathematik
Nordrhein-Westfalen

Rainer Maroska
Achim Olpp
Rainer Pongs
Claus Stöckle
Hartmut Wellstein
Heiko Wontroba

bearbeitet von
Agathe Bachmann, Langenfeld
Marion Becker, Paderborn
Christof Birkendorf, Dortmund
Berthold Grimm, Billerbeck
Rainer Pongs, Hürtgenwald

Ernst Klett Verlag
Stuttgart · Leipzig

Schnittpunkt 10, Mathematik, Nordrhein-Westfalen

Begleitmaterial:
Lösungsheft (ISBN 978-3-12-740403-6)
Arbeitsheft mit Lösungen (ISBN 978-3-12-740406-7)
Arbeitsheft mit Lösungen inklusive Lernsoftware (ISBN 978-3-12-740405-0)
Schnittpunkt Kompakt, Klasse 5/6 (ISBN 978-3-12-740358-9)
Schnittpunkt Kompakt, Klasse 7/8 (ISBN 978-3-12-740378-7)
Schnittpunkt Kompakt, Klasse 9/10 (ISBN 978-3-12-740398-5)
Kompetenztest 3, Klasse 9/10 (ISBN 978-3-12-740407-4)
Klassenarbeiten (ISBN 978-3-12-740400-5)
Formelsammlung (ISBN 978-3-12-740322-0)

1. Auflage   1 13 12 11 | 20 19

Alle Drucke dieser Auflage sind unverändert und können im Unterricht nebeneinander verwendet werden. Die letzten Zahlen bezeichnen jeweils die Auflage und das Jahr des Druckes.

Das Werk und seine Teile sind urheberrechtlich geschützt.
Jede Nutzung in anderen als den gesetzlich zugelassenen Fällen bedarf der vorherigen schriftlichen Einwilligung des Verlages. Hinweis zu §52a UrhG: Weder das Werk noch seine Teile dürfen ohne eine solche Einwilligung eingescannt und in ein Netzwerk eingestellt werden. Dies gilt auch für Intranets von Schulen und sonstigen Bildungseinrichtungen.
Fotomechanische oder andere Wiedergabeverfahren nur mit Genehmigung des Verlages.

© Ernst Klett Verlag GmbH, Stuttgart 2009. Alle Rechte vorbehalten. www.klett.de

Autoren: Rainer Maroska, Geislingen; Achim Olpp, Täferrot; Rainer Pongs, Hürtgenwald; Claus Stöckle, Bietigheim-Bissingen; Hartmut Wellstein, Würzburg;
Heiko Wontroba, Herrenhof
Bearbeitet von: Agathe Bachmann, Langenfeld; Marion Becker, Paderborn; Christof Birkendorf, Dortmund; Berthold Grimm, Billerbeck; Rainer Pongs, Hürtgenwald

Redaktion: Markus Hanselmann, Claudia Gritzbach
Herstellung: Martina Mannhart

Zeichnungen / Illustrationen: Uwe Alfer, Waldbreitbach
Reproduktion: Meyle + Müller, Medien-Management, Pforzheim
DTP / Satz: media office gmbh, Kornwestheim
Druck: PASSAVIA Druckservice GmbH & Co. KG, Passau

Printed in Germany
ISBN 978-3-12-740401-2

Willkommen im Schnittpunkt

Liebe Schülerin, lieber Schüler,

der Schnittpunkt soll dich in diesem Schuljahr beim Lernen begleiten und unterstützen. Damit du dich jederzeit zurecht findest, wollen wir dir einige Hinweise geben.

Zu Beginn des Buches findest du **Basiswissen** aus den letzten Schuljahren zum Nachschlagen und Auffrischen.

Jedes neue Kapitel beginnt mit einer **Doppelseite**, auf der es viel zu entdecken und auszuprobieren gibt und auf der du nachlesen kannst, was du in diesem Kapitel lernen wirst. Innerhalb der Kapitel wirst du vor allem die **Aufgaben** bearbeiten – gemeinsam mit anderen oder allein.
Auf vielen Aufgabenseiten findest du durch Symbole hervorgehobene Kästen, die Verschiedenes bieten:

 Argumentieren und Kommunizieren: Hier kannst du über mathematische Themen reden, verschiedene Begriffe miteinander in Beziehung bringen, mit Klassenkameraden zusammenarbeiten und deine Ergebnisse präsentieren.

 Problemlösen: Du löst spannende Fragestellungen und Probleme. Dafür findest du oft deinen eigenen Weg zur Lösung und du denkst über deine Ergebnisse und die der anderen nach. Vielleicht findest du auch noch eine bessere Lösung.

 Modellieren: Für interessante Fragen aus dem alltäglichen Leben findest du Antworten. Dabei hilft dir das, was du im Mathematikunterricht schon gelernt hast.

 Werkzeuge: Du verwendest mathematische Werkzeuge (z. B. das Lineal oder das Geodreieck) und andere Medien wie Bücher, den Computer oder das Internet.

 Info: Informationen und Hinweise, die dir beim Lösen der Aufgaben helfen oder dir neue Einsichten verschaffen.

Am Ende eines Kapitels findest du in der **Zusammenfassung** noch einmal alles, was du dazugelernt hast. Hier kannst du dich für die Klassenarbeiten fit machen und jederzeit nachschlagen.

Unter **Üben • Anwenden • Nachdenken** sind Aufgaben zum Üben, Weiterdenken und Anknüpfen an früher Gelerntes zusammengestellt.

Die letzte Seite des Kapitels, der **Rückspiegel**, bietet dir eine Aufgabenauswahl, mit der du dein Wissen und Können testen kannst. Links findest du die leichteren, rechts die schwierigeren Aufgaben. Wenn du einen Aufgabentyp schon sehr gut beherrschst, kannst du nach rechts springen, wenn dir eine Art von Aufgaben noch Schwierigkeiten bereitet, wechselst du auf die linke Seite. Die Lösungen zu diesen Aufgaben findest du alle im letzten Teil des Buches.

Am Ende des Buches findest du das **Prüfungstraining**. In ihm sind Aufgaben zusammengestellt, die aufgreifen, was du bis Klasse 10 gelernt hast. Auch zu diesen Aufgaben findest du die Lösungen am Ende.

Und jetzt wünschen wir dir viel Spaß und Erfolg!

Inhalt

- **Basiswissen** —— 8

1 Quadratische Gleichungen
Spiel-Felder —— 22
1 Rein quadratische Gleichungen —— 24
2 Gemischt quadratische Gleichungen —— 26
3 Lösungsformel —— 29
4 Bruchgleichungen* —— 32
5 Lesen und Lösen —— 34
Zusammenfassung —— 37
Üben • Anwenden • Nachdenken —— 38
Rückspiegel —— 41

2 Quadratische Funktionen
Immer geradeaus? —— 42
1 Die quadratische Funktion $f(x) = x^2 + c$ —— 44
2 Die quadratische Funktion $f(x) = a x^2 + c$ —— 46
3 Die quadratische Funktion
$f(x) = (x + d)^2 + e$ —— 49
4 Nullstellen quadratischer Funktionen —— 53
5 Modellieren mit quadratischen Funktionen —— 56
Zusammenfassung —— 59
Üben • Anwenden • Nachdenken —— 60
Rückspiegel —— 63

3 Pyramide. Kegel. Kugel
Körper vergleichen —— 64
1 Schrägbild von Pyramide und Kegel —— 66
2 Pyramide. Oberfläche —— 68
3 Pyramide. Volumen —— 71
4 Kegel. Oberfläche —— 74
5 Kegel. Volumen —— 76
6 Kugel. Volumen —— 78
7 Kugel. Oberfläche —— 80
8 Zusammengesetzte Körper* —— 82
Zusammenfassung —— 85
Üben • Anwenden • Nachdenken —— 86
Rückspiegel —— 89

4 Exponentialfunktion

Druck 'rauf – Druck 'runter	90
1 Wachstum und Abnahme	92
2 Wachstumsrate. Wachstumsfaktor	94
3 Lineares und exponentielles Wachstum	96
4 Die Exponentialfunktion	99
5 Wachstumsprozesse modellieren	101
Zusammenfassung	104
Üben • Anwenden • Nachdenken	105
Rückspiegel	109

5 Trigonometrie

Treppen	110
1 Sinus. Kosinus. Tangens	112
2 Rechtwinklige Dreiecke berechnen	115
3 Trigonometrie in der Ebene	120
4 Trigonometrie im Raum	127
5 Die Sinusfunktion	129
Zusammenfassung	132
Üben • Anwenden • Nachdenken	133
Rückspiegel	137

• Prüfungstraining

	138
Arithmetik/Algebra	140
Funktionen	144
Geometrie	148
Zufall	154
Statistik	156

Lösungen Basiswissens	162
Lösungen des Rückspiegels	169
Lösungen des Prüfungstrainings	174
Register	193
Mathematische Symbole / Maßeinheiten	194

*Diese Inhalte sind nicht explizit im Kernlehrplan enthalten.

Kompetenzentwicklung im Mathematikunterricht

Ein Wort an die Lehrerinnen und Lehrer und interessierte Eltern

Die Kernlehrpläne betonen, dass eine umfassende mathematische Grundbildung nur dann erreicht wird, wenn neben den inhaltlichen (fachmathematischen) Kompetenzen auch personale und soziale Kompetenzen entwickelt werden. Diese werden unter dem Stichwort „prozessbezogene Kompetenzen" subsumiert.

Diese prozessbezogenen Kompetenzen können nicht isoliert behandelt und geübt werden, sondern entwickeln sich erst in der aktiven Auseinandersetzung mit konkreten inhaltlichen Fragen der Mathematik. Umgekehrt werden sich die inhaltsbezogenen Kompetenzen nur dann entfalten, wenn übergreifende, prozessbezogene Kompetenzen aktiviert werden können.

Entsprechend dieser Unterrichtsziele sind im Schnittpunkt die inhalts- und die prozessbezogenen Kompetenzen eng miteinander verwoben. So werden in den Aufgaben immer wieder Fähigkeiten der vier prozessbezogenen Kompetenzbereiche Argumentieren und Kommunizieren, Problemlösen, Modellieren und Werkzeuge aufgegriffen und geübt. Zusätzlich wurden größere Aufgabenkontexte geschaffen, die es den Schülerinnen und Schülern ermöglichen, sich intensiv mit einem Thema zu beschäftigen. Diese Themenblöcke, die auch optisch in Kästen hervorgehoben sind, unterstützen die Herausbildung der einzelnen prozessbezogenen Fähigkeiten in besonderem Maße. Jeder Kasten ist einer der vier prozessbezogenen Kompetenzen zugeordnet, auch wenn meist Fähigkeiten aus mehreren Kompetenzbereichen angesprochen werden. Die Zuordnung erfolgte je nach Schwerpunktsetzung der angesprochenen Kompetenzen.

Die folgende Aufstellung beschreibt die den Kompetenzen untergeordneten Fähigkeiten und verweist auf die im Buch auftretenden prozessbezogenen Kästen:

Argumentieren und Kommunizieren
kommunizieren, präsentieren und argumentieren

Die Schülerinnen und Schüler lernen, mathematische Sachverhalte zutreffend und verständlich mitzuteilen, sie als Begründung für Behauptungen und Schlussfolgerungen zu nutzen, mathematische Begriffe und Inhalte zu vernetzen, ihre Ergebnisse zu präsentieren und im Team zu arbeiten.

Kap. 1	Satz von Vieta	31
	Hochgradige Gleichungen	39
Kap. 4	Lohnentwicklung	95
	Wachstum und Zerfall	106
Kap. 5	sin 147° = ???	122
	Polarkoordinaten	123
	Ein günstiger Kauf?	133

Problemlösen
Probleme erfassen, erkunden und lösen

Die Schülerinnen und Schüler lernen, inner- und außermathematische Probleme, bei denen der Lösungsweg nicht unmittelbar erkennbar ist, zu strukturieren, in eigenen Worten wiederzugeben und zu lösen. Sie nutzen dafür unterschiedliche Problemlöseverfahren und -strategien und reflektieren und bewerten die eigenen Ergebnisse.

Kap. 1	Produkte sparen Zeit	28
	Verblüffende Ergebnisse	33
	Quadratisches	38
Kap. 2	Die Funktionsgleichung $f(x) = a \cdot (x + d)^2 + e$	52
	Geschnittene Parabeln	61
Kap. 3	Gut abgeschnitten	73
Kap. 4	Reiskorn und Schachbrett	98
	Logarithmieren	107
	Bungee-Jumping – freier Fall	108
Kap. 5	Besondere Werte	114
	Vorsicht Steigung!	118
	Regelmäßige Vieleckpyramiden	128
	Arbeit sparen mit dem Sinussatz	136

Modellieren
Modelle erstellen und nutzen

Die Schülerinnen und Schüler lernen, die Mathematik als Werkzeug zum Erfassen der realen Welt zu nutzen.
Sie übersetzen außermathematische Probleme in mathematische Modelle, überprüfen die am Modell gewonnenen Lösungen an der Realsituation und ordnen einem mathematischen Modell die passende Realsituation zu.

Kap. 2	DGS III	58
	Rechtzeitig angehalten!	62
Kap. 3	Aufs Dach gestiegen	67

Werkzeuge
Medien und Werkzeuge verwenden

Die Schülerinnen und Schüler lernen, klassische mathematische Werkzeuge sowie neue elektronische Werkzeuge und Medien situationsangemessen einzusetzen.

Kap. 2	DGS I	48
	DGS II	55
Kap. 3	Pyramiden im alten Ägypten	72
Kap. 5	Grundstücke vermessen	126
	Sinus- und Kosinuswerte	130

Kompetenzentwicklung im Mathematikunterricht

Basiswissen | Flächenberechnungen

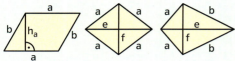

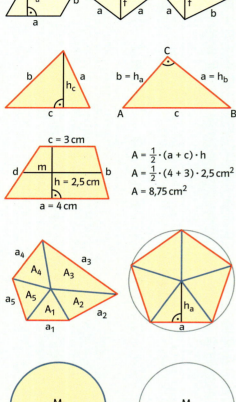

Für den Umfang und den Flächeninhalt ebener Figuren gelten die folgenden Formeln:

	Umfang	Flächeninhalt
Quadrat	$u = 4 \cdot a$	$A = a^2$
Rechteck	$u = 2 \cdot (a + b)$	$A = a \cdot b$
Parallelogramm	$u = 2 \cdot (a + b)$	$A = a \cdot h_a$ $A = b \cdot h_b$
Raute	$u = 4 \cdot a$	$A = a \cdot h_a$ $A = \frac{1}{2} \cdot e \cdot f$
Drachen	$u = 2 \cdot (a + b)$	$A = \frac{1}{2} \cdot e \cdot f$
Dreieck • allgemein	$u = a + b + c$	$A = \frac{1}{2} \cdot a \cdot h_a$ $A = \frac{1}{2} \cdot b \cdot h_b$ $A = \frac{1}{2} \cdot c \cdot h_c$
• rechtwinklig ($\gamma = 90°$)	$u = a + b + c$	$A = \frac{1}{2} \cdot a \cdot b$
Trapez	$u = a + b + c + d$	$A = \frac{1}{2} \cdot (a + c) \cdot h$ $A = m \cdot h$
Vieleck • allgemein • regelmäßig	$u = a_1 + a_2 + \ldots + a_n$ $u = n \cdot a$	$A = A_1 + A_2 + \ldots + A_n$ $A = n \cdot A_\triangle$
Kreis	$u = 2 \cdot \pi \cdot r$	$A = \pi \cdot r^2$

	Bogenlänge b	Flächeninhalt
Kreisausschnitt	$b = 2 \cdot \pi \cdot r \cdot \frac{\alpha}{360°}$	$A_S = \pi \cdot r^2 \cdot \frac{\alpha}{360°}$ $A_S = \frac{b \cdot r}{2}$

1 Von einem rechtwinkligen Dreieck mit $\gamma = 90°$ sind $c = 10\,\text{cm}$; $b = 8\,\text{cm}$ und der Flächeninhalt $A = 24\,\text{cm}^2$ bekannt. Berechne a; h_c und den Umfang u.

2 Berechne Flächeninhalt und Umfang des symmetrischen Trapezes.

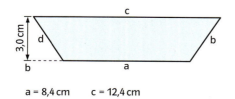

$a = 8{,}4\,\text{cm}$ $c = 12{,}4\,\text{cm}$

3 Berechne Flächeninhalt und Umfang der farbigen Fläche.

a) 10 cm, 10 cm   b) 10 cm, 10 cm

4 Berechne die fehlenden Stücke des Kreisausschnitts.

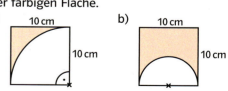

	r	α	b	A_S
a)		38°	4,5 cm	
b)		200°		75,3 cm²

Basiswissen | Oberfläche und Volumen

Für die Berechnung von Oberfläche und Volumen gelten folgende Formeln:

Quader $O = 2(a \cdot b + a \cdot c + b \cdot c)$
$V = a \cdot b \cdot c$

$a = 8\,cm;\ b = 5\,cm;\ c = 4\,cm$
$O = 2(8 \cdot 5 + 8 \cdot 4 + 5 \cdot 4)\,cm^2 = 184\,cm^2$
$V = 8 \cdot 5 \cdot 4\,cm^3 = 160\,cm^3$

Würfel $O = 6a^2$
$V = a^3$

$a = 5\,cm$
$O = 6 \cdot 5^2\,cm^2 = 150\,cm^2$
$V = 5^3\,cm^3 = 125\,cm^3$

Prisma $M = u \cdot h$
$O = 2 \cdot G + M$
$V = G \cdot h$

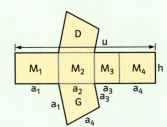

$D = G$
$M = M_1 + M_2 + M_3 + M_4$
$u = a_1 + a_2 + a_3 + a_4$

Zylinder $M = 2\pi r h$
$O = 2\pi r^2 + 2\pi r h$
$V = \pi r^2 h$

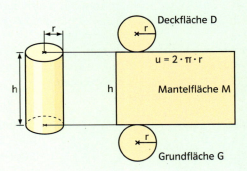

$r = 1{,}8\,dm;\ h = 4{,}7\,dm$
$O = 2\pi r^2 + 2\pi r h$
$O = 2\pi \cdot 1{,}8^2 + 2\pi \cdot 1{,}8 \cdot 4{,}7$
$O = 73{,}5\,dm^2$

$V = \pi r^2 h$
$V = \pi \cdot 1{,}8^2 \cdot 4{,}7$
$V = 47{,}8\,cm^3$

1 Ein Quader hat die Kantenlängen $a = 12\,cm;\ b = 7\,cm$ und das Volumen $V = 765\,cm^3$. Berechne die Kantenlänge c.

2 Berechne das Volumen und die Oberfläche des Prismas. (Maße in cm)

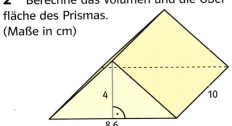

3 Berechne das Volumen und die Oberfläche eines 15 cm hohen Prismas. Die Grundfläche ist ein Trapez mit $a = 14\,cm;\ b = d = 5\,cm;\ c = 8\,cm;\ h_T = 4\,cm$.

4 Berechne die fehlenden Größen des Zylinders.

	a)	b)	c)	d)
r	3,6 m	5,2 dm		0,42 dm
h	0,95 m		18,2 dm	
M		4,8 m²		
O				271,8 cm²
V			0,656 m³	

5 Berechne das Volumen und die Oberfläche des Hohlkörpers.

$a = 5\,cm$
$r = 9\,cm$
$l = 27\,cm$

Basiswissen | Terme

Produkt $\quad 2x \cdot (3x + 4y)$
$\qquad = 2x \cdot 3x + 2x \cdot 4y$
Summe $\quad = 6x^2 + 8xy$

Auch beim Rechnen mit Termen gilt das **Verteilungsgesetz**. Das Umformen eines Produkts in eine Summe mithilfe des Verteilungsgesetzes nennt man **Ausmultiplizieren**. Dabei wird jeder Summand mit dem Faktor außerhalb der Klammer multipliziert.

Summe $\quad 5x^2 + 10xy$
$\qquad = 5x \cdot x + 5x \cdot 2y$
Produkt $\quad = 5x(x + 2y)$

Das Umformen einer Summe in ein Produkt mithilfe des Verteilungsgesetzes nennt man **Ausklammern** oder **Faktorisieren**. Dabei werden gemeinsame Faktoren vor die Klammer gesetzt.

$(x + 2y)(4x + y)$
$= x \cdot 4x + x \cdot y + 2y \cdot 4x + 2y \cdot y$
$= 4x^2 + xy + 8xy + 2y^2$
$= 4x^2 + 9xy + 2y^2$

Werden zwei **Summen miteinander multipliziert** wird jeder Summand der ersten Summe mit jedem Summanden der zweiten Summe multipliziert.
Die Produkte werden anschließend addiert.

1. binomische Formel: $(a + b)^2 = a^2 + 2ab + b^2$
2. binomische Formel: $(a - b)^2 = a^2 - 2ab + b^2$
3. binomische Formel: $(a + b)(a - b) = a^2 - b^2$

$x^2 + 2xy + y^2 = (x + y)^2$
$x^2 - 6xy + 9y^2 = (x - 3y)^2$
$4x^2 - y^2 = (2x + y)(2x - y)$

Produkte, deren Faktoren aus Summen oder Differenzen mit gleichlautenden Summanden bestehen, können mithilfe der **binomischen Formeln** ausmultipliziert werden.
Liegen binomische Terme als Summen- oder Differenzterme vor, kann man sie **zu Produkten umformen (faktorisieren)**.

1 Multipliziere aus.
a) $8x(x + 4y - 7z)$
b) $3ab(9a - 2b - 11c)$
c) $(-5) \cdot (m - 3n + 4n)$
d) $(-5q + r - s)(-7s)$

2 Verwandle in ein Produkt.
a) $28xy + 16yz$ \qquad b) $35mn - 40m$
c) $-36v^2 + 54vw$ \qquad d) $12ax - 60ax^2$
e) $7r - 14t - 42r^2$
f) $6ab - 15a^2b + 9ab^2$
g) $32x^2y^2z - 48xy^2z - 80xyz^2$

3 Multipliziere aus und fasse zusammen.
a) $9(7c - 12d) + 4(10d - 8c)$
b) $3x(-5 + x) + 4x^2 - 9(x - 1)$
c) $5b(-b - 7a) + (10a + 6b)(-7a)$

4 Wandle in eine Summe um.
a) $(15 - x)(y - z)$ \qquad b) $(11r - 4)(-s + 4r)$
c) $(7a + 12b)(3a - b)$ \qquad d) $(1,2c - d)(3d - c)$
e) $(-x - 4y)(-2,5 - xy)$
f) $(0,1e - f)(3e - 0,5f)$

5 Nutze die binomischen Formeln.
a) $(s - 6t)^2$
b) $(4x + 5y)^2$
c) $(1,5m - 3n)^2$
d) $(7r - 4s)(7r + 4s)$
e) $(x - 0,2y)^2$

6 Ergänze.
a) $(6m + \square)^2 = 36m^2 + \square + 121n^2$
b) $(\square - 5t)^2 = \square - 30t + 25t^2$
c) $(\square + \square)^2 = \square + 4uv + v^2$
d) $\square - 22pq + \square = (\square - \square)^2$

7 Wandle die Summen in Produkte um.
a) $25p^2 + 60pq + 36q^2$
b) $4c^2 - 52cd + 169d^2$
c) $81s^2 - 121t^2$ \qquad d) $x^2 - x + 0,25$

8 Klammere einen geeigneten Faktor aus.
a) $12x^2 + 36x + 27$
b) $72a^2 - 128b^2$
c) $36u^2w + 36uvw + 9v^2w$
d) $2mx^2 - 16mxy + 32my^2$

Basiswissen | Gleichungen lösen

Um eine Gleichung zu lösen, führt man **Termumformungen** und **Äquivalenzumformungen** durch.
Durch solche Umformungen ändert sich die Lösung einer Gleichung nicht. Am Ende steht eine Gleichung, deren Lösung unmittelbar abzulesen ist.

Termumformungen
- Die **Klammern** in der Gleichung werden zuerst aufgelöst.
- Die Terme auf der linken und rechten Seite der Gleichung werden durch **Zusammenfassen** vereinfacht.

Äquivalenzumformungen
- Auf beiden Seiten der Gleichung wird derselbe Term addiert oder subtrahiert.
- Beide Seiten der Gleichung werden mit derselben Zahl multipliziert oder durch dieselbe Zahl dividiert.
  Ausgeschlossen sind die Multiplikation mit null und die Division durch null.

Zur Kontrolle der Rechnung kann die **Probe** durchgeführt werden. Dazu wird auf beiden Seiten der Gleichung für die Variable die Lösung der Gleichung eingesetzt. Die Werte der Terme auf der linken und rechten Seite der Gleichung müssen übereinstimmen.

$(x + 6)(x - 7) = 5x + (x - 6)^2$

$\downarrow$

$x = 13$

$(x + 6)(x - 7) = 5x + (x - 6)^2$
$x^2 - 7x + 6x - 42 = 5x + x^2 - 12x + 36$
$x^2 - x - 42 = -7x + x^2 + 36 \quad | -x^2$
$-x - 42 = -7x + 36 \quad | +42$
$-x = -7x + 78 \quad | +7x$
$6x = +78 \quad | :6$
$x = 13$

Probe:

linker Term	rechter Term
$(13 + 6)(13 - 7)$	$= (5 \cdot 13) + (13 - 6)^2$
$= (19 \cdot 6)$	$= 65 + 7^2$
$= 114$	$= 65 + 49$
	$= 114$

1 Löse die Gleichung.
a) $13x + 27 - (32 + 15x) = 35 + 8x$
b) $9x - (7x - 15) = 28 + (35 - 10x)$
c) $4x - (26 + 9x) + 11 = 34 - 12x$
d) $9{,}4 + 1{,}2x - (5{,}7 - 9{,}4x) = 8{,}9 + 8x$

2 Gib die Lösung an und überprüfe.
a) $7(3x - 8) = -7x$
b) $31x - 4(6x - 6) = x + 57$
c) $-3(x - 9) + 17x = 10(3x + 5) - 19$
d) $57 - 5(2 - 13x) = (16 - 5x) \cdot (-8)$

3 Die Gleichung $3(5x - \square) = 3x + 3$ ist unvollständig.
a) Wie heißt die Lösung der Gleichung, wenn du für die Leerstelle 19 einsetzt?
b) Welche Zahl musst du für die Leerstelle einsetzen, damit die Gleichung die Lösung 3 hat?

4 Löse und führe die Probe durch.
a) $(x + 12)(x - 9) = x^2$
b) $3x^2 - 25 = (x - 15)(3x - 5)$
c) $(6 + 4x)(3x - 7) = (2x - 1)(2 + 6x)$
d) $-54 = 4x^2 - (x - 7)(4x + 3)$

5 Achte auf die binomischen Formeln.
a) $(x - 12)^2 = x \cdot (x + 12)$
b) $(x - 20)(x + 20) = (x - 20)^2$
c) $(x - 5)^2 - (x - 4)^2 = -7x + 22$
d) $-20 + (x + 14)^2 = (x + 8)(x - 8) + 13x$

6 Zwei Zahlen unterscheiden sich um 15, ihre Quadrate um 555. Wie heißen die Zahlen?

7 Das rote und das schwarze Rechteck sind flächengleich. Berechne die Länge der gesuchten Seite x.
a)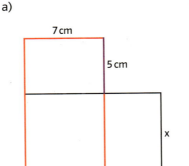
b)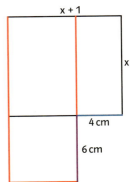

Basiswissen | Lineare Funktionen

Funktionsgleichung $f(x) = \frac{1}{2}x + 1$

Wertetabelle

x	−4	−3	−2	−1	0	1	2	3	4
f(x)	−1	−0,5	0	0,5	1	1,5	2	2,5	3

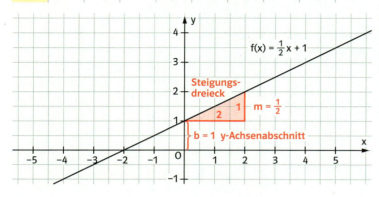

Eine Funktion lässt sich über eine **Wertetabelle**, ein **Schaubild** oder eine **Funktionsgleichung** darstellen.

Eine Funktion mit der Gleichung $f(x) = m \cdot x + b$ heißt **lineare Funktion**. Das Schaubild ist eine Gerade mit der **Steigung m**. Diese Gerade schneidet die y-Achse im Punkt P(0|b).

Der **Wert b** bezeichnet den **y-Achsenabschnitt** der Geraden.

1 Erstelle eine Wertetabelle und zeichne das Schaubild der Funktion.
a) $f(x) = \frac{3}{2}x + 3$ b) $f(x) = \frac{3}{2}x - 3$
c) $f(x) = -\frac{3}{2}x + 3$ d) $f(x) = -\frac{3}{2}x - 3$

2 Ergänze die fehlenden Werte der Funktion. Wie heißt die zugehörige Funktionsgleichung?

a)
x	−2	−1	0	1	2	☐	☐
f(x)	2	3	4	5	☐	☐	☐

b)
x	3	2	1	0	−1	☐	☐
f(x)	5	3	1	−1	☐	☐	☐

3 Bestimme die Funktionsgleichungen.

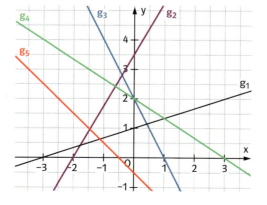

4 Zeichne. Verwende den y-Achsenabschnitt und ein Steigungsdreieck.
a) $f(x) = 3x - 2$ b) $f(x) = -2x + 3$
c) $f(x) = \frac{1}{3}x - 1$ d) $f(x) = -\frac{4}{3}x + 2$

5 Herr Reinders kann eine Baumaschine für 5 € pro Tag und einer Grundgebühr von 30 € ausleihen.
Erstelle einen Term zur Berechnung der Kosten und zeichne ein Schaubild.

6 Die Graphen zeigen die Füllhöhen in drei verschiedenen Behältern (B1, B2, B3).
a) Was kannst du alles ablesen?
b) Mit welchem Term lässt sich jeweils die Füllhöhe des Behälters berechnen?

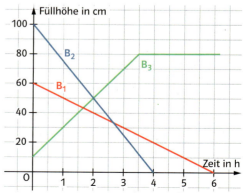

Basiswissen | Lineare Gleichungssysteme

Zwei lineare Gleichungen mit jeweils zwei Variablen bilden zusammen ein **lineares Gleichungssystem**.

(1) $\quad -2x + y = 1$
(2) $\quad x + y = 4$

Grafisches Lösungsverfahren
Die linearen Gleichungen mit zwei Variablen kann man in der Form $y = mx + b$ schreiben. Die Lösungen der linearen Gleichungen lassen sich als Geraden darstellen.
Die Koordinaten des Schnittpunkts der beiden Geraden erfüllen beide Gleichungen und sind somit die **Lösung des Gleichungssystems**.
Ein Gleichungssystem hat
- **genau eine Lösung**, wenn sich die zugehörigen Geraden **in einem Punkt schneiden**.
- **keine Lösung**, wenn die Geraden **parallel verlaufen**.
- **unendlich viele Lösungen**, wenn zu den zwei Gleichungen **dieselbe Gerade** gehört.

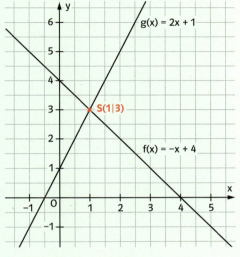

Rechnerische Lösungsverfahren

Gleichsetzungsverfahren
Beide Gleichungen werden nach derselben Variablen aufgelöst. Durch Gleichsetzen der Terme erhält man eine Gleichung mit einer Variablen.
Man löst diese Gleichung und setzt die Lösung in eine der Gleichungen ein, um die Lösung für die zweite Variable zu bekommen.

(1) $\qquad y = 2x + 1$
(2) $\qquad y = -x + 4$
(1) = (2): $\quad 2x + 1 = -x + 4$
$\qquad\qquad x = 1$
Einsetzen in (1) ergibt:
$\qquad\qquad y = 3 \qquad L = \{(1;\ 3)\}$

Additionsverfahren
Die Gleichungen werden so umgeformt, das beim **Addieren oder Subtrahieren** beider Gleichungen eine Variable wegfällt. So entsteht eine Gleichung mit einer Variablen.

(1) $\qquad -2x + y = 1$
(2) $\qquad -x - y = -4$
(1) + (2): $\quad -3x = -3$
$\qquad\qquad x = 1$
$\qquad\qquad y = 3 \qquad L = \{(1;\ 3)\}$

---

1 Löse das Gleichungssystem zeichnerisch und überprüfe deine Lösung durch Rechnung.
a) $y = -x + 6$
$y = 2x + 3$
b) $y = -\frac{1}{2}x + 2$
$y = \frac{3}{2}x - 2$

2 Gib die Funktionsgleichung an und bestimme die Anzahl der Lösungen.
a) $y = -x - 7$
$y = -x + 3$
b) $2x + y = 5$
$x + y = 4$
c) $x + y = 5$
$3x + 3y = 15$
d) $-2x + y = 3$
$4x + 2y = 2$

3 Löse die Gleichungssysteme rechnerisch.
Wähle ein geeignetes Lösungsverfahren.
a) $5x + y = 7$
$2x + y = 4$
b) $4x + 3y = 30$
$10 = 4x - 2y$
c) $3x + y = 12$
$7x - 5y = 6$
d) $4(x + 1) = 3(y - 1)$
$6(x - 3) = 2(y + 2)$

4 Marco zahlt für fünf Flaschen Saft und vier Flaschen Limonade 10,30 €. Julia zahlt für drei Flaschen Saft und acht Flaschen Limonade 10,10 €.
Was kosten eine Flasche Saft und eine Flasche Limonade?

Basiswissen | Potenzen

$a^m \cdot a^n = a^{m+n}$ $\quad x^3 \cdot x^5 = x^{3+5} = x^8$

$\dfrac{a^m}{a^n} = a^{m-n}$ $(a \neq 0)$ $\quad \dfrac{y^7}{y^3} = y^{7-3} = y^4$

Potenzen mit gleicher Basis können **multipliziert** bzw. **dividiert** werden, indem man die Exponenten addiert bzw. subtrahiert und die Basis beibehält.

$a^n \cdot b^n = (a \cdot b)^n$ $\quad 3^x \cdot 4^x = (3 \cdot 4)^x = 12^x$

$\dfrac{a^n}{b^n} = \left(\dfrac{a}{b}\right)^n$ $(b \neq 0)$ $\quad \dfrac{12^x}{3^x} = \left(\dfrac{12}{3}\right)^x = 4^x$

Potenzen mit gleichen Exponenten können **multipliziert** bzw. **dividiert** werden, indem man ihre Basen multipliziert bzw. dividiert und den Exponenten beibehält.

$(a^m)^n = a^{m \cdot n} = a^{m\,n}$ $\quad (2^3)^4 = 2^{3 \cdot 4} = 2^{12}$

Potenzen können **potenziert** werden, indem man ihre Exponenten multipliziert und die Basis beibehält.

$a^1 = a$ $\quad a^0 = 1$ $(a \neq 0)$ $\quad 37^0 = 1$

Potenzen mit dem Exponenten **Null** haben immer den Potenzwert 1.

$a^{-n} = \dfrac{1}{a^n}$ $(a \neq 0)$ $\quad x^{-3} = \dfrac{1}{x^3}$

Potenzen mit negativen ganzen Zahlen als Exponenten können in der Bruchschreibweise dargestellt werden.

$x \cdot b^n + y \cdot b^n = (x + y) \cdot b^n$
$12 x^3 + 4 x^3 - 5 x^3 = (12 + 4 - 5) x^3 = 11 x^3$

Summen bzw. Differenzen, in denen gleiche Potenzen vorkommen, können durch **Ausklammern** zusammengefasst werden.

1 Berechne ohne Taschenrechner.
a) $0{,}2^3$ b) $\left(\dfrac{1}{2}\right)^3$ c) $(-2)^3$
d) -2^4 e) $(-2)^4$ f) $\left(-\dfrac{1}{2}\right)^4$
g) -1^5 h) $(-0{,}1)^5$ i) $\left(\dfrac{1}{10}\right)^5$

2 Berechne.
a) $2^3 + 2^3$ b) $2^3 + 2^4$ c) $2^3 \cdot 2^4$
d) $2^3 - 2^3$ e) $2^4 - 2^3$ f) $2^4 : 2^3$
g) $(2^2)^3$ h) $(2^3)^2$ i) $2^{(2^3)}$

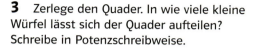

3 Zerlege den Quader. In wie viele kleine Würfel lässt sich der Quader aufteilen? Schreibe in Potenzschreibweise.

4 Vereinfache.
a) $a^2 \cdot a^3$ b) $b^3 \cdot b^4 \cdot b^5$ c) $c \cdot d^2 \cdot d^3$
d) $\dfrac{x^5}{x^3}$ e) $\dfrac{12 x^{12}}{2 x^2}$ f) $\dfrac{x y^5}{x y}$
g) $2 a^2 \cdot 3 a^2$ h) $2 a^2 + 3 a^2$ i) $2 a^2 + 2 a^3$
j) $x^2 \cdot 2 x^3 \cdot 3 x^4$ k) $x^2 \cdot 2 x^3 + x \cdot 3 x^4$

5 Vereinfache.
a) $a^n \cdot a^{2n}$ b) $2 b^x \cdot 3 b^{x+1}$
c) $c \cdot c^{y+1} \cdot c^{y-1}$ d) $\dfrac{a^{3n}}{a^n}$
e) $\dfrac{30 e^6}{5 e^2}$ f) $\dfrac{m^a \cdot m^{2a}}{m}$

6 Forme um.
a) $x^3 \cdot y^3$ b) $2^4 \cdot a^4$ c) $3 a^5 \cdot b^5$
d) $\dfrac{x^7}{y^7}$ e) $\dfrac{(6 a)^3}{(2 a)^3}$ f) $\dfrac{10 e^3}{5 g^3}$

7 Löse die Klammern auf.
a) $(2 a)^3$ b) $(3 b^2)^2$ c) $(c d^2)^4$
d) $(-2 x^3)^2$ e) $\left(\dfrac{x^3}{3}\right)^2$ f) $\left(\dfrac{15 x}{3 x^2}\right)^3$

8 Multipliziere aus.
a) $a^3(a^2 + 1)$ b) $2 b^2(3 b^2 - 4 b)$
c) $(x^2 + 1)(x^2 - 1)$ d) $(x^3 + y^3)^2$

9 Schreibe mit positivem Exponenten.
a) a^{-3} b) b^{-1} c) $2 c^{-2}$
d) $(a b)^{-1}$ e) $2^{-2} x$ f) $1^{-5} y^{-5}$

Basiswissen | Wurzeln

Quadratwurzeln kann man **multiplizieren** bzw. **dividieren**, indem man die Radikanden miteinander multipliziert bzw. dividiert und dann die Wurzel zieht.

$\sqrt{a} \cdot \sqrt{b} = \sqrt{a \cdot b} \qquad a, b \geq 0$

$\dfrac{\sqrt{a}}{\sqrt{b}} = \sqrt{\dfrac{a}{b}} \qquad a \geq 0;\ b > 0$

Summen bzw. Differenzen, in denen Quadratwurzeln mit gleichen Radikanden vorkommen, können durch **Ausklammern** zusammengefasst werden.

$3\sqrt{2} + 4\sqrt{2} = (3+4)\sqrt{2} = 7\sqrt{2}$

$13\sqrt{17} - 10\sqrt{17} = 3\sqrt{17}$

Beim **teilweisen Wurzelziehen** wird der Radikand so in ein Produkt zerlegt, dass einer der Faktoren eine Quadratzahl ist.

$\sqrt{108x^3} = \sqrt{36x^2 \cdot 3x} = \sqrt{36x^2} \cdot \sqrt{3x} = 6x \cdot \sqrt{3x}$

Eine Quadratwurzel im Nenner eines Bruches lässt sich durch Erweitern mit der Quadratwurzel beseitigen (**Rationalmachen des Nenners**).

$\dfrac{50}{\sqrt{10}} = \dfrac{50 \cdot \sqrt{10}}{\sqrt{10} \cdot \sqrt{10}} = \dfrac{50 \cdot \sqrt{10}}{10} = 5 \cdot \sqrt{10}$

1 Bestimme die Wurzel.
a) $\sqrt{144}$ b) $\sqrt{3{,}24}$ c) $\sqrt{0{,}09}$
d) $\sqrt{49x^2}$ e) $\sqrt{121y^4}$ f) $\sqrt{4a^2b^4}$
g) $\sqrt{\dfrac{16}{49}}$ h) $\sqrt{\dfrac{169x^2}{225}}$ i) $\sqrt{\dfrac{1}{1024y^4}}$
j) $\sqrt[3]{27y^3}$ k) $\sqrt[5]{32x^5}$ l) $\sqrt[4]{0{,}0081z^8}$

2 Berechne.
a) $\sqrt{2x} \cdot \sqrt{18x}$ b) $\sqrt{3a} \cdot \sqrt{27a}$
c) $\sqrt{1{,}44 \cdot 0{,}25}$ d) $\sqrt{400x^2 \cdot 324y^2}$
e) $\sqrt{3a} \cdot \sqrt{5b} \cdot \sqrt{60ab}$ f) $\dfrac{\sqrt{252x^2}}{\sqrt{7y^2}}$
g) $\sqrt{12x} \cdot \sqrt{16xy \cdot 3y}$ h) $\sqrt{\dfrac{1024x^2}{144y^2}}$

3 Fasse zusammen.
a) $\sqrt{2} + 2\sqrt{2} + 3\sqrt{2} + 4\sqrt{2}$
b) $2\sqrt{7} + 3\sqrt{11} - \sqrt{7} - 2\sqrt{11}$
c) $\sqrt{5} + 6\sqrt{3} + 3\sqrt{5} - 5\sqrt{3}$
d) $4\sqrt{5a} - 2\sqrt{3a} + \sqrt{3a} - 3\sqrt{5a}$
e) $x\sqrt{y} - 2y\sqrt{x} + 2x\sqrt{y} - y\sqrt{x}$

4 Ziehe die Wurzel teilweise.
a) $\sqrt{20}$ b) $\sqrt{75}$ c) $\sqrt{288}$
d) $\sqrt{48a^2b}$ e) $\sqrt{363x^3y}$ f) $\sqrt{252x^5y^3}$
g) $\sqrt{\dfrac{98x^2}{256x}}$ h) $\sqrt{\dfrac{147x^3}{484xy^2}}$ i) $\sqrt{\dfrac{96x^3y^2z}{363xy^2}}$

5 Mache den Nenner rational.
a) $\dfrac{2}{\sqrt{5}}$ b) $\dfrac{1}{\sqrt{7}}$ c) $\dfrac{2}{3\sqrt{2}}$
d) $\dfrac{x}{\sqrt{x}}$ e) $\dfrac{7a}{2\sqrt{7a}}$ f) $\dfrac{3x - x\sqrt{3}}{\sqrt{3x}}$

6 Berechne.
a) $\sqrt{6x} \cdot \dfrac{\sqrt{30xy}}{\sqrt{5y}}$ b) $\dfrac{\sqrt{13x}}{\sqrt{3xy}} \cdot \dfrac{\sqrt{6y}}{\sqrt{26}}$
c) $\sqrt{3z^2} \cdot \dfrac{\sqrt{189x^2y^3}}{\sqrt{7y}}$ d) $\dfrac{\sqrt{132a^3b^2c}}{\sqrt{3c}} : \sqrt{11a}$
e) $\sqrt{\dfrac{7x}{75y}} : \dfrac{\sqrt{3x}}{\sqrt{28x^2y}}$ f) $\sqrt{\dfrac{225x^2}{144y^2}} : \dfrac{\sqrt{625x^2}}{\sqrt{36y^2}}$

7 Ziehe teilweise die Wurzel und fasse zusammen.
a) $\sqrt{32} + \sqrt{8} - \sqrt{50} + \sqrt{2}$
b) $\sqrt{147} + \sqrt{108} - \sqrt{75} - \sqrt{192}$
c) $\sqrt{45x^2y} + \sqrt{80x^2y} + \sqrt{125x^2y}$
d) $\sqrt{192a^3b} - \sqrt{48a^3b} - 2a\sqrt{3ab}$

8 Der zusammengesetzte Körper hat eine Oberfläche von 792 cm². Berechne das Volumen.

a)   b)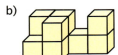

Basiswissen 15

Basiswissen | Ähnlichkeit

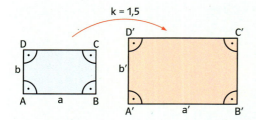

$a' = 1{,}5 \cdot a$
$b' = 1{,}5 \cdot b$

$\dfrac{a}{b} = \dfrac{a'}{b'}$

Wird eine Figur F mit einem positiven Faktor k vergrößert (k > 1) oder verkleinert (k < 1), so entsteht eine zu F **ähnliche** Figur F'. Alle Seitenlängen ändern sich mit dem Faktor k. Die Winkel bleiben gleich. Zwei ähnliche Figuren stimmen in den Verhältnissen entsprechender Seiten überein.

Kurz gesagt: Zwei ähnliche Figuren haben dieselbe Form. Auf die Größe und Lage kommt es nicht an.

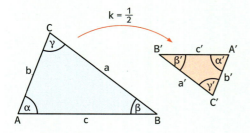

$a' = \tfrac{1}{2}a;\ \ b' = \tfrac{1}{2}b;$
$c' = \tfrac{1}{2}c$

$\dfrac{a}{b} = \dfrac{a'}{b'};\ \ \dfrac{b}{c} = \dfrac{b'}{c'}$

$\dfrac{a}{c} = \dfrac{a'}{c'}$

$\alpha = \alpha';\ \beta = \beta';\ \gamma = \gamma'$

Wird eine Figur oder ein Körper mit dem Faktor k vergrößert oder verkleinert, ändert sich der **Flächeninhalt** mit dem Faktor **k²** und das **Volumen** mit dem Faktor **k³**.

Erster Strahlensatz:

$\dfrac{\overline{SB'}}{\overline{SB}} = \dfrac{\overline{SA'}}{\overline{SA}}$

Schneiden zwei parallele Geraden die Schenkel eines Winkels, so gelten zwei **Strahlensätze**.

Zweiter Strahlensatz:

$\dfrac{\overline{A'B'}}{\overline{AB}} = \dfrac{\overline{SA'}}{\overline{SA}}$ und

$\dfrac{\overline{A'B'}}{\overline{AB}} = \dfrac{\overline{SB'}}{\overline{SB}}$

1 Zeichne das Dreieck mit den Eckpunkten A(1,5 | 3); B(6 | 4,5); C(3 | 7,5). Vergrößere mit $k_1 = \tfrac{4}{3}$, verkleinere mit $k_2 = \tfrac{2}{3}$.

2 Berechne die rot markierte Strecke.

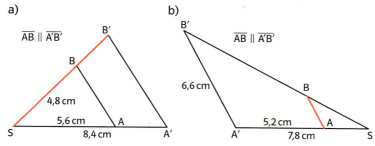

3 Gegeben sind drei Rechtecke:
R_1 mit $a_1 = 7{,}0\,\text{cm}$; $b_1 = 4{,}0\,\text{cm}$
R_2 mit $a_2 = 19{,}0\,\text{cm}$; $b_2 = 11{,}0\,\text{cm}$
R_3 mit $a_3 = 11{,}2\,\text{cm}$; $b_3 = 6{,}4\,\text{cm}$
Welche der Rechtecke sind zueinander ähnlich?

4 $\triangle ABC$, $\triangle A_1B_1C_1$ und $\triangle A_2B_2C_2$ sind zueinander ähnlich. Es gilt $c = 6\,\text{cm}$; $h_c = 5\,\text{cm}$.
a) Es gilt $c_1 = 7{,}2\,\text{cm}$. Berechne den Flächeninhalt A_1 von $\triangle A_1B_1C_1$.
b) $\triangle A_2B_2C_2$ hat den zweifachen Flächeninhalt von $\triangle ABC$. Berechne c_2 und h_{c_2}.

Basiswissen | Satz des Pythagoras

Satz des Pythagoras
Ist ein Dreieck rechtwinklig, so haben die Quadrate über den Katheten zusammen denselben Flächeninhalt wie das Quadrat über der Hypotenuse.

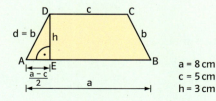

$a^2 + b^2 = c^2$

Zur Berechnung der gleich langen Seiten b und d des symmetrischen Trapezes ABCD wird die Figur so aufgeteilt, dass sich die Länge der Seite d im rechtwinkligen Dreieck AED mithilfe des Satzes des Pythagoras bestimmen lässt.

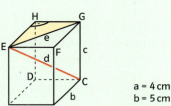

a = 8 cm
c = 5 cm
h = 3 cm

Berechnung von d:
$d^2 = h^2 + \left(\frac{a-c}{2}\right)^2$
$d = \sqrt{9 + 2{,}25}$
$d = 3{,}4$ cm

Zur Berechnung der Raumdiagonalen d eines Quaders berechnet man zuerst mit dem Satz des Pythagoras die Flächendiagonale e des Rechtecks EFGH. Dann lässt sich d im rechtwinkligen Dreieck ECG als Hypotenuse $\overline{EC}$ berechnen.

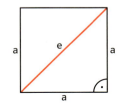

a = 4 cm
b = 5 cm
c = 3 cm

Berechnung von e:
$e = \sqrt{4^2 + 5^2}$
$e = \sqrt{41}$
Berechnung von d:
$d = \sqrt{e^2 + c^2}$
$d = \sqrt{50}$
$d = 7{,}1$ cm

1 Berechne die Länge der Strecke x. (Maße in cm)

a)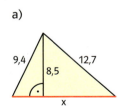

b)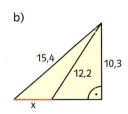

2 Berechne den Umfang und den Flächeninhalt des gleichschenkligen Dreiecks mit a = b = 17,5 cm und c = 8,4 cm.

3 Auf der Mantelfläche eines Würfels mit der Kantenlänge a = 12,0 cm verläuft ein Streckenzug.

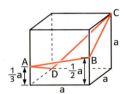

Berechne die Länge des Streckenzugs $\overline{ABCDA}$.

4 Gegeben ist eine Dachfläche, bei der Körperhöhe h und Grundkante a mit 6,0 cm gleich lang sind. Berechne die Seitenkantenlänge s und die Seitenflächenhöhe h_s.

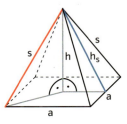

5 Berechne die Balkenlängen im Fachwerk. Die Dicke der Balken soll unberücksichtigt bleiben.

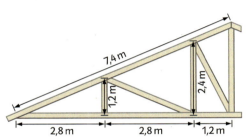

Formeln

Diagonale im Quadrat:
$e = a\sqrt{2}$

Höhe im gleichseitigen Dreieck:
$h = \frac{a}{2}\sqrt{3}$

Basiswissen | Prozent- und Zinsrechnen

Wohin soll unsere Klassenfahrt gehen?
Berlin 15
Hamburg 2
München 8

Bei der Umfrage in der Klasse ist die Summe der Stimmen der Grundwert.
15 von 25 stimmen für Berlin, das sind
$\frac{15}{25} = \frac{3}{5} = \frac{60}{100}$ oder 60%.
Hier ist 15 der Prozentwert und $\frac{60}{100}$ oder 60% der Prozentsatz.

Beim Prozentrechnen unterscheiden wir **Grundwert G**, **Prozentwert W** und den **Prozentsatz p%**.
Der Prozentwert entspricht der **absoluten Häufigkeit**.
Der Prozentsatz entspricht der **relativen Häufigkeit** in Prozent.

W = 156 €
p% = 32%
G = ☐

Die Formel wird nach G aufgelöst:
$W = G \cdot \frac{p}{100}$ $| : \frac{p}{100}$
$G = W : \frac{p}{100}$; $G = 156€ : \frac{32}{100} = 165€ : 0{,}32$
G = 487,50 €

Mit der **Grundformel der Prozentrechnung**
$W = G \cdot p\%$ oder $W = G \cdot \frac{p}{100}$
lassen sich W, G und p% berechnen, wenn zwei der drei Größen gegeben sind.

Grundwert = Kapital K
Prozentwert = Jahreszinsen Z
Prozentsatz = Zinssatz p%

Die **Zinsrechnung** ist eine Anwendung der Prozentrechnung:
Entsprechend lassen sich mit der Formel
$Z = K \cdot p\%$ oder $Z = K \cdot \frac{p}{100}$

K = 1500 €
Z = 67,50 €
p% = ☐

Die Formel wird nach p% aufgelöst:
$Z = K \cdot p\%$ $| : K$
$p\% = \frac{67{,}50€}{1500€} = 0{,}045 = 4{,}5\%$

Z, K und p% berechnen, wenn zwei der drei Größen gegeben sind.
Für Teile eines Jahres müssen die Jahreszinsen mit einem Zeitfaktor multipliziert werden.

K = 560,00 €
p% = 11%
t = 78

$Z = 560{,}00€ \cdot \frac{11}{100} \cdot \frac{78}{360} = 13{,}35€$
Es fallen in 78 Tagen 13,35 € Zinsen an.

Die **Formel für Tageszinsen** heißt dann
$Z = K \cdot \frac{p}{100} \cdot \frac{t}{360}$
Z steht für Tageszinsen und t für Tage.

1 Bei welchem Angebot ist der Rabatt in Prozent höher?
alter Preis: 399,00 €   299,00 €
neuer Preis: 299,00 €   199,00 €

2 Was kostet die Jacke nach Abzug von 15% Rabatt, wenn sie mit 195,00 € ausgezeichnet ist?
Wie hoch ist der Rabatt in Euro?

3 Nach einem Aufschlag von 5% kostet ein MP3-Player 94,50 Euro.
a) Wie teuer war er vorher?
b) Um wie viel Prozent müsste man den Preis senken, um wieder auf den alten Preis zu kommen?
c) Um wie viel Prozent verteuert sich eine Ware insgesamt, wenn zweimal hintereinander um jeweils 10% erhöht wird?

4 Berechne die Jahreszinsen bei einem Zinssatz von 5% (3,5%; 4,25%)
a) 600 €   b) 16 225 €
c) 24 800 €   d) 214,50 €

5 a) Tanja hat für 640 € Sparguthaben in einem Jahr 14,40 €, Tim für 490 € Zinsen in Höhe von 12,25 € bekommen.
Wer hatte den höheren Zinssatz?
b) Für welchen Kreditbetrag muss man in einem Jahr bei einem Zinssatz von 10,5% Zinsen in Höhe von 126,00 € bezahlen?

6 a) Herr Lahm überzieht sein Konto für 24 Tage um 456,50 €. Die Bank verlangt einen Zinssatz von 14,5%.
b) Lukas bekommt für 345 € in einem Monat 0,86 €. Wie viel Zinsen würde er für diesen Betrag in 125 Tagen bekommen?

Basiswissen | Daten

Um statistische Erhebungen besser auswerten und vergleichen zu können, werden neben dem Mittelwert mithilfe einer Rangliste weitere **Kennwerte** ermittelt.

Der kleinste Wert einer Rangliste heißt **Minimum**, der größte **Maximum**. Die Differenz aus dem Maximum und dem Minimum heißt **Spannweite**.

Quartile teilen die Rangliste in vier Abschnitte. In jedem befinden sich mindestens 25% aller Werte der Rangliste.

Bestimmung der Quartile
In einer Rangliste belegen die Daten die Plätze 1 bis n.
Multipliziere n mit $\frac{1}{4}$ (**unteres Quartil q_u**), $\frac{1}{2}$ (**Zentralwert z**) und $\frac{3}{4}$ (**oberes Quartil q_o**). Ist das Ergebnis nicht ganzzahlig, so nimm den Wert auf dem nächst höheren Rangplatz, andernfalls den Mittelwert aus dem Wert auf dem errechneten und dem Wert auf dem nächst höheren Rangplatz. Die Differenz aus dem oberen Quartil und dem unteren Quartil heißt **Quartilabstand q**.

Boxplot
Der **Boxplot** ist ein Kennwertdiagramm. Der erste und letzte Abschnitt zwischen Minimum und q_u bzw. q_o und dem Maximum wird als Antenne, der zweite und dritte Abschnitt als Box über eine Skala gezeichnet. In der Box wird der Zentralwert markiert.

Bei einem Vokabeltest wurden 20 Vokabeln abgefragt. Das Ergebnis des Test ist in der Rangliste aufgeführt.

Rangliste mit Rangplatznummerierung:

Rangplatz	1.	2.	3.	4.	5.	6.	7.	8.	9.	10.	11.	12.	13.	14.
richtige Vokabeln	3	4	6	6	8	10	11	13	14	16	16	17	19	20

Minimum: 3   Maximum: 20
Spannweite: 20 − 3 = 17

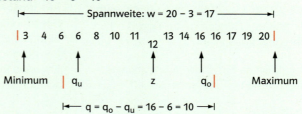

Quartilabstand: 16 − 6 = 10

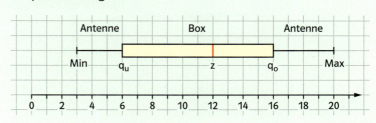

Boxplot zur Rangliste:

[Boxplot mit Min, q_u, z, q_o, Max auf Skala von 0 bis 20]

1 In einem Physiktest erreichten die Schülerinnen und Schüler folgende Punktzahlen:

23; 26; 5; 11; 2; 6; 16; 20; 16; 24; 14; 19; 19; 12; 17; 12; 11; 20; 23; 8; 25; 12; 17; 21; 18; 18; 22

Bestimme die Kennwerte und zeichne den Boxplot.

2 Ergänze die Tabelle in deinem Heft und zeichne den Boxplot.

	Min	q_u	z	q_o	Max	q	w
a)		20	24	30	36		21
b)	5		12	15	28	7	

3 Bestimme für die Fehltage die Kennwerte und zeichne den Boxplot.

Fehltage im Schuljahr
0; 0; 0; 1; 1; 1; 2; 3; 3; 3; 3; 4; 5; 5; 6; 9; 9; 10; 12; 13; 15; 31

Basiswissen | Wahrscheinlichkeit

Zufallsgerät:

Zufallsversuch: Eine Kugel ziehen.
Mögliche Ergebnisse: eine der zehn
Kugeln. P(einer bestimmten Kugel) = $\frac{1}{10}$
= 0,1 = 10 %

Ereignis: Eine gelbe Kugel ziehen.
Günstige Ergebnisse: jede der drei gelben
Kugeln. P(gelbe Kugel) = $\frac{3}{10}$ = 0,3 = 30 %

Zusammengesetztes Ereignis:
Eine rote oder eine gelbe Kugel ziehen.
P(gelbe oder rote Kugel) = P(gelbe Kugel)
+ P(rote Kugel) = $\frac{3}{10} + \frac{5}{10} = \frac{8}{10}$ = 0,8 = 80 %

Ungünstiges Ergebnis: Alle Kugeln, außer
der gelben. P(keine gelbe Kugel) = 1
− P(gelbe Kugel) = $1 - \frac{3}{10} = \frac{7}{10}$ = 0,7 = 70 %

Unmögliches Ergebnis: eine schwarze
Kugel ziehen. P(schwarze Kugel) = $\frac{0}{10}$ = 0

Es werden zwei Kugeln nacheinander
ohne Zurücklegen gezogen.
Baumdiagramm:

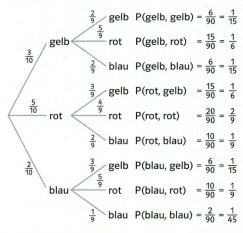

P(zwei gleiche Farben) = P(gelb, gelb)
+ P(rot, rot) + P(blau, blau)
= $\frac{6}{90} + \frac{20}{90} + \frac{2}{90} = \frac{28}{90} = \frac{14}{45}$

Um ein zufälliges **Ergebnis** zu erzeugen, führt man einen **Zufallsversuch** mit einem geeigneten **Zufallsgerät** durch.

Sind alle n **möglichen Ergebnisse** eines Zufallsversuchs gleich wahrscheinlich, so ist die **Wahrscheinlichkeit eines Ergebnisses** $\frac{1}{n}$.

Verschiedene Ergebnisse eines Zufallsversuchs können zu einem **Ereignis E** zusammengefasst werden. Alle Ergebnisse eines Ereignisses heißen **günstige Ergebnisse**. Hat ein Ereignis m günstige Ergebnisse, so ist die Wahrscheinlichkeit des Ereignisses
P(E) = $\frac{m}{n}$.
Zwei Ergebnisse E_1 und E_2 können zu einem neuen Ereignis E zusammengefasst werden. Haben zwei Ereignisse E_1 und E_2 kein Ergebnis gemeinsam, so gilt die **Summenregel**
P(E) = P(E_1 oder E_2) = P(E_1) + P(E_2).

Alle **ungünstigen Ergebnisse** eines Ereignisses E bilden das **Gegenereignis** $\bar{E}$. In diesem Falle gilt P($\bar{E}$) = 1 − P(E).
Sind alle Ergebnisse günstig, so liegt ein **sicheres Ereignis** vor.
Die Wahrscheinlichkeit für das sichere Ereignis ist $\frac{n}{n}$ = 1. Ist kein Ergebnis günstig, so liegt ein **unmögliches Ereignis** vor. Die Wahrscheinlichkeit für das unmögliche Ereignis ist $\frac{0}{n}$ = 0.

Wird ein Zufallsversuch zweimal hintereinander ausgeführt, so spricht man von einem **zweistufigen Zufallsversuch**.
Mit einem **Baumdiagramm** können die möglichen Ergebnisse und deren Wahrscheinlichkeiten ermittelt werden.
Die Wahrscheinlichkeit ist in diesem Fall nach der **Produktregel** gleich dem Produkt der Wahrscheinlichkeiten entlang des zugehörigen Pfades:
P(Ergebnis) = P(Ergebnis 1. Stufe) · P(Ergebnis 2. Stufe).

Auch für zweistufige Zufallsversuche gilt die Summenregel.

Basiswissen | Wahrscheinlichkeit

1 Nenne fünf verschiedene Zufallsgeräte und nenne für jedes Zufallsgerät einen geeigneten Zufallsversuch.

2 Welche Wahrscheinlichkeit ist größer? Begründe deine Entscheidung.
a) Eine Drei mit dem Würfel oder ein Wappen mit der Münze werfen.
b) Unter fünf verschieden farbigen Kugeln die rote Kugel oder das kurze unter vier Streichhölzern ziehen.

3 Unter 20 Gummibärchen befindet sich 5-mal Zitronen-, 4-mal Apfel- und 6-mal Orangengeschmack. Mit welcher Wahrscheinlichkeit zieht man blind ein Gummibärchen mit
a) Apfelgeschmack?
b) Zitronen- oder Orangengeschmack?
c) einer anderen Geschmacksrichtung?

4 Beim Roulettespiel kann auf die Zahlen 0 bis 36 gesetzt werden. Bestimme die Gewinnwahrscheinlichkeit.
a) Es wird auf eine Zahl gesetzt.
b) Es wird auf drei verschiedene Zahlen gesetzt.
c) Es wird auf die Zahlen 1 bis 18 gesetzt.

5 In der Tabelle ist eine Verträglichkeit der Blutgruppen bei einer Blutspende aufgeführt. (Verträglich: +; unverträglich: –)

Empf.	Spender			
	A	B	AB	0
A	+	–	+	–
B	–	+	+	–
AB	–	–	+	–
0	+	+	+	+

Die Blutgruppen verteilen sich in Deutschland wie folgt: A: 44%; B: 12%; AB: 6%; 0: 38%. Berechne für jede Blutgruppe die Wahrscheinlichkeit.
a) Ein unbekannter Spender hat die geeignete Blutgruppe.
b) Für einen unbekannten Empfänger liegt die geeignete Blutgruppe vor.

6 Ein Glücksrad mit drei Farben wird 1250-mal gedreht. Die relative Häufigkeit für die Farbe Rot beträgt 32,4%, für die Farbe Schwarz 54,8%. Wie oft kam Gelb (absolute Häufigkeit) vor?

7 Bei einer Tombola befinden sich unter 500 Losen 100 Gewinne.
a) Wie viele Lose muss man kaufen, um mit 100%iger Wahrscheinlichkeit mindestens einen Gewinn zu haben?
b) Wie groß ist die Wahrscheinlichkeit mindestens einen Gewinn zu haben, wenn man nur zwei Lose kauft?

8 Die Maschine einer Handschuhnäherei hatte leider einen Defekt, sodass jeder vierte Handschuh fehlerhaft war. Mit welcher Wahrscheinlichkeit ist ein Paar Handschuhe unbrauchbar?

9 Bei dem Strategiespiel „Schatzsuche" darf man auf keinen Fall auf eine Fallgrube treten. Die Abbildung zeigt einen Ausschnitt des Spielfeldes. Dabei zeigt die Zahl 3 an, wie viele Fallgruben an das Feld stoßen. Wie groß ist die Wahrscheinlichkeit, zufällig vom markierten Feld aus zweimal hintereinander auf keine Fallgrube zu treten?

10 Beim Spiel „Schweinerei" werden zwei Schweinchen geworfen.

| Sau | Suhle | Haxe | Schnauze | Backe |
| 65% | 25% | 7% | 2% | 1% |

a) Wie viele verschiedene Ergebnisse gibt es?
b) Bestimme mithilfe eines Baumdiagramms die Wahrscheinlichkeit, dass beide Schweinchen die gleiche Lage haben.
Tipp: Du musst nicht alle Äste des Baumdiagramms zeichnen.
c) Mit welcher Wahrscheinlichkeit fällt ein Schweinchen auf „Haxe" und das andere auf „Suhle"?

1 Quadratische Gleichungen

Spiel-Felder

Beachvolleyball
Maren, Jasmin, Tobias und Jan markieren am Strand ein Beachvolleyballfeld. Die beiden Spielfeldhälften sind quadratisch und haben eine Gesamtfläche von 72 m².

Wie lang und wie breit ist das gesamte Feld?

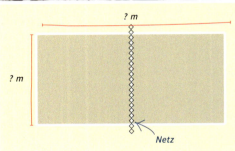

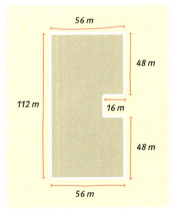

Bei einer Beachvolleyballmeisterschaft wurden zwölf Felder markiert.
Die Gesamtfläche aller Spielfelder beträgt 1536 m². Daraus könnt ihr die Spielfeldmaße bestimmen.

Wie können die Felder angeordnet werden, wenn das Gelände den links oben abgebildeten Grundriss hat? Zwischen den einzelnen Spielfeldern und zum Rand hin muss stets eine Spielfeldbreite Platz bleiben.

Rechtecke mit gleich großen Quadraten ausfüllen

Lassen sich in das rechts abgebildete blaue Rechteck zehn gleich große Quadrate so hineinlegen, dass nur 5 cm² des Rechtecks frei bleiben? Wenn ihr eine rechnerische Lösung gefunden habt, legt das Rechteck mit Quadraten aus.

Versucht es einmal mit sechs gleich großen Quadraten. Nun sollen 15 cm² des Rechtecks frei bleiben.
Überprüft auch hier euer Ergebnis durch Auslegen des Rechtecks mit den entsprechenden Quadraten.

Erfindet selbst ähnliche Aufgaben für das blaue Rechteck.

Ihr könnt auch Aufgaben für Rechtecke mit anderen ganzzahligen Seitenlägen erfinden. Was müsst ihr bei der Wahl der Rechtecksseiten beachten?

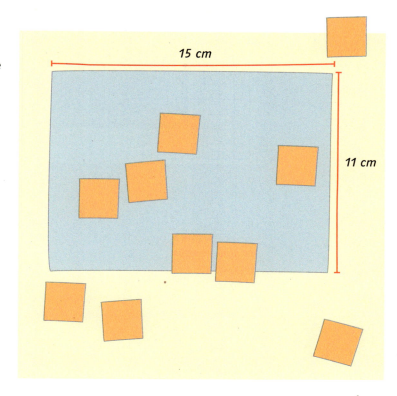

Ein anderes Rechteck hat einen Flächeninhalt von 247 cm².
Könnt ihr sechs gleich große Quadrate so hineinlegen, dass eine 31 cm² große Restfläche frei bleibt?

Geht es bei diesem Rechteck auch mit 15 Quadraten und 7 cm² freier Fläche?

In diesem Kapitel lernst du,

- was quadratische Gleichungen sind,
- wie man rein quadratische Gleichungen lösen kann,
- was eine quadratische Ergänzung ist,
- wie man gemischt quadratische Gleichungen lösen kann,
- wie man quadratische Gleichungen mit einer Formel löst,
- wie man quadratische Gleichungen beim Lösen von Sachproblemen einsetzt.

Spiel-Felder

1 Rein quadratische Gleichungen

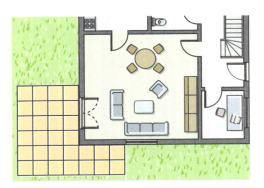

Familie Hauber möchte ihre Terrasse mit quadratischen Platten auslegen. Die Gesamtfläche beträgt $10{,}8\,m^2$.
Peter hat ausgerechnet, dass man die Fläche mit 30 Platten genau auslegen kann.
→ Welche Seitenlänge hat eine Platte?
→ Wie viele Platten würde man bei einer Seitenlänge von 30 cm benötigen?
→ Passen für die Form der Terrasse auch noch andere quadratische Plattengrößen?

Wenn in einer Gleichung die Variable im Quadrat vorkommt, spricht man von einer **quadratischen Gleichung** oder einer Gleichung 2. Grades.
Kommen außer dem Quadrat der Variablen nur Zahlen vor, so ist die Gleichung **rein quadratisch**.

Rein quadratische Gleichungen können immer so umgeformt werden, dass das Quadrat der Variablen allein steht.
Es gibt zwei Zahlen, die dieses Quadrat ergeben.
Deshalb hat die Gleichung auch zwei Lösungen, die mit x_1 und x_2 bezeichnet werden.

$$5x^2 + 12 = 192 \quad | -12$$
$$5x^2 = 180 \quad | :5$$
$$x^2 = 36 \quad | \sqrt{}$$
$$x_{1,2} = \pm\sqrt{36}$$
$$x_1 = +6$$
$$x_2 = -6$$

Schreibweise mit Lösungsmenge:
$L = \{6;\ -6\}$

! $\sqrt{9} = 3$
aber $x^2 = 9$ hat zwei Lösungen, nämlich $+3$ und -3.

Rein quadratische Gleichungen kann man lösen, indem man die Gleichung nach x^2 auflöst und dann auf beiden Seiten die **Wurzel zieht**.
Ist der Radikand positiv, hat die Gleichung immer zwei Lösungen.

? $\sqrt{-36} = \Box$
Warum findest du keine Zahl, die mit sich selbst multipliziert -36 ergibt?

Bemerkung
Ist der Radikand negativ, so hat die Gleichung keine Lösung.
Hat der Radikand den Wert null, so hat die Gleichung nur eine Lösung, nämlich $x = 0$.

Beispiele
a) $3x^2 + 4 = 79 \quad | -4$
$3x^2 = 75 \quad | :3$
$x^2 = 25 \quad | \sqrt{}$
$x_{1,2} = \pm\sqrt{25}$
$x_1 = +5$
$x_2 = -5 \quad L = \{5;\ -5\}$

b) $5x^2 + 132 = 52 \quad | -132$
$5x^2 = -80 \quad | :5$
$x^2 = -16 \quad | \sqrt{}$
$x_{1,2} = \pm\sqrt{-16}$

Da der Radikand negativ ist, hat die Gleichung keine Lösung. $L = \{\ \}$

c) Aus dem Flächeninhalt $2\,m^2$ eines quadratischen Tisches kann man die Länge der Tischkanten berechnen.
$a^2 = 2 \quad | \sqrt{}$
$a_{1,2} = \pm\sqrt{2}$
$a = 1{,}41$

Der negative Wert $-1{,}41$ ist hier unbrauchbar, weil es negative Längen nicht gibt.
Hier ist es sinnvoll, das Ergebnis auf zwei Dezimalen zu runden, da die zweite Stelle Zentimeter angibt.
Die Tischkante ist $1{,}41\,m$ oder $141\,cm$ lang.

Aufgaben

1 Löse die Gleichung im Kopf.
a) $x^2 = 25$ b) $x^2 = 196$
c) $x^2 = 1{,}44$ d) $x^2 = 0{,}36$
e) $x^2 - 49 = 0$ f) $x^2 - 0{,}25 = 0$
g) $x^2 = \frac{4}{9}$ h) $x^2 = \frac{25}{16}$

2 Runde auf zwei Nachkommaziffern.
a) $x^2 = 10$ b) $x^2 = 1{,}8$
c) $x^2 = \frac{1}{3}$ d) $x^2 = \frac{16}{7}$
e) $x^2 - 7 = 0$ f) $x^2 - 4{,}5 = 0$

3 Löse die Gleichung.
a) $5x^2 = 125$ b) $3x^2 = 243$
c) $2x^2 - 50 = 0$ d) $8x^2 - 8 = 0$
e) $\frac{1}{2}x^2 = 8$ f) $\frac{1}{3}x^2 - 27 = 0$

4 Runde die Lösung auf eine Dezimale.
a) $4x^2 = 200$ b) $7x^2 = 91$
c) $\frac{1}{2}x^2 = 45$ d) $3x^2 - 100 = 0$
e) $6x^2 - 17 = 28$ f) $1{,}5x^2 - 0{,}16 = 0{,}08$

5 Gib die Lösung als Bruch an.
a) $15x^2 - 2 = 6x^2 - 1$
b) $39x^2 + 3 = 3x^2 + 4$
c) $10x^2 - 8 = -6x^2 + 1$

6 a) Wenn man vom Quadrat einer Zahl 17 subtrahiert, erhält man 127. Um welche positive Zahl handelt es sich?
b) Multipliziert man das Quadrat einer natürlichen Zahl mit 5, so erhält man 45.
c) Addiert man zum Quadrat einer Zahl 32, so erhält man dasselbe, wie wenn man das Quadrat der Zahl mit 3 multipliziert.

7 Wie lang ist x?

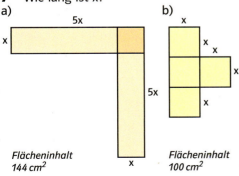

a) Flächeninhalt 144 cm²
b) Flächeninhalt 100 cm²

8 a) Ein Quadrat wird auf der einen Seite um 8 cm verlängert und auf der anderen Seite um 8 cm verkürzt.
Das entstandene Rechteck hat einen Flächeninhalt von 512 cm².
Welche Seitenlänge hatte das Quadrat?
b) Länge und Breite eines Rechtecks stehen im Verhältnis 5 : 4. Der Flächeninhalt beträgt 180 cm².
Bestimme die Länge und die Breite des Rechtecks.

9 Forme um und löse.
Wie lautet das Lösungswort?
a) $12x + 10{,}5 - 16x - 2x^2 = 8x^2 - 4x - 12$
b) $2(2x^2 - 5) + 12 = 3x^2 + 6$
c) $(8x - 8)(5x + 5) = 40 - 85x^2$
d) $(5x + 1)^2 = 10x + 5$
e) $(3x + 1)(3x - 1) = 15$

10 Hier kommen Brüche vor.
a) $\frac{x^2}{3} = 12$ b) $\frac{1}{4}x^2 = 25$
c) $\frac{2x^2}{5} = 10$ d) $\frac{x^2}{4} - 3 = 1$

11 Prüfe, welche der Gleichungen nur eine oder keine Lösung hat.
Wie weit musst du jeweils rechnen?
a) $x^2 + 2 = 0$ b) $3x^2 + 3 = 3$
c) $\frac{1}{2}x^2 - \frac{1}{2} = 0$ d) $x^2 + 2 = 3x^2 + 4$
e) $x(x + 2) = 2x$ f) $2x(x - 2) = 1 - 4x$

12 a) Erkläre ohne zu rechnen, warum die Gleichung $x^2 + 10 = 0$ keine Lösung hat.
b) Warum hat die Gleichung $x^2 + 10 = 10$ nur eine Lösung?

13 a) Welche Zahlen kann man für a in die Gleichung $x^2 - a = 0$ einsetzen, damit die Gleichung zwei Lösungen hat?
b) Für welche Werte von a hat die Gleichung $3x^2 + 3a = 0$ keine Lösung?
c) Welche Zahlen muss man für a in die Gleichung $ax^2 + a = 0$ einsetzen, um als Lösungen der Gleichung ganze Zahlen zu bekommen?
d) Warum kann man in die Gleichung $2x^2 = a^2 + 1$ für a jede beliebige Zahl einsetzen und erhält immer zwei Lösungen?

$\frac{4}{5}$; R $\frac{4}{3}$; E
1,5; B $\frac{2}{5}$; K
2; I

? Würfeltürme – Wie groß ist das Volumen?

Oberfläche 640 cm²

Oberfläche 350 cm²

Rein quadratische Gleichungen **25**

2 Gemischt quadratische Gleichungen

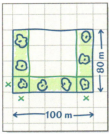

Der Schulhof soll verschönert werden. Dafür wird an drei Seiten ein Grünstreifen angelegt. Allerdings darf dieser nur so breit sein, dass der verbleibende Schulhof noch einen Flächeninhalt von 6750 m² hat. Momo und Lisa versuchen, die Breite des Streifens zu berechnen.
→ Wie geht Momo vor?
→ Welche Idee hat Lisa?
→ Wieso lässt sich x nicht so einfach berechnen?

Momo: $8000 - (80 \cdot x) \cdot 2 - (100 - 2x) \cdot x = 6750$
Lisa: $(100 - 2x)(80 - x) = 6750$

Quadratische Gleichungen der Form $x^2 + px + q = 0$ bezeichnet man als **gemischt quadratische Gleichungen**, weil die Variable nicht nur als Quadrat, sondern auch in der 1. Potenz vorkommt.

$a^2 + 2ab + b^2$
$= (a + b)^2$

Die Gleichung $x^2 + 10x + 25 = 64$ lässt sich lösen, indem man den linken Term in ein Binom umwandelt und dann wie beim Lösen einer rein quadratischen Gleichung auf beiden Seiten die Wurzel zieht.
Man erhält die beiden Lösungen x_1 und x_2.

$$x^2 + 10x + 25 = 64$$
$$(x + 5)^2 = 64 \quad | \sqrt{}$$
$$x + 5 = \pm\sqrt{64}$$
$$x_{1,2} = -5 \pm 8$$
$$x_1 = 3$$
$$x_2 = -13$$

Die linke Seite der Gleichung $x^2 + 8x = -7$ wird zu einem Binom ergänzt. Dazu addiert man auf beiden Seiten den zuerst halbierten und dann quadrierten Koeffizienten von x. Dieses Vorgehen nennt man **quadratische Ergänzung**.
Die umgeformte Gleichung lässt sich wie eine rein quadratische Gleichung lösen.

$$x^2 + 8x + 7 = 0 \quad | -7$$
$$x^2 + 8x = -7$$
$$x^2 + 8x + \left(\tfrac{8}{2}\right)^2 = -7 + \left(\tfrac{8}{2}\right)^2$$
$$x^2 + 8x + 16 = -7 + 16$$
$$(x + 4)^2 = 9 \quad | \sqrt{}$$
$$x_1 = -1;\ x_2 = -7$$
Lösungsmenge: $L = \{-1;\ -7\}$

Gemischt quadratische Gleichungen der Form $x^2 + px + q = 0$ kann man lösen, indem man den Term $x^2 + px$ **quadratisch ergänzt**.

Beispiele

a) Die Gleichung $x^2 - 3x - 4 = 0$ wird mithilfe der quadratischen Ergänzung gelöst.

$$x^2 - 3x - 4 = 0 \quad | +4$$
$$x^2 - 3x = 4 \quad | +\left(\tfrac{3}{2}\right)^2$$
$$x^2 - 3x + \left(\tfrac{3}{2}\right)^2 = 4 + \left(\tfrac{3}{2}\right)^2$$
$$x^2 - 3x + \tfrac{9}{4} = \tfrac{25}{4}$$
$$\left(x - \tfrac{3}{2}\right)^2 = \tfrac{25}{4} \quad | \sqrt{}$$
$$x - \tfrac{3}{2} = \pm \tfrac{5}{2} \quad | +\tfrac{3}{2}$$
$$x_1 = 4;\ x_2 = -1 \qquad L = \{4;\ -1\}$$

b) Die Gleichung $x^2 + 6x + 13 = 0$ hat keine Lösung.
Dies erkennt man schon nach der quadratischen Ergänzung.

$$x^2 + 6x + 13 = 0 \quad | -13$$
$$x^2 + 6x = -13 \quad | +\left(\tfrac{6}{2}\right)^2$$
$$x^2 + 6x + \left(\tfrac{6}{2}\right)^2 = -13 + \left(\tfrac{6}{2}\right)^2$$
$$x^2 + 6x + 9 = -4$$

Aus der negativen Zahl -4 kann keine Wurzel gezogen werden.
Lösungsmenge: $\qquad L = \{\ \}$

Aufgaben

1 Wandle den Term in ein Binom um.
a) $x^2 + 6x + 9$ b) $b^2 + 10b + 25$
c) $x^2 - 4x + 4$ d) $a^2 - 12a + 36$
e) $y^2 - 5y + 6{,}25$ f) $m^2 + m + 0{,}25$

2 Forme den Term mithilfe der quadratischen Ergänzung um.
Beispiel: $x^2 + 6x + 10$
$= x^2 + 6x + 9 - 9 + 10$
$= (x + 3)^2 + 1$
a) $x^2 + 8x + 20$ b) $x^2 + 10x + 50$
c) $x^2 - 6x + 6$ d) $b^2 - 3b - 1$
e) $a^2 + 5a + 3$ f) $y^2 - y + 1$

3 Löse die Gleichung.
a) $(x + 3)^2 = 4$ b) $(x - 2)^2 = 9$
c) $(x - 1)^2 - 16 = 0$ d) $(x + 3)^2 - 0{,}25 = 0$
e) $2(x + 3)^2 = 50$ f) $3(x - 4)^2 - 48 = 0$

4 Forme um und löse die Gleichung.
a) $x^2 + 6x + 9 = 25$ b) $x^2 - 4x + 4 = 9$
c) $x^2 - 18x + 81 = 64$ d) $x^2 - 20x + 100 = 1$
e) $x^2 + x + 0{,}25 = 0{,}36$ f) $x^2 + 7x + \frac{49}{4} = \frac{9}{4}$

5 Löse die Gleichung durch quadratische Ergänzung.
a) $x^2 + 8x + 15 = 0$ b) $x^2 + 14x + 48 = 0$
c) $x^2 + 3x + 1{,}25 = 5{,}25$ d) $x^2 - 2x + 3 = 11$
e) $x^2 - 4x = 12$ f) $x^2 - 5x = 2{,}75$

6 Achte auf die Reihenfolge.
a) $8 + x^2 + 6x = 0$ b) $10 - x^2 = 3x$
c) $x^2 = 125 - 20x$ d) $28x = 60 - x^2$
e) $10x - x^2 = 0$ f) $1{,}5x = 4{,}5x^2$

7 Löse die Gleichung.
a) $5x^2 + 14 + 4x = 6x^2 + 3x - 6$
b) $9 - 2x - 2x^2 = 8x - 3x^2 - 12$
c) $3x(x + 2) = 16 + 2x^2$
d) $1 - 4(2x + 1) = x^2 + 4$
e) $(x + 3)(x - 3) = 12x + 4$
f) $(2x - 5)^2 = 9 + 3(x - 1)^2$

8 Nicht jede gemischt quadratische Gleichung hat zwei Lösungen.
a) $(x + 4)^2 = 0$ b) $(x + 1)^2 + 2 = 0$
c) $(x - 2)^2 + 3 = 3$ d) $x^2 + 6x + 10 = 0$

9 a) Vergrößert man eine Zahl um 4 und quadriert das Ergebnis, erhält man 36.
b) Vermindert man eine Zahl um 3 und multipliziert das Ergebnis mit sich selbst, so erhält man 25.
c) Vergrößert man eine Zahl um 1 und subtrahiert vom Quadrat des Ergebnisses die Zahl 49, so erhält man 0.

10 Die Zahl −7 ist um 3 größer als −10. Multipliziert man beide Zahlen, so erhält man 70. Gibt es auch zwei positive Zahlen, für die diese Bedingungen gelten?

11 Wenn man eine Zahl um 3 vermehrt und quadriert, muss man 10 addieren, um 5 zu erhalten.
Zeige mithilfe einer quadratischen Gleichung, dass es diese Zahl nicht gibt.

12 Wie breit sind die Pflanzflächen?
a) Die Pflanzflächen sind 10 m lang.

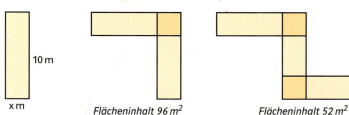

Flächeninhalt 96 m²   *Flächeninhalt 52 m²*

Überprüfe deine Lösungen mit einer Zeichnung. Was fällt dir auf?
b) Die Pflanzflächen sind 5 m lang.

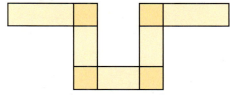

Flächeninhalt 34 m²

c) Alle Pflanzflächen sind 5 m lang.

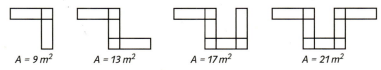

$A = 9\,m^2$ $A = 13\,m^2$ $A = 17\,m^2$ $A = 21\,m^2$

Findest du eine Gesetzmäßigkeit? Setze die Reihe fort und berechne die zugehörigen Rechtecksbreiten.

Produkte sparen Zeit

Gleichungen der Form $x^2 + px = 0$ werden als **unvollständig gemischt quadratische Gleichungen** bezeichnet. Sie können leicht gelöst werden.

Arbeite mit einer Partnerin oder einem Partner zusammen.

■ Wie kommt der Name „unvollständig gemischt quadratisch" zustande?

David und Verena haben die gleiche Aufgabe gelöst.

■ Wie ist David vorgegangen?
■ Welche Idee hatte Verena?
■ Löst wie Verena.
$x^2 + 5x = 0$
$x^2 - 10x = 0$
$2x^2 + 8x = 0$

$x^2 + 4x = 0$

David: $x^2 + 4x + 4 = 4$
$(x + 2)^2 = 4$
$x + 2 = +2$ oder $x + 2 = 2$
$x_1 = 0$ und $x_2 = -4$

Verena: $x \cdot (x + 4) = 0$
$x = 0$ oder $x = -4$

■ Kontrolliert eure Ergebnisse mit Davids Rechenweg.
■ Formuliert eine Regel, wie man unvollständig gemischt quadratische Gleichungen leicht lösen kann und wie die Lösungen jeweils lauten.

■ Wendet eure Regel auf die Gleichung $(x - 3)(x - 5) = 0$ an.
Löst ebenso: $(x + 4)(x + 5) = 0$
$(2x + 1)(2x - 4) = 0$

■ Formuliert nun eine Regel zum Lösen solcher gemischt quadratischen Gleichungen.
■ Vergleicht die Ausgangsaufgaben mit den entsprechenden Lösungen. Was fällt auf?

■ Eine gemischt quadratische Gleichung hat die Lösung $x_1 = -3$ und $x_2 = 5$. Wie lautet die Gleichung?
Benutzt eure Regel.
■ Wie lauten die quadratischen Gleichungen zu den Lösungen
$x_1 = 4$; $x_2 = -5$ und
$x_1 = 2$; $x_2 = 6$?

Schreibt beide Gleichungen in der Form $x^2 + px + q = 0$.

■ Denkt euch eigene Aufgaben aus, löst diese und stellt sie einer Mitschülerin bzw. einem Mitschüler.
Vergleicht anschließend eure Lösungen und eure Rechenwege.

13 Mara sagt, sie könne die Gleichung $x^2 - 8x = 0$ ganz schnell lösen.
Sie rechnet so:

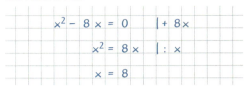

Mara erhält nur eine Lösung.
Max sagt: „Eine quadratische Gleichung hat doch zwei Lösungen."
Kannst du beim Lösungsweg von Mara einen Fehler finden?
Hat Max übrigens Recht?

14 Bestimme die Länge der Rechteckseiten. Der Flächeninhalt beträgt $240\,cm^2$.
a) Die Rechteckseiten haben die Längen x und $x + 1$. Wie groß ist x?
b) Findest du die Lösung für das Rechteck mit den Seitenlängen $x + 1$ und $x + 2$ auch ohne Rechnung?
Überprüfe deine Vermutung.

15 a) Ein quadratisches Prisma hat eine Oberfläche von $10\,cm^2$.
Berechne die Länge der Grundkante x und das Volumen des linken Prismas.

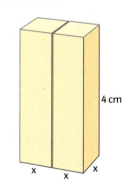

b) Zwei quadratische Prismen rechts sind zu einem Quader zusammengefügt.
Die Oberfläche des ganzen Körpers beträgt $64\,cm^2$.
Berechne das Volumen.
c) Wenn man drei quadratische Prismen mit der Höhe $6\,cm$ zusammenfügt, ist $O = 120\,cm^2$. Wie groß ist x?
Berechne auch hier das Volumen.

3 Lösungsformel

Die Größe von Schulhöfen ist festgelegt auf mindestens $3\,m^2$ pro Schüler.
Leon, Frederik und Kira berechnen die größtmögliche Breite des Grünstreifens für unterschiedliche Schülerzahlen.
→ Von welcher Schülerzahl geht Kira aus?
→ Führe Leons Rechnung nicht mit Zahlen, sondern mit Variablen p und q durch:
$x^2 + px = -q$, mit $p = -130$; $q = 1750$.
→ Welche Formel für x_1, x_2 entsteht?

Leon: $8000 - 2 \cdot 80x - (100 - 2x)x = 4500$
Frederik: $8000 - 2 \cdot 80x - (100 - 2x)x = 5250$
Kira: $8000 - 2 \cdot 80x - (100 - 2x)x = 3600$

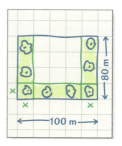

Um quadratische Gleichungen wie $x^2 + 14x + 24 = 0$ rechnerisch lösen zu können, muss man quadratisch ergänzen. Zu ihrer Lösung lässt sich eine Formel entwickeln.

$x^2 + 14x + 24 = 0$ $\quad | -24$
$x^2 + 14x = -24$
$x^2 + 14x + \left(\frac{14}{2}\right)^2 = \left(\frac{14}{2}\right)^2 - 24$
$\left(x + \frac{14}{2}\right)^2 = \left(\frac{14}{2}\right)^2 - 24$
$x + \frac{14}{2} = \pm\sqrt{\left(\frac{14}{2}\right)^2 - 24}$ $\quad | -\frac{14}{2}$
$x_{1,2} = -\frac{14}{2} \pm \sqrt{\left(\frac{14}{2}\right)^2 - 24}$

$x^2 + px + q = 0$ $\quad | -q$
$x^2 + px = -q$ $\quad | +\left(\frac{p}{2}\right)^2$
$x^2 + px + \left(\frac{p}{2}\right)^2 = \left(\frac{p}{2}\right)^2 - q$ ↝ quadratische Ergänzung
$\left(x + \frac{p}{2}\right)^2 = \left(\frac{p}{2}\right)^2 - q$ ↝ Faktorisieren mit binomischer Formel
$x + \frac{p}{2} = \pm\sqrt{\left(\frac{p}{2}\right)^2 - q}$ $\quad | -\frac{p}{2}$
$x_{1,2} = -\frac{p}{2} \pm \sqrt{\left(\frac{p}{2}\right)^2 - q}$

Die Zahlen für die Koeffizienten p und q werden $x^2 + 14x + 24 = 0$ entnommen:

$x_{1,2} = -\frac{14}{2} \pm \sqrt{\left(\frac{14}{2}\right)^2 - 24}$
$x_{1,2} = -7 \pm \sqrt{25}$

$x_1 = -7 + 5 = -2$
$x_2 = -7 - 5 = -12$ $\quad L = \{-2; -12\}$

! Die Darstellung einer gemischt quadratischen Gleichung in der Form $x^2 + px + q = 0$ heißt **Normalform**.

Eine gemischt quadratische Gleichung in der Form $x^2 + px + q = 0$ kann man mit der **Lösungsformel** lösen. Dazu bestimmt man die Koeffizienten p und q und setzt diese in $x_{1,2} = -\frac{p}{2} \pm \sqrt{\left(\frac{p}{2}\right)^2 - q}$ ein.

Normalform

$x^2 + px + q = 0$

p, q-Formel

$x_{1,2} = -\frac{p}{2} \pm \sqrt{\left(\frac{p}{2}\right)^2 - q}$

Beispiele

a) Die Gleichung $x^2 - 18x + 17 = 0$ besitzt die Koeffizienten $p = -18$ und $q = +17$. Sie werden in die Lösungsformel eingesetzt.

$x_{1,2} = -\frac{(-18)}{2} \pm \sqrt{\left(\frac{-18}{2}\right)^2 - 17}$
$x_{1,2} = +9 \pm \sqrt{81 - 17}$
$x_{1,2} = +9 \pm 8$
$x_1 = 17; \quad x_2 = 1 \qquad L = \{17; 1\}$

b) Die Gleichung $3x^2 = 42 - 39x$ muss zunächst auf Normalform gebracht werden.
$3x^2 = 42 - 39x$ $\quad | +39x - 42$
$3x^2 + 39x - 42 = 0$ $\quad | :3$
$x^2 + 13x - 14 = 0$
$x_{1,2} = -\frac{13}{2} \pm \sqrt{\left(\frac{13}{2}\right)^2 - (-14)}$
$x_{1,2} = -6{,}5 \pm \sqrt{6{,}5^2 + 14}$
$x_1 = 1; \quad x_2 = -14 \qquad L = \{1; -14\}$

! Achte beim Einsetzen in die Lösungsformel besonders auf **die Vorzeichen** von p und q!

Lösungsformel 29

Bemerkung

Um herauszufinden, wie viele Lösungen eine quadratische Gleichung hat, muss man die Gleichung nicht vollständig lösen. Es genügt, den Radikanden der Wurzel in der Lösungsformel zu untersuchen.

Der Radikant $\left(\frac{p}{2}\right)^2 - q$ wird auch als **Diskriminante D** bezeichnet.

Wir unterscheiden drei Fälle: Die Diskriminante kann **positiv**, **null** oder **negativ** sein. Dementsprechend kann die Gleichung **zwei Lösungen**, **eine Lösung** oder **keine Lösung** haben.

$x^2 + 6x + 1 = 0$	$x^2 + 6x + 9 = 0$	$x^2 + 6x + 10 = 0$
$D = 3^2 - 1$	$D = 3^2 - 9$	$D = 3^2 - 10$
zwei Lösungen, da $D > 0$	eine Lösung, da $D = 0$	keine Lösung, da $D < 0$

! *discriminare (lat.) heißt unterscheiden oder den Unterschied verdeutlichen.*

Aufgaben

1 Löse mit der Lösungsformel.
a) $x^2 + 8x + 7 = 0$
b) $x^2 + 7x + 10 = 0$
c) $x^2 + 2x - 3 = 0$
d) $x^2 - 5x - 24 = 0$
e) $x^2 + 10x - 11 = 0$
f) $x^2 - 22x + 72 = 0$
g) $x^2 + 2{,}5x + 1 = 0$
h) $x^2 - 5{,}2x + 1 = 0$

2 Löse und runde auf zwei Dezimalen.
a) $x^2 + 6x + 3 = 0$
b) $x^2 + 6x - 3 = 0$
c) $x^2 - 6x + 3 = 0$
d) $x^2 - 6x - 3 = 0$

3 Bringe zunächst auf Normalform.
a) $2x^2 + 12x + 10 = 0$
b) $3x^2 + 9x - 84 = 0$
c) $5x^2 - 25x - 120 = 0$
d) $\frac{1}{2}x^2 - x - 4 = 0$
e) $\frac{1}{10}x^2 - \frac{1}{5}x - 8 = 0$

4 Gib die Lösungen an ohne zu runden.
a) $x^2 - 2x - 1 = 0$
b) $(1 - 3x)(5x + 2) = 0$
c) $9x(2x - 1) = -1$
d) $x^2 - \sqrt{12}\,x - 9 = 0$
e) $(x - 7)^2 = 4(x + 8)$
f) $(x - 4)^2 - 3(x - 1) = 1$
g) $(2 + x)^2 - (x - 7)^2 = x^2$
h) $(5x - 3)^2 - (3x - 4)^2 = 13x^2 + 17$

5 Welches Lösungspaar gehört zu welcher Gleichung?

$(x - 5)(x + 3) = 9$	$x_1 = 7;\ x_2 = 1$
$(x - 5)(x - 3) = 8$	$x_1 = 1;\ x_2 = -9$
$(x + 5)(x - 3) = -7$	$x_1 = 6;\ x_2 = -4$
$(x + 5)(x + 3) = 24$	$x_1 = 2;\ x_2 = -4$

6 Vereinfache zuerst.
a) $7x^2 - 14x - 23 = 6x^2 - 23x + 29$
b) $9x^2 - 14x - 3 = 7x^2 - 13x + 7$
c) $\frac{1}{2}x^2 - x - 19 = \frac{1}{2}x + 16$

7 Löse zuerst die Klammern auf.
a) $5(2x - 3) = x(8 - x)$
b) $(x + 2)(8x - 3) = 3x - 3$
c) $2x(x - 3) = 5 - (x^2 - 4)$
d) $(x - 9)(2x + 2) - 2(1 + x) = 0$

8 Christian wirft im Sportunterricht einen Ball aus 1,50 m Höhe senkrecht nach oben. Mit der Funktionsgleichung
$h(t) = -5t^2 + 10t + 1{,}5$ kann man für Christians Wurf näherungsweise die Höhe (in m) berechnen, die der Ball nach einer bestimmten Zeit t (in s) erreicht hat.
a) Setze für t unterschiedliche Werte ein und finde so heraus, wie hoch Christians Ball fliegt. Welches ist die größte Höhe?
b) Wie viel Zeit bleibt ihm, um den Ball in 1 m Höhe wieder aufzufangen?
c) Wann trifft der Ball auf dem Boden auf? (Tipp: Setze $h(t) = 0$).

9 Das Volumen des Quaders beträgt 720 cm³. Berechne die Länge und Breite der Grundfläche.

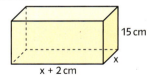

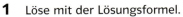

? $x^2 + x - 30 = 0$

$x^2 + px + q = 0$

...

Löse die Gleichung $x^2 + x - 30 = 0$. Setze die größere Lösung für p, die kleinere für q in die Normalform $x^2 + px + q = 0$ ein. Löse die neu entstandene Gleichung und setze deren Lösung wieder genauso in $x^2 + px + q = 0$ ein. Wiederhole den Vorgang so oft, wie ganzzahlige Lösungen entstehen.

10 Löse die folgenden quadratischen Gleichungen:

$$x^2 - 4x + 3 = 0$$
$$x^2 - 8x + 12 = 0$$
$$x^2 - 12x + 27 = 0$$
$$x^2 - 16x + 48 = 0$$
$$x^2 - 20x + 75 = 0$$

Findest du die nächste Gleichung in dieser Reihe? Errate die Lösungen und prüfe dein Ergebnis durch Rechnung.

11 Die Lösungen sind ganze Zahlen zwischen −10 und 10.
a) $(x + 2)^2 - (x - 3)(2x + 1) = -3$
b) $\frac{x(x-3)}{2} + \frac{3}{2}x = 6 - \frac{x}{2}$
c) $25x - 3(x - 2)^2 = -14(3 - 2x)$
d) $(2x - 1)^2 - 2(x - 3)^2 - x(x + 6) + 2 = 0$

12 Es gibt verschiedene Lösungswege.
a) $\frac{x^2}{9} - \frac{1}{2} = \frac{x}{3} + \frac{3}{2}$
b) $\frac{1}{10}x^2 = 5 + \frac{x}{2}$
c) $\frac{x^2 + 4}{6} + \frac{4x}{3} = \frac{x}{2}$
d) $\frac{x^2 - 6}{6} + \frac{1}{3}x = \frac{1}{2}x$

13 Welche der Gleichungen hat zwei Lösungen, eine oder keine Lösung?
a) $3x^2 + 20x + 120 = 12 - 16x$
b) $(x + 3)^2 - 5 = 2(x - 5) + 3x^2$
c) $(x - 1)^2 + x^2 - 2 = (x - 2)(x + 2)$
d) $x(x + 3) + 12 = 12 - (2x + 1)^2$

14 Bestimme die Diskriminante D und gib die Anzahl der Lösungen an.
a) $x^2 - 10x - 11 = 0$ b) $x^2 + 6x + 10 = 0$
c) $x^2 + \frac{6}{7}x + \frac{3}{14} = 0$ d) $9x^2 - 36x + 4 = 0$

15 Bestimme die Werte von a, für die die Gleichung genau eine Lösung hat.

Beispiel: $x^2 + 6x + a = 0$ hat dann genau eine Lösung, wenn die Diskriminante $\left(\frac{6}{2}\right)^2 - a = 0$ ist. Also muss $a = 9$ sein.

a) $x^2 + 4x + 2a = 0$ b) $2x^2 + 2a = 14x$
c) $x^2 - 8x + 5 + a = 0$ d) $x^2 + 2ax + 9 = 0$
e) $x^2 + 6ax - 7a^2 = 0$

? $x^2 \square \square x \square \square = 0$

Belege die kleinen Felder mit Rechenzeichen, die großen Felder mit Zahlen. Bilde mit den Kärtchen jeweils eine Gleichung, die zwei Lösungen, eine Lösung oder keine Lösung besitzt.

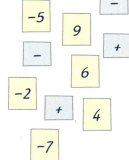

Satz von Vieta

Vieta entdeckte als Erster bei quadratischen Gleichungen $x^2 + px + q = 0$ den Zusammenhang zwischen den Koeffizienten p und q und den Lösungen x_1 und x_2.

■ Löse die Gleichungen und übertrage die Tabelle in dein Heft. Was stellst du fest?

$x^2 - 4x + 3 = 0$ $x^2 - 5x + 4 = 0$
$x^2 - 6x + 5 = 0$ $x^2 - 7x + 6 = 0$

p	q	x_1	x_2	$x_1 + x_2$	$x_1 \cdot x_2$
☐	☐	☐	☐	☐	☐
☐	☐	☐	☐	☐	☐
☐	☐	☐	☐	☐	☐

Der **Satz von Vieta** lautet:
Für die Lösungen x_1 und x_2 der quadratischen Gleichung $x^2 + px + q = 0$ gilt:

$x_1 + x_2 = -p$ und $x_1 \cdot x_2 = q$.

Die Probe geht mit dem Satz von Vieta wesentlich schneller als durch Einsetzen:
Die Gleichung $x^2 - 5x - 84 = 0$ hat die Lösungen $x_1 = 12$ und $x_2 = -7$.
Der Satz von Vieta ergibt:
$12 + (-7) = 5 = -p$ und
$12 \cdot (-7) = -84 = q$.

■ Überprüfe den Satz an den Lösungen der Gleichungen.
$x^2 - 2x - 35 = 0$ $x^2 + 2x - 80 = 0$
Arbeitet zu zweit.
Mit etwas Geschick könnt ihr mit dem Satz von Vieta ganzzahlige Lösungen der Gleichungen finden, ohne zu rechnen. Beachtet beim Lösen durch Probieren die Teilermenge von q.

■ Löst die quadratischen Gleichungen mit dem Satz von Vieta.
$x^2 - 4x + 3 = 0$ $x^2 + 10x + 16 = 0$
$x^2 - 4x + 4 = 0$ $x^2 - 6x + 8 = 0$

■ Zeigt, dass der Satz von Vieta für alle quadratischen Gleichungen der Form $x^2 + px + q = 0$ gilt.

François Viète (1540 bis 1603)

Der Franzose **François Viète** (lat. **Vieta**) war einer der Begründer der heutigen Algebra. So lässt sich das Rechnen mit Buchstaben zur Bezeichnung vorhandener und gesuchter Zahlen hauptsächlich auf ihn zurückführen. Dabei betrieb er Mathematik nur als Hobby.

4 Bruchgleichungen*

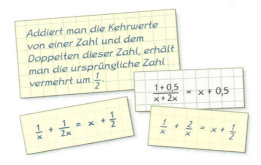

Paolo und Katja lösen Zahlenrätsel.
→ Welche der Gleichungen gehört zu diesem Zahlenrätsel?
→ Löse durch Probieren. Verwende die Zahlen −2; −1,5; −1; 0; 1; 1,5 und 2.
→ Paolo sagt: „Die Zahl 0 ist auf alle Fälle keine Lösung." Kannst du ihm bei einer Begründung helfen?
→ Finde für die beiden anderen Gleichungen einen passenden Text.

In Bruchgleichungen kommen Bruchterme vor, in die nicht alle Zahlen eingesetzt werden dürfen. Deshalb bestimmt man zunächst die **Definitionsmenge D**. Sie enthält alle Zahlen, die in die vorhandenen Bruchterme eingesetzt werden dürfen.
Beim Lösen multipliziert man die **Bruchgleichung** mit einem geeigneten gemeinsamen Nenner und erhält eine Gleichung ohne Brüche.

$D = \mathbb{R} \setminus \{0; -1\}$
wird so gelesen: Die Definitionsmenge D besteht aus allen reellen Zahlen ohne (\) die Zahlen 0 und −1.

$$\frac{2}{x} + 1 = \frac{6}{x+1}$$
$$\frac{2}{x} + 1 = \frac{6}{x+1} \quad | \cdot x(x+1)$$
$$\frac{2}{x} \cdot x(x+1) + 1 \cdot x(x+1) = \frac{6}{x+1} \cdot x(x+1)$$
$$2(x+1) + x^2 + x = 6x \quad | -6x$$
$$x^2 - 3x + 2 = 0$$
$$x_{1,2} = -\left(-\frac{3}{2}\right) \pm \sqrt{\left(-\frac{3}{2}\right)^2 - 2}$$
$$x_{1,2} = \frac{3}{2} \pm \frac{1}{2}$$
$$x_1 = 2; \quad x_2 = 1$$

$D = \mathbb{R} \setminus \{0; -1\}$;
da sich beim Einsetzen von 0 und −1 im Nenner der Wert null ergibt.
Der Term $x(x+1)$ ist ein gemeinsamer Nenner.
Nach dem Kürzen entsteht eine quadratische Gleichung.
In Normalform umgeformt kann sie mit der Lösungsformel gelöst werden.
Da die Zahlen 2 und 1 zur Definitionsmenge gehören, gilt: $L = \{2; 1\}$.

Schritte für das Lösen einer Bruchgleichung:
1. Definitionsmenge bestimmen
2. gemeinsamen Nenner bestimmen und die Gleichung mit diesem durchmultiplizieren
3. Gleichung ohne Bruchterme herstellen
4. quadratische Gleichung auf Normalform bringen und lösen
5. bei der Lösungsmenge die Definitionsmenge der Bruchgleichung beachten

Beispiel

$$\frac{1}{x} - \frac{x}{2x-2} = \frac{1-2x}{2x-2} \quad | \cdot x(2x-2)$$
$$(2x-2) - (x \cdot x) = x \cdot (1-2x)$$
$$2x - 2 - x^2 = x - 2x^2$$
$$x^2 + x - 2 = 0$$
$$x_{1,2} = -\frac{1}{2} + \sqrt{\left(\frac{1}{2}\right)^2 - (-2)}$$
$$x_{1,2} = -\frac{1}{2} \pm \frac{3}{2}$$

$D = \mathbb{R} \setminus \{0; 1\}$;
Gemeinsamer Nenner: $x(2x-2)$

Die Lösungen sind: $x_1 = 1; \quad x_2 = -2$.

Da die Zahl 1 nicht zur Definitionsmenge gehört, gilt: $L = \{-2\}$.

Aufgaben

1 Welche Zahlen darfst du nicht einsetzen? Bestimme die Lösung.

a) $\frac{2}{x} = x + 1$
b) $\frac{5}{2x} = 2x + 4$

c) $\frac{12}{x} - 1 = x$
d) $\frac{x+1}{x} = 2x$

e) $\frac{3}{x-2} = x$
f) $2x = \frac{12}{x-5}$

g) $x = \frac{14}{x-5}$
h) $x - 1 = \frac{4-10x}{10x-3}$

2 Gib die Definitions- und die Lösungsmenge an.

a) $\frac{4x-5}{x-2} = x + 4$
b) $x + 2 = \frac{2x}{x-1}$

c) $\frac{1-x}{x-3} = x - 7$
d) $2x - 4 = \frac{7x-14}{x+2}$

e) $3x + 5 = \frac{x+53}{7-x}$
f) $\frac{19x+30}{x+3} = 3x - 2$

g) $x = \frac{x+11}{2x-8} + 4$
h) $4x + 4 = \frac{2x+7}{2x+1}$

3 Beim Lösen der Gleichung entstehen Binome.

a) $\frac{1}{x-1} = x - 1$
b) $\frac{25}{x+2} = x + 2$

c) $\frac{16}{x+3} = x + 3$
d) $\frac{3x}{x+2} = x - 2$

e) $\frac{5x}{6-x} = 6 + x$
f) $\frac{3x^2-2x}{2x-1} = 2x - 1$

4 Die Lösungen sind ganzzahlig und liegen zwischen –10 und 10.

a) $\frac{x^2+2}{x+1} = 4 + \frac{3}{x+1}$

b) $\frac{x^2+4x}{2x+6} = \frac{29}{2x+6} + 1$

c) $\frac{x^2-6}{x+2} - 5 = \frac{x}{x+2}$

d) $\frac{x-3}{2} + \frac{x^2-10}{3x} = 1$

e) $\frac{x-1}{2} + 1 = \frac{6}{x-3}$

f) $\frac{x+7}{7} - 1 = \frac{2}{x-5}$

g) $\frac{4}{x+1} - x = \frac{2}{x+1}$

5 Löse die folgenden Aufgaben.
Die Lösungen lauten:
(2; –2); (5; –3); (8; 4); (2; –3).

a) $\frac{x}{3} = \frac{2}{3} + \frac{5}{x}$

b) $\frac{8}{3x} + \frac{8}{x} = \frac{12-x}{3}$

c) $\frac{1}{x} + \frac{1}{2x} = \frac{x+1}{4}$

d) $\frac{x^2-2}{3x} = \frac{1}{2x} + \frac{1}{6x}$

6 Bei der Getreideernte benötigt ein Mähdrescher 9 h, um ein Feld zu bearbeiten. Wird zusätzlich eine zweite Maschine eingesetzt, ist die Arbeit in 3 Stunden erledigt. Wie lange bräuchte der zweite Mähdrescher allein zum Abernten des Feldes?

Verblüffende Ergebnisse ?!

Arbeitet zu zweit.
Löst folgende Gleichungen:

$\frac{3}{x} = \frac{x-2}{1}$; $\frac{4}{x} = \frac{x-2}{2}$;

$\frac{5}{x} = \frac{x-2}{3}$; $\frac{6}{x} = \frac{x-2}{4}$; ...

■ Welche Gesetzmäßigkeit erkennt ihr?
■ Setzt die Folge um drei weitere Gleichungen fort. Gilt die Gesetzmäßigkeit weiterhin?

Gebt zu jeder Gleichung die Definitionsmenge und die Lösungsmenge an.

$\frac{2}{x+1} = x$

$\frac{6}{x+1} = x$

$\frac{12}{x+1} = x$

$\frac{20}{x+1} = x$

$\frac{30}{x+1} = x$

■ Wie ist die Kette der Gleichungen aufgebaut?
■ Setzt die Aufgabenkette fort. Welche Gesetzmäßigkeiten könnt ihr dabei erkennen?

Auch hier erhältst du verblüffende Ergebnisse:

$\frac{2}{x+1} + 2x - 1 = \frac{4}{x+1}$

$\frac{2}{x+1} + 3x - 2 = \frac{4}{x+1}$

$\frac{2}{x+1} + 4x - 3 = \frac{4}{x+1}$

■ Eine Zahl ist in jeder Lösungsmenge enthalten. Welche ist es?
■ Wie heißt die zweite Lösung?
■ Formuliert eine Regel und stellt sie der Klasse vor.

5 Lesen und Lösen

Familie Becker besitzt einen rechteckigen Bauplatz mit einer Länge von 24 m und einer Breite von 21 m. Im Zuge des Umlegungsverfahrens muss Familie Becker 25 % ihrer Fläche an die Gemeinde abgeben. Dazu werden an zwei Seiten des Grundstücks zwei gleich breite Streifen abgetrennt.

→ Reicht ein 1 m breiter Streifen, müssen es 2 m oder noch mehr sein?

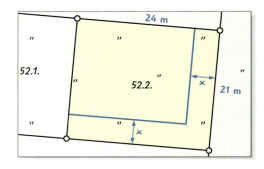

Quadratische Gleichungen können bei der Lösung einer Vielzahl von Problemen helfen. Beim Lösen kann folgendes Vorgehen eine gute Hilfe sein.

1. Benenne die unbekannten Größen:
   die gesuchte Zahl mit x oder n, die Zeit mit t, die Länge mit a, ...
2. Stelle zwischen den Größen einen Zusammenhang her, zuerst in Worten, dann in einer Gleichung oder Grafik.
3. Berechne die unbekannten Zahlen bzw. Größen. Überprüfe deine Rechenschritte.
4. Überprüfe dein Ergebnis: Kommt die Zahl in Frage, ist die richtige Einheit verwendet, ist die Lösung sinnvoll ... ?
5. Schreibe einen Antwortsatz.

Beispiel

Die Summe der Quadrate zweier aufeinander folgender natürlicher Zahlen ist um 21 größer als das Produkt der beiden Zahlen.

1. Variable benennen
Erste natürliche Zahl: n
Nachfolgende natürliche Zahl: n + 1

2. Gleichung aufstellen
- Aufstellen des linken Terms

Quadrate der Zahlen: n^2; $(n + 1)^2$
Summe der Quadrate bilden: $n^2 + (n + 1)^2$
- Aufstellen des rechten Terms

Produkt der Zahlen $n \cdot (n + 1)$
Produkt um 21 vermehren: $n \cdot (n + 1) + 21$
- Damit ergibt sich die Gleichung:

$n^2 + (n + 1)^2 = n \cdot (n + 1) + 21$

3. Gleichung lösen

$n^2 + (n + 1)^2 = n \cdot (n + 1) + 21$
$n^2 + n^2 + 2n + 1 = n^2 + n + 21$
$2n^2 + 2n + 1 = n^2 + n + 21 \mid -n^2 - n - 21$
$n^2 + n - 20 = 0$
$n_{1,2} = -0{,}5 \pm \sqrt{0{,}5^2 - (-20)}$
$n_{1,2} = -0{,}5 \pm \sqrt{20{,}25}$
$n_{1,2} = -0{,}5 \pm 4{,}5$
$n_1 = 4$
$n_2 = -5$

! *Dieses Ergebnis erhält man auch, wenn die größere Zahl mit n und die kleinere Vorgängerzahl mit n − 1 bezeichnet wird.*

4. Ergebnis prüfen
Die Zahl −5 ist keine natürliche Zahl. Deshalb muss nur mit der Zahl 4 geprüft werden.
linke Seite: $4^2 + (4 + 1)^2 = 16 + 25 = 41$; rechte Seite: $4 \cdot (4 + 1) + 21 = 4 \cdot 5 + 21 = 41$

5. Antwortsatz
Die beiden aufeinander folgenden natürlichen Zahlen heißen 4 und 5.

Aufgaben

1 a) Die Summe aus einer natürlichen Zahl und ihrer Quadratzahl beträgt 650.
b) Das Produkt zweier aufeinander folgender ganzer Zahlen ist 240.

2 Die Summe der Quadrate zweier Zahlen, von denen eine um 12 größer ist als die andere, beträgt 794.

3 Multipliziert man zwei aufeinander folgende gerade Zahlen, so erhält man 168.

4 Verringert man eine Zahl um 5 und multipliziert das Ergebnis mit der um 2 vergrößerten Zahl, erhält man 408.

5 Zwei Zahlen unterscheiden sich um 10. Die Summe ihrer Quadrate ergibt 850.

6 Vermehrt man eine natürliche Zahl um 8 und multipliziert diesen Wert mit einem Drittel der Zahl, erhält man das Quadrat der Zahl vermindert um 8.

7 Verringert man jeden der beiden Faktoren des Produkts 24 · 32 um dieselbe Zahl, dann verkleinert sich das ursprüngliche Produkt um 460.

8 Familie Fuchs plant einen Wintergarten am Wohnhaus. Die Gesamtlänge der Fensterfront beträgt 12 m.

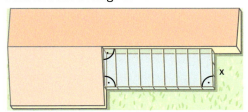

a) Berechne die Grundfläche des Wintergartens für $x = 1\,m$, $x = 2\,m$ und $x = 3\,m$.
b) Stelle einen Term auf zur Berechnung der Grundfläche in Abhängigkeit von x.

9 Die beiden Seiten eines Rechtecks unterscheiden sich um 6 cm, sein Flächeninhalt beträgt 1216 cm².
Wie lang sind die Rechteckseiten?

10 Verlängert man die eine Seite eines Quadrats um 3 m und verkürzt die andere Seite um 1 m, entsteht ein Rechteck mit einem Flächeninhalt von 21 m².
Welche Seitenlänge besitzt das Quadrat?

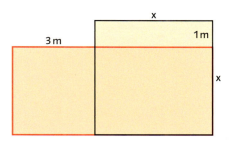

11 Eine quadratische Tischplatte mit der Seitenlänge 1 m soll an einer Seite um so viel gekürzt werden, wie sie auf der anderen Seite verlängert wird.
a) Die entstehende rechteckige Tischplatte soll einen Flächeninhalt von 0,96 m² haben.
b) Der Flächeninhalt des Rechtecks ist immer kleiner als der des Quadrats. Begründe.

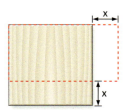

12 Die Höhe eines quadratischen Prismas ist um 5 cm länger als die Grundkante. Die Oberfläche misst 1650 cm².
Wie groß ist das Volumen des Prismas?

13 Aus einem quadratischen Stück Pappe mit der Seitenlänge 20 cm wird eine oben offene Schachtel hergestellt. Dazu wird an jeder Ecke ein Quadrat abgeschnitten. Die Grundfläche soll halb so groß wie die ursprünglichen Quadratfläche sein.
a) Welches Volumen hat diese Schachtel?
b) Du kannst auch die Seitenlänge des inneren Quadrats mit einer Variablen belegen. Vergleiche die beiden Lösungswege.

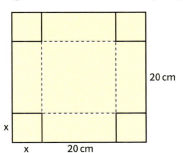

❓ Sonja möchte an den Ecken des quadratischen Blatts vier gleich große Quadrate so abschneiden, dass nur noch die Hälfte des Papiers übrig bleibt. Wo muss sie mit der Schere ansetzen?

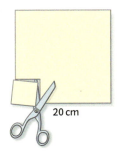

Lesen und Lösen   35

Technische Anwendungen

Beim „Übersetzen" von Sachzusammenhängen in die mathematische Schreibweise tritt gelegentlich der Fall auf, dass die Variable im Nenner steht.
Bearbeitet zu zweit folgende Aufgaben:

Das Technische Hilfswerk setzt gegen Hochwasser Pumpen ein.

Beispiel: Ein Kellerraum kann durch zwei Pumpen in zwölf Minuten vom Hochwasser befreit werden. Eine der Pumpen würde alleine sieben Minuten länger als die andere brauchen.

	Gesamtzeit	Pumpleistung pro min
1. u. 2. Pumpe	12 min	$\frac{1}{12}$ der Wassermenge
1. Pumpe	x min	$\frac{1}{x}$ der Wassermenge
2. Pumpe	(x + 7) min	$\frac{1}{x+7}$ der Wassermenge

Hieraus ergibt sich die Gleichung
$\frac{1}{x} + \frac{1}{x+7} = \frac{1}{12}$ mit der Lösung x = 21.

■ Zwei Pumpen leeren einen Kellerraum in sechs Stunden. Eine Pumpe hätte alleine fünf Stunden länger gebraucht als die andere. Wie lange benötigt jede Pumpe alleine?

■ Ein durch Hochwasser überfluteter Bereich wird durch drei gleichzeitig arbeitende Pumpen in drei Stunden leer gepumpt. Eine der Pumpen braucht alleine sechs Stunden, die zweite Pumpe braucht alleine zwei Stunden länger, die dritte Pumpe alleine viermal so lange wie die erste. Wie lange braucht jede Pumpe einzeln?

Die stärkste Pumpe hat eine Leistung von 60 000 Liter pro Minute. Welche Wassermenge wurde insgesamt abgepumpt? Welche Leistung haben die beiden anderen Pumpen?

Zwischen den europäischen Großstädten verkehren unterschiedlich schnell fahrende Züge.

Beispiel: Für die 400 km lange Strecke von Frankfurt/Main nach München benötigt der IC 20 Minuten länger als der ICE, wobei der ICE um 10 km/h schneller fährt. Für die Geschwindigkeit in km/h wird die Variable x verwendet.

	ICE	IC
Zeit	$\frac{400}{x}$	$\frac{400}{x-10}$

Somit ergibt sich die Gleichung
$\frac{400}{x} = \frac{400}{x-10} - \frac{20}{60}$ mit der Lösung x = 114,7.
Der ICE fährt also mit einer Durchschnittsgeschwindigkeit von ungefähr 115 km/h.

■ Für die 500 km lange Strecke von Karlsruhe nach Hannover braucht der ICE 1,5 Stunden weniger als der IC, der eine um 40 km/h geringere Durchschnittsgeschwindigkeit hat. Berechne die Durchschnittsgeschwindigkeiten der Züge.

■ Die Entfernung Hamburg – Berlin beträgt 300 km.
Der ICE ist 20 Minuten schneller als der EC und um 30 Minuten schneller als der IC. Seine Durchschnittsgeschwindigkeit ist um 35 km/h größer als die des EC und um 50 km/h größer als die des IC.

■ Seit Dezember 2007 hat sich die Fahrzeit der 570 km langen Strecke Frankfurt – Paris von 5 Stunden und 20 Minuten auf 3 Stunden 50 Minuten verringert. Wie verändert sich die durchschnittliche Geschwindigkeit?

Zusammenfassung

rein quadratische Gleichungen

Rein quadratische Gleichungen kann man lösen, indem man die Gleichung nach x^2 auflöst und dann auf beiden Seiten die Wurzel zieht. Ist der Radikand positiv, hat die Gleichung zwei Lösungen; ist er negativ, gibt es keine Lösung. Hat der Radikand den Wert null, gibt es genau eine Lösung.

$$7x^2 - 13 = 15 \quad | + 13$$
$$7x^2 = 28 \quad | : 7$$
$$x^2 = 4 \quad | \sqrt{}$$
$$x_{1,2} = \pm\sqrt{4}$$
$$x_1 = 2; \; x_2 = -2$$
$$L = \{-2; 2\}$$

gemischt quadratische Gleichungen

- **quadratische Ergänzung**

Gemischt quadratische Gleichungen der Form $x^2 + px + q = 0$ kann man lösen, indem man den Term $x^2 + px$ quadratisch ergänzt.

$$x^2 + 6x + 5 = 0 \quad | - 5$$
$$x^2 + 6x = -5 \quad | + \left(\tfrac{6}{2}\right)^2$$
$$x^2 + 6x + \left(\tfrac{6}{2}\right)^2 = -5 + \left(\tfrac{6}{2}\right)^2 \quad | \text{ Binom}$$
$$(x + 3)^2 = -5 + 9 \quad | \sqrt{}$$
$$x + 3 = \pm\sqrt{4} \quad | - 3$$
$$x_{1,2} = -3 \pm \sqrt{4}$$
$$x_1 = -1; \; x_2 = -5$$
$$L = \{-1; -5\}$$

- **Lösungsformel**

Eine gemischt quadratische Gleichung in der Normalform $x^2 + px + q = 0$ hat die Koeffizienten p und q. Die Lösung der Gleichung kann auch mit der Lösungsformel

$$x_{1,2} = -\tfrac{p}{2} \pm \sqrt{\left(\tfrac{p}{2}\right)^2 - q}$$

bestimmt werden.

Die Gleichung $x^2 + 4x - 21 = 0$ hat die Koeffizienten $p = 4$ und $q = -21$. Einsetzen ergibt:

$$x_{1,2} = -\tfrac{4}{2} \pm \sqrt{\left(\tfrac{4}{2}\right)^2 - (-21)}$$
$$x_{1,2} = -2 \pm \sqrt{4 + 21}$$
$$x_{1,2} = -2 \pm 5$$
$$x_1 = 3; \; x_2 = -7$$
$$L = \{-7; 3\}$$

Bruchgleichungen*

1. Vor dem Lösen einer Bruchgleichung legt man die Definitionsmenge fest.
2. Durch Multiplizieren mit einem geeigneten gemeinsamen Nenner erhält man eine Gleichung ohne Bruchterme.
3. Man vergleicht die Lösung mit der Definitionsmenge.
4. Die Lösungsmenge wird angegeben.

$$\tfrac{x+1}{x} + \tfrac{2}{x+1} = \tfrac{3}{x}$$
$$D = \mathbb{R} \setminus \{-1; 0\}$$
Gemeinsamer Nenner: $x(x+1)$
$$\tfrac{x+1}{x} + \tfrac{2}{x+1} = \tfrac{3}{x} \quad | \cdot x(x+1)$$
$$\tfrac{(x+1)\cdot x(x+1)}{x} + \tfrac{2\cdot x(x+1)}{x+1} = \tfrac{3\cdot x(x+1)}{x}$$
$$(x+1)^2 + 2x = 3(x+1)$$
$$x^2 + 2x + 1 + 2x = 3x + 3$$
$$x^2 + x - 2 = 0$$
$$x_1 = 1; \; x_2 = -2$$
$$L = \{-2; 1\}$$

Lesen und Lösen

In fünf Schritten zur Lösung
1. Größen bzw. Zahlen mit Variable benennen
2. Terme und Gleichung aufstellen
3. Rechnung ausführen und Schritt für Schritt kontrollieren
4. Ergebnis prüfen: Probe! Stimmt die Einheit? Ist das Ergebnis sinnvoll?
5. Antwortsatz notieren

Üben • Anwenden • Nachdenken

1 Löse die Gleichung.
a) $3x^2 - 1 = x^2 + 17$
b) $2(2x^2 - 5) + 12 = 3x^2 + 5$
c) $7x^2 + 18x - 99 = 6x^2 - 4x + 5$
d) $3x(x - 4) + 8 = 2(x^2 - 6x) + 57$

2 Bestimme die Lösungsmenge.
a) $3(x^2 + 2x - 9) = 33 - x(x + 2)$
b) $(x + 10)(2x + 3) - 3(3x + 1) = (x + 8)^2 - 2$
c) $(4x + 3)^2 - (5x + 4)^2 + (3x + 2)^2 = 1$
d) $-3(2x + 5)^2 - (3x - 4)^2 - 2(3x - 77) = 0$

Tipp: Probe nicht vergessen!

3 Eine Lösung der Gleichung
$(2x - 1)^2 = 2(x - 1)^2 + 1$ heißt $x_1 = 1$.
Ergänze die Gleichungen so, dass $x_1 = 1$ eine Lösung ist und suche die 2. Lösung.
$(3x - 2)^2 = 3(x - 2)^2 - \square$
$(4x - 3)^2 = 4(x - 3)^2 - \square$
$(5x - 4)^2 = 5(x - 4)^2 - \square$
$(6x - 5)^2 = 6(x - 5)^2 - \square$

4 Die Lösungen findest du unter den Zahlen $-4; -3; -2; -1; 0; 1; 2; 3; 4$.
a) $2(x^2 - 7x + 4) = 2x(x + 1) - 8$
b) $(2x + 2)(x - 1) - (x + 1)^2 = -(x + 1)$
c) $8x - (2x - 1)^2 + (x - 3)^2 = 4x - 2x^2$

5 Wie viele Lösungen hat die Gleichung? Gib die Lösungsmenge an.
a) $2x(x + 3) - (x + 1)(x - 2) + 11 = 1$
b) $7 - x(x - 16) = x^2 - 2(x - 4)^2$
c) $3x^2 - (x + 2)^2 = (2x - 4)^2$
d) $2(x - 3)^2 - 3(x + 1)^2 = 3(5 - 6x)$
e) $\frac{(x + 3)^2}{5} + 1 - \frac{(3x - 1)^2}{5} = \frac{x(2x - 3)}{2}$

6 Löse durch Faktorisieren.
a) $x^2 - 3x = 0$ b) $2x^2 - 6x = 0$
c) $5x^2 + x = 4x^2 + 6x$ d) $3x - 2x^2 = 2x$
e) $(4x - 2)(x + 4) = -8$ f) $x^3 - 4x = 0$

7 Welche quadratische Gleichung hat die angegebenen Lösungen?
Verfahre wie im Beispiel.
Beispiel: $x_1 = 1$, $x_2 = -2$
Es gilt: $(x - 1)(x + 2) = 0$
Ausmultiplizieren und Zusammenfassen liefert die gesuchte Gleichung
$x^2 + x - 2 = 0$.
a) $x_1 = 7$; $x_2 = -9$ b) $x_1 = -2$; $x_2 = 7$
c) $x_1 = 0$; $x_2 = -3$ d) $x_1 = \frac{1}{9}$; $x_2 = \frac{1}{3}$

8 Cora übt am Computer mit einem Tabellenkalkulationsprogramm, das bei Eingabe von p und q quadratische Gleichungen lösen kann.

Datei	Bearbeiten	Format	Rechnen	Optionen
C5	fx = –C3/2+WURZEL(POTENZ(C3/2;2)–E3)			
	A	B	C	D	E
1	Lösungsformel				
2					
3	Eingabe:	p =	4	q=	–21
4					
5	Lösung:	x1 =	3		
6					
7		x2 =	–7		

Bei manchen Eingaben erscheint eine Fehlermeldung. Finde heraus, bei welchen Aufgaben der Computer „streikt" und begründe.
a) $p = 12$; $q = 25$ b) $p = 5$; $q = 7$
c) $p = -0,6$; $q = -0,6$ d) $p = -8$; $q = 16$

Quadratisches

Aufeinander folgende Quadratzahlen können in besonderer Beziehung zueinander stehen.
- Wie heißen die drei aufeinander folgenden natürlichen Zahlen, die die Gleichung $x^2 + (x + 1)^2 = (x + 2)^2$ erfüllen? Bestimme x.
- Für welches x gilt: $x^2 + (x + 1)^2 + (x + 2)^2 = (x + 3)^2 + (x + 4)^2$?
- Benjamin entdeckt folgende Zusammenhänge:
$21^2 + 22^2 + 23^2 + 24^2 = 25^2 + 26^2 + 27^2$
$36^2 + 37^2 + 38^2 + 39^2 + 40^2 = 41^2 + 42^2 + 43^2 + 44^2$
$55^2 + 56^2 + 57^2 + 58^2 + 59^2 + 60^2 = 61^2 + 62^2 + 63^2 + 64^2 + 65^2$
Kannst du dies allgemein erklären? Wie heißt die nächste Gleichung?

9 Subtrahiert man vom Produkt zweier aufeinander folgender Zahlen die Zahl 239, so erhält man die Summe der beiden Zahlen.

10 Eine natürliche Zahl ist um 11 größer als eine andere. Die Summe der Quadrate beider Zahlen ergibt 745.

11 Je schneller man mit dem Auto fährt, desto länger wird der Anhalteweg A.
A = Reaktionsweg + Bremsweg
Reaktionsweg = $3 \cdot \frac{v}{10}$
Bremsweg = $\left(\frac{v}{10}\right)^2$
Wege in m, Geschwindigkeit v in $\frac{km}{h}$
Diese Faustformel zur Berechnung des Anhalteweges wird in den Fahrschulen gelehrt.
a) Bei welcher Geschwindigkeit sind der Reaktionsweg und der Bremsweg gleich lang? Wie lang ist dann der Anhalteweg?
b) Bei welcher Geschwindigkeit ist der Bremsweg doppelt (dreimal, viermal) so lang wie der Reaktionsweg?

12 Das Quadrat und das Rechteck haben zusammen einen Flächeninhalt von 200 m².
a)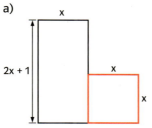
b)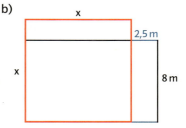

13 Das rote und blaue Rechteck sind flächengleich.
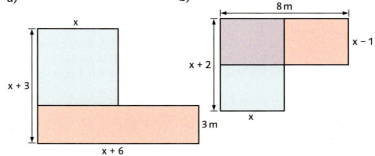

Hochgradige Gleichungen

Die Gleichung $ax^4 + bx^2 + c = 0$ ist eine besondere Form einer Gleichung vierten Grades. Diese kann wie eine quadratische Gleichung gelöst werden und wird deshalb auch **biquadratisch** genannt.
Beispiel: $x^4 - 29x^2 + 100 = 0$
Man ersetzt (substituiert) x^2 durch z und erhält dann die quadratische Gleichung $z^2 - 29z + 100 = 0$, die die Lösungen
$z_1 = 4$ und $z_2 = 25$ hat.
Da $z = x^2$ folgt $4 = x^2$ oder $25 = x^2$ (Resubstitution).
Somit besteht die Lösungsmenge der Ausgangsgleichung aus den Zahlen $-2; 2; -5; 5$; also $L = \{-5; -2; 2; 5\}$.

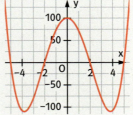

- Löst auf die gleiche Art.
  $x^4 - 11x^2 + 18 = 0$ \qquad $x^4 - 7x^2 - 18 = 0$ \qquad $10x^4 + 12x^2 = -4$
- Wie viele Lösungen hat eine Gleichung vierten Grades höchstens?
- Auch diese Gleichungen könnt ihr lösen. Denkt ans Faktorisieren.
  $x^3 - 9x^2 + 8x = 0$ \qquad $x^3 + 3x^2 + 6x = 0$ \qquad $-2x^3 - 6x^2 + 20x = 0$
- Wie viele Lösungen hat eine Gleichung dritten Grades höchstens? Welche Zahl ist immer in der Lösungsmenge enthalten?
- Diskutiert und stellt eine Vermutung auf für die Anzahl der Lösungen bei Gleichungen höheren Grades.

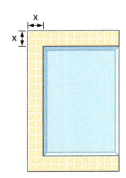

14 Ein Schwimmbecken soll an drei Seiten eine gepflasterte Umrandung erhalten. Das Schwimmbecken ist 15 m lang und 10 m breit.
a) Die Umrandung hat durchgehend die gleiche Breite von x m. Wie viel m² Pflastersteine werden gebraucht?
b) Das Geld reicht für 123 m² Pflastersteine.

15 Der Umfang eines Rechtecks beträgt 134 cm, der Flächeninhalt 1050 cm². Wie lang sind die Rechteckseiten?

16 Eine Seite eines Rechtecks ist um 18 cm kürzer als die andere. Der Flächeninhalt des Rechtecks ist so groß wie der eines Quadrates mit der Seitenlänge 12 cm. Wie groß ist der Umfang des Rechtecks?

17 Der Flächeninhalt eines Dreiecks beträgt 36 cm². Die Grundseite ist um 1 cm länger als die Höhe.

18 Ein Quader hat eine Oberfläche von 286 cm². Die zweitlängste Kante ist 7 cm lang. Ihre Länge unterscheidet sich von der längsten Kante gleich viel wie von der kürzesten.
Berechne das Volumen des Quaders.

19 Der Flächeninhalt des weißen Kreuzes der dänischen Flagge beträgt ein Viertel der Gesamtfläche.
a) Wie breit wird der weiße Streifen bei einer Flaggengröße von 3 m auf 5 m?
b) Bei einer anderen dänischen Flagge mit demselben Längenverhältnis ist der weiße Streifen 1 m breit. Berechne die Maße.

20 Eine mehr als 800 Jahre alte Aufgabe aus Indien:
Von einer Herde Affen sprang das Quadrat ihres 8. Teils in einem Hain herum und ergötzte sich am Spiel. Die übrigen 12 sah man auf einem Hügel vergnügt miteinander scherzen. Wie stark war die Herde?

21 Drei Pumpen füllen ein Schwimmbad in 15 Stunden. Wie viel Zeit braucht jede Pumpe allein, wenn die eine doppelt so lange, die andere dreimal so lange wie die erste braucht, um das Bad zu füllen.

22

Juliane benötigt mit dem Rad für eine 90 km lange Strecke 90 Minuten weniger als Marion. Marion legt dabei pro Stunde durchschnittlich 3 km weniger als Juliane zurück.
Mit welcher Geschwindigkeit sind beide unterwegs?

23 Ein Eishockeyspiel besuchten 1520 Zuschauer. Die Erwachsenen bezahlten zusammen 14 400 €, die Jugendlichen 1600 €. Die Erwachsenenkarte war um 7 Euro teurer als die für Jugendliche.

Rückspiegel

1 Löse die Gleichung.
a) $x^2 - 36 = 0$ b) $x^2 - 79 = 42$
c) $2x^2 = 800$ d) $4x^2 - 15 = 2x^2 + 3$
e) $-x^2 + 100 = 0$ f) $-x^2 - 59 = -4x^2 + 88$

2 Löse durch quadratische Ergänzung.
a) $x^2 + 8x + \square = 33 + \square$
b) $x^2 - 14x + \square = 15 + \square$
c) $x^2 - 10x + \square = 231 + \square$

3 Löse die quadratische Gleichung mit der p,q-Formel. Mache die Probe.
a) $x^2 - 5x - 24 = 0$
b) $2x^2 + 8x + 10 = 100$
c) $5x^2 + 6x - 44 = 4x^2 + 4x - 36$
d) $2(2x^2 - 5) + 12 = 3x^2 + 5$
e) $x^2 - \frac{2}{3}x + \frac{1}{9} = 0$

4 Wird eine Kugel aus einer Höhe von 2,2 m mit einer Anfangsgeschwindigkeit von 90 m/s senkrecht nach oben geschossen, kann mit der Gleichung
$h(t) = 90t + 2{,}2 - 5t^2$ die erreichte Höhe der Kugel (in m) nach t Sekunden annähernd berechnet werden.
Welche Höhe hat die Kugel nach 10 Sekunden erreicht und wann schlägt sie auf dem Boden auf?

5 Multipliziert man eine natürliche Zahl mit der um 7 größeren Zahl, so erhält man die Zahl 144.

6 Der Flächeninhalt des roten Quadrats ist um 4 m² größer als der des Rechtecks. Berechne den Umfang von Quadrat und Rechteck (Maße in m).

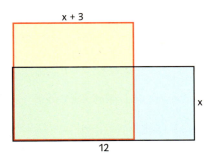

Rückspiegel

1 Löse die Gleichung.
a) $x^2 - 0{,}01 = 0$ b) $x^2 - 0{,}15 = 0{,}21$
c) $\frac{1}{2}x^2 = 162$ d) $2x^2 = \frac{128}{81}$

2 Berechne die Lösungen.
a) $2x^2 + 12 = 11x$
b) $5x^2 + 8x - 15 = 20x + 30 - 7x^2$
c) $\frac{1}{4}x^2 + 8 = 3x$

3 Löse die quadratische Gleichung mit der p,q-Formel. Mache die Probe.
a) $(x - 2)^2 - 4x = 25 - (x + 1)^2$
b) $(3x - 2)(x + 4) - (2x + 5)^2 = 2x(8 - x) - 6$
c) $\frac{x(x-5)}{3} - 4\left(\frac{x}{2} - 1\right)^2 = -x$

4 Wird ein Gegenstand parallel zur Erde geworfen, so kann die Flugbahn mit der Gleichung $h = -\frac{5}{v^2}x^2 + h_A$ annähernd beschrieben werden. Dabei ist v die Abwurfgeschwindigkeit (in m/s), x die vertikale Entfernung vom Abwurfpunkt (in m), h die Höhe (in m) und h_A die Abwurfhöhe (in m). Ein Flugzeug, das mit einer Geschwindigkeit von 180 km/h fliegt, wirft ein Versorgungspaket ab.
Wie weit von dem linken Baum entfernt landet das Paket?

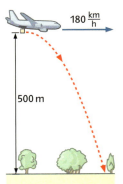

5 a) Vermindert man eine natürliche Zahl um 1 und multipliziert das Ergebnis mit der um 2 vermehrten Zahl, so erhält man 28.
b) Vermindert man eine Zahl um 3 und addiert den Kehrwert dieser Differenz hinzu, erhält man die Zahl 2.

6 Das Kreuz überdeckt 50 % der Flagge. Wie breit sind die beiden Streifen?

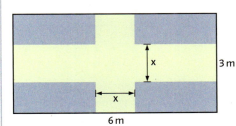

2 Quadratische Funktionen

Immer geradeaus?

Im Schulhof könnt ihr euch zu „lebenden Graphen" aufstellen. Oben seht ihr eine „Gerade" mit der Steigung m = 1.
- Bildet auch Geraden mit anderen Steigungen.

Stellt euch auch so auf, dass die Gerade die y-Achse in jeweils einem anderen Punkt schneidet.
- Wie heißen die zugehörigen Funktionsgleichungen?

Versucht nun einen weiteren Graphen nach folgender Vorschrift aufzustellen:

Geht vom Startpunkt aus einen Schritt (zwei Schritte, drei Schritte ...) in x-Richtung nach rechts (bzw. nach links). Von dort bewegt ihr euch dann die Quadratzahl eurer Schritte in y-Richtung. Ihr dürft auch halbe Schrittweiten „einbauen".

- Wie könnte der neu gebildete Graph aussehen?
- Skizziert im Heft.
- Versucht den Verlauf des Graphen mit einer Funktionsgleichung zu beschreiben.

Markiert in ca. 8 cm Entfernung vom unteren Blattrand etwa in der Blattmitte einen Punkt P. Faltet dann das Blatt so, dass die untere Blattkante durch den Punkt P verläuft. Wiederholt das Falten mit unterschiedlichen Neigungen etwa 10-mal.
- Zeichnet die Faltkanten mit dem Stift nach.
- Beschreibt den Verlauf der Linien. Was fällt euch auf?

Nehmt ein zweites Blatt und legt dort ebenso einen Punkt in der Mitte, aber nun 3 cm von der unteren Blattkante entfernt, fest. Wiederholt das Falten wie beschrieben.
- Zeichnet die Faltlinien nach und vergleicht mit eurem ersten Ergebnis.

Faltlinien aus dem ersten Ergebnis

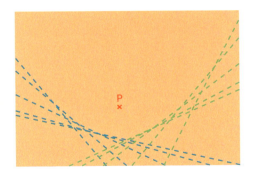

In diesem Kapitel lernst du,

- was man unter einer quadratischen Funktion versteht,
- was eine Normalparabel ist,
- dass es Parabeln verschiedener Form und Lage gibt,
- was Nullstellen der quadratischen Funktion sind und wie sie bestimmt werden,
- wie man mithilfe von quadratischen Funktionen modelliert.

Immer geradeaus?

1 Die quadratische Funktion $f(x) = x^2 + c$

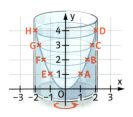

Ein Becherglas wird um seine Achse gedreht. Das Wasser bildet eine rotierende Fläche. Ihre Schnittfigur mit der x-y-Ebene ist eine charakteristische Kurve.
→ Lies die Koordinaten der Punkte A, B, C, D, E, F, G, und H in dem hinterlegten Koordinatensystem ab.

Viele Bogenformen in Architektur und Technik lassen sich mithilfe von Funktionsgleichungen beschreiben. Dabei kommt die Variable x im Quadrat vor wie z.B. in $f(x) = x^2$. Man spricht deshalb von einer quadratischen Funktion.

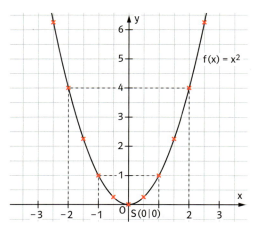

Für das Schaubild von $f(x) = x^2$ wird eine Wertetabelle für den Bereich $-3 \leq x \leq 3$ mit der Schrittweite 0,5 erstellt:

x	−3	−2,5	−2	−1,5	−1	−0,5	0
f(x)	9	6,25	4	2,25	1	0,25	0

x	0,5	1	1,5	2	2,5	3
f(x)	0,25	1	2,25	4	6,25	9

Den tiefsten Punkt S(0|0) dieser **Normalparabel** bezeichnet man als **Scheitel S**.
Die x-Werte 2 und −2 zum Beispiel haben denselben y-Wert 4. Da für andere x-Werte Ähnliches gilt, ist die Normalparabel achsensymmetrisch zur y-Achse.

Die einfachste **quadratische Funktion** hat die Gleichung $f(x) = x^2$.
Ihr Schaubild heißt **Normalparabel**.

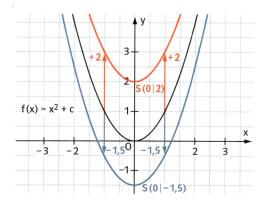

Addiert man zu den y-Werten der Normalparabel einen festen Summanden c, so verschiebt sich das Schaubild in y-Richtung. Die Form bleibt erhalten.
So entstehen die Schaubilder der Funktionen $f(x) = x^2 + c$ aus der Normalparabel durch Verschiebung in y-Richtung. Der Summand **c** gibt dabei die Länge und die Richtung der Verschiebung an:
c > 0 Verschiebung nach oben, c < 0 Verschiebung nach unten. Der Scheitel hat dann die Koordinaten **S(0|c)**.

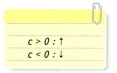

Das Schaubild der Funktion $f(x) = x^2 + c$ entsteht aus der Normalparabel durch Verschiebung in y-Richtung. Der Scheitel hat die Koordinaten **S(0|c)**.

Aufgaben

1 Stelle eine Parabelschablone her. Zeichne dazu die Normalparabel möglichst genau auf Millimeterpapier. Wähle das Intervall $-3 \leq x \leq 3$ und die Schrittweite 0,2. Klebe das Schaubild auf Karton und schneide die Parabel aus.

2 Untersuche das Schaubild der Funktion $f(x) = x^2$ im Intervall $-1 \leq x \leq 1$. Eine Einheit soll 10 cm betragen.

3 Entscheide und begründe, ob eine lineare oder eine quadratische Funktion vorliegt.
a) $f(x) = 2x$
b) $f(x) = x^2 + 2$
c) $f(x) = -x + \left(\frac{1}{2}\right)^2$
d) $f(x) = x^2 + 0,5$
e) $f(x) = 3x + 2^2$
f) $f(x) = 3x^2 + 2$

4 Welche Punkte liegen nicht auf der Normalparabel?
A(1|1)   B(1|-1)   C(-1|1)
D(2|-2)   E(0,5|0,5)   F(-2|4)
G(1,5|3)   H(-1,5|-2,25)   I(2,5|6,25)

5 Liegt der Punkt P auf der Normalparabel, oberhalb oder unterhalb der Kurve? Löse zunächst ohne Zeichnung und überprüfe dann dein Ergebnis mit dem Graphen.
a) P(3,5|12,25)
b) P(-2,4|5,76)
c) P(1,4|2,1)
d) P(0,9|1,0)
e) P(-0,4|0,4)
f) P(-1,8|3,6)

6 Gib die Funktionsgleichungen der Parabeln an.

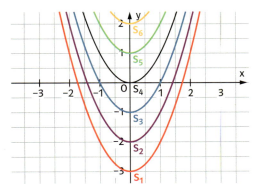

7 Die Punkte liegen auf der Normalparabel. Bestimme die fehlende Koordinate.
a) $P_1(6|\square)$ b) $P_3(1,2|\square)$
   $P_2(1,2|\square)$ $P_4(0,8|\square)$
c) $P_5(-0,5|\square)$ d) $P_7(-3,5|\square)$
   $P_6(0,1|\square)$ $P_8(2,9|\square)$
e) $P_9(\square|1,69)$ f) $P_{11}(\square|6)$
   $P_{10}(\square|10)$ $P_{12}(\square|3)$

8 Zeichne das Schaubild.
a) $f(x) = x^2 + 2$
b) $f(x) = x^2 - 3$
c) $f(x) = x^2 + 1,6$
d) $f(x) = x^2 - 4,2$
e) $f(x) = 5 + x^2$
f) $f(x) = x^2 + \frac{13}{4}$

9 Wie heißt die Funktionsgleichung der verschobenen Normalparabel?
a) S(0|5)   b) S(0|-7)   c) S(0|-1,5)
d) S(0|8)   e) S(0|-0,5)   f) S(0|3,5)

10 Eine Parabel mit der Funktionsgleichung $f(x) = x^2 + c$ verläuft durch den Punkt P. Bestimme die Parabelgleichung.
Beispiel: Der Punkt P(1|2) hat die Koordinaten $x = 1$ und $y = 2$. In $f(x) = x^2 + c$ eingesetzt erhält man: $2 = 1 + c$; $c = 1$
Es gilt: $f(x) = x^2 + 1$
a) P(1|3)   b) P(2|6)   c) P(-1|3)
d) P(1|-3)   e) P(0,5|2,75)   f) P(-2|2)
g) P(-3|1)   h) P(-0,5|-1,75)   i) P(-2|-7)

11 Stellt euch im Schulhof so auf, dass eine Normalparabel zu sehen ist.
Bewegt euch nun alle in gleich großen Schritten und mit vereinbarter Anzahl von Schritten in Richtung der y-Achse.
Habt ihr eure neue Parabel gebildet, dann findet die Parabelgleichung.

> Mit 5 Punkten kannst du die Normalparabel schnell skizzieren.

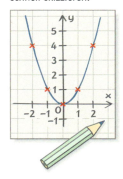

Die quadratische Funktion $f(x) = x^2 + c$

2 Die quadratische Funktion $f(x) = ax^2 + c$

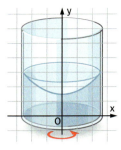 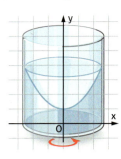 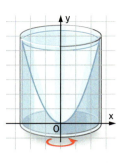

Ein Becherglas mit Wasser rotiert mit unterschiedlicher Geschwindigkeit.
→ Beschreibe die Form der Wasserstände.
→ Begründe die jeweils veränderte Lage und Form der Normalparabel.

Multipliziert man die y-Werte der Funktion $f(x) = x^2$ mit einem konstanten Faktor a, erhält man die Funktionsgleichung $f(x) = a \cdot x^2$. An a lässt sich die Form und Öffnung der Parabel erkennen.
Ist Faktor **a positiv** (a > 0), ist die Parabel nach oben geöffnet.
Ist Faktor **a negativ** (a < 0), ist die Parabel nach unten geöffnet.
Die Schaubilder zeigen:

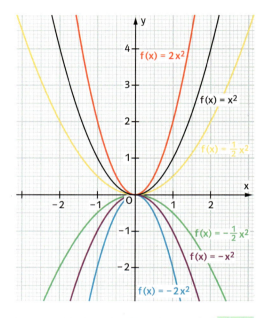

a > 0		a < 0	
Die Parabel ist			
nach oben geöffnet		nach unten geöffnet	
a > 1	0 < a < 1	a < -1	-1 < a < 0
Die Parabel ist			
schmaler	breiter	schmaler	breiter
als die Normalparabel			

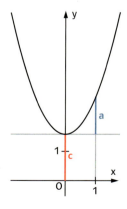

Das Schaubild der Funktion $f(x) = ax^2 + c$ ist eine Parabel.
Der Faktor a bestimmt die Form und Öffnung der Parabel, der Summand c die Lage. Der Scheitel hat die Koordinaten S(0|c).

Beispiel
Das Schaubild der Funktion $f(x) = \frac{1}{8}x^2 - 2,5$ ist eine nach oben geöffnete Parabel. Sie ist breiter als die Normalparabel und der Scheitel hat die Koordinaten S(0|-2,5).

x	-6	-4	-2	0	2	4	6
f(x)	2	-0,5	-2	-2,5	-2	-0,5	2

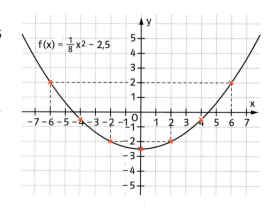

Aufgaben

1 Zeichnet die Schaubilder der Funktionen in ein Koordinatensystem. Arbeitet in Gruppen.

$f_1(x) = 2x^2$ $\qquad f_2(x) = 5x^2$
$f_3(x) = -4x^2$ $\qquad f_4(x) = -3x^2$
$f_5(x) = \frac{1}{4}x^2$ $\qquad f_6(x) = \frac{1}{2}x^2$
$f_7(x) = -\frac{5}{2}x^2$ $\qquad f_8(x) = -\frac{1}{5}x^2$

a) Vergleicht eure Ergebnisse. Beschreibt dazu jeweils Form (schmaler, breiter) und Öffnung (nach oben, nach unten) der Parabeln im Vergleich zur Normalparabel.
b) Formuliert eure Feststellungen. Gibt es Gesetzmäßigkeiten?

2 Zeichnet die Schaubilder der Funktionen, vergleicht die Lage der Parabeln und stellt Gemeinsamkeiten und Unterschiede fest. Arbeitet in Gruppen.

$f_1(x) = x^2 + 1$ $\qquad f_2(x) = x^2 + 2$
$f_3(x) = x^2 - 1$ $\qquad f_4(x) = x^2 - 4$
$f_5(x) = 3x^2 + 2$ $\qquad f_6(x) = 2x^2 - 2$
$f_7(x) = \frac{1}{2}x^2 - 2$ $\qquad f_8(x) = \frac{1}{2}x^2 + 1$

a) Wie wirkt sich der konstante Summand auf die Lage einer Parabel aus? Formuliert eine Regel.
b) Fasst zusammen: Wovon hängt die Form einer Parabel (schmal, breit) ab? Wovon hängt die Öffnung (nach oben/unten) ab und wodurch verändert sich die Lage im Koordinatensystem (Lage des Scheitels)?

3 Beschreibe Lage und Form der Parabel im Vergleich zur Normalparabel, ohne zu zeichnen.

a) $f(x) = x^2 + 10$ b) $f(x) = 10x^2$
c) $f(x) = x^2 - 100$ d) $f(x) = \frac{1}{10}x^2$
e) $f(x) = \frac{1}{10}x^2 + 10$ f) $f(x) = 100x^2 - 100$
g) $f(x) = -x^2 + 100$ h) $f(x) = -0,01x^2 + 10$

4 Zeichne die Schaubilder der quadratischen Funktion $f(x) = ax^2 - a$ für
$a = 0,5 \qquad a = 1 \qquad a = 1,5$
$a = 2 \qquad a = 2,5 \qquad a = 3$.

5 Stellt euch gegenseitig die Aufgabe, an einer Funktionsgleichung die Besonderheiten der zugehörigen Parabel zu erkennen, ohne diese zu zeichnen.
Beispiel: $f(x) = -2,5x^2 + 1$
„Die Parabel ist nach unten geöffnet und ist schmaler als die Normalparabel. Ihr Scheitel ist $S(0|1)$."

6 Gib die Funktionsgleichung der Parabel in der Form $f(x) = ax^2 + c$ an.
a) $a = 1$; $S(0|-2)$ b) $a = -0,5$; $S(0|4)$
c) $a = -3$; $S(0|3)$ d) $a = \frac{5}{6}$; $S(0|-5)$

7 Eine Parabel mit der Funktionsgleichung $f(x) = ax^2$ verläuft durch den Punkt P. Bestimme die Parabelgleichung.
a) $P(1|3)$ b) $P(-1|-3)$ c) $P(4|5)$
d) $P(2|0)$ e) $P(-2|6)$ f) $P(0|-2,5)$

8 Es sind Funktionsgleichungen und Schaubilder quadratischer Funktionen gegeben. Welches Schaubild gehört zu welcher Funktionsgleichung?
a) $f(x) = 3x^2$ b) $f(x) = 2x^2 - 3$
c) $f(x) = \frac{1}{2}x^2 - 3$ d) $f(x) = \frac{1}{3}x^2$
e) $f(x) = -x^2 + 2$ f) $f(x) = x^2 + 2$
g) $f(x) = -2x^2 + 3$ h) $f(x) = -\frac{1}{3}x^2 + 3$

> Zum raschen Skizzieren von Parabeln multipliziert man die y-Werte der Normalparabel mit dem angegebenen Faktor.
>
> Für $f(x) = \frac{1}{2}x^2$ erhält man:

(A)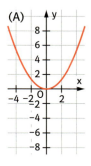
(B)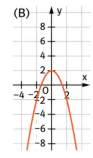
(C)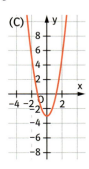
(D)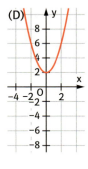
(E)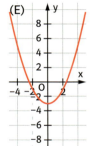
(F)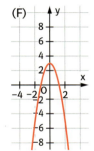
(G)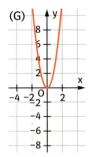
(H)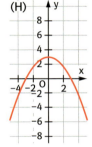

9 Lies den Faktor a ab und gib die Funktionsgleichung an.

Beispiel:
Für A: P(2|1) eingesetzt in $f(x) = ax^2$:

$1 = a \cdot 4$; $a = \frac{1}{4}$ Lösung: $f(x) = \frac{1}{4}x^2$

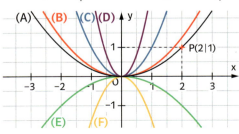

10 Bestimme die Funktionsgleichung der Form $f(x) = ax^2 + c$. Gegeben sind c und der Punkt P.
a) $c = 1$; $P(2|2)$ b) $c = -2$; $P(1|3)$
c) $c = 3$; $P(-2|-4)$ d) $c = -4$; $P(-4|-5)$

11 Welcher Punkt liegt auf welchem Graph?

A(1	2)	$f(x) = \frac{1}{2}x^2 + 4$
B(2	6)	$f(x) = x^2 - 2$
C(-2	2)	$f(x) = 2x^2 - 4$
D(1	-2)	$f(x) = -2x^2 + 4$

12 Die Wertetabelle gehört zu einer quadratischen Funktion. Bestimme ihre Funktionsgleichung. Ist eine Skizze hilfreich? Begründe.
a)

x	-2	-1	0	1	2
f(x)	9	3	1	3	9

b)

x	-2	-1	0	1	2
f(x)	-4	-2,5	-2	-2,5	-4

13 Die Parabel wird an der x-Achse gespiegelt. Gib die neue Funktionsgleichung an.
a) $f(x) = -x^2$ b) $f(x) = 3x^2$
c) $f(x) = x^2 - 1$ d) $f(x) = \frac{1}{2}x^2 + 2$

14 Bestimme die fehlenden Koordinaten der Parabelpunkte. Es können mehrere Lösungen möglich sein.
a) $f(x) = 2x^2 - 1$ $P(0|\square)$ $Q(2|\square)$
b) $f(x) = -x^2 + 1$ $P(0|\square)$ $Q(\square|0)$
c) $f(x) = x^2 - 2$ $P(\square|14)$ $Q(3,5|\square)$

15 Haben die beiden Parabeln gemeinsame Punkte? Bestätige deine Antwort durch eine Skizze.
a) $f(x) = 2x^2 + 3$ b) $f(x) = x^2 + 3$
   $f(x) = 2x^2 - 3$ $f(x) = 2x^2$
c) $f(x) = 2x^2 + 3$ d) $f(x) = 2x^2 - 3$
   $f(x) = x^2 + 3$ $f(x) = \frac{1}{2}x^2 + 3$
e) $f(x) = 2x^2 - 3$ f) $f(x) = -\frac{1}{2}x^2$
   $f(x) = -2x^2 + 3$ $f(x) = 2x^2 + \frac{1}{2}$

16 a) Wie groß muss c sein, damit der Punkt $P(3|-6)$ auf der Parabel $f(x) = 3x^2 + c$ liegt?
b) Bestimme c so, dass der Punkt $P(-1|-1)$ auf der Parabel $f(x) = 9x^2 + c$ liegt. Wo liegt dann der Scheitel S?
c) Bestimme a so, dass der Punkt $P(-1|5)$ auf der Parabel $f(x) = ax^2 + 3$ liegt.
d) Eine Parabel hat die Gleichung $f(x) = -x^2 + c$. Sie schneidet die x-Achse in den Punkten $P_1(3|0)$ und $P_2(-3|0)$. Wo liegt der Scheitel S der Parabel?

DGS I

Mit dem Computer lassen sich quadratische Funktionen der Form $f(x) = a \cdot x^2 + c$ grafisch darstellen. Die Variablen **a** und **c** kann man über Schieberegler verändern.

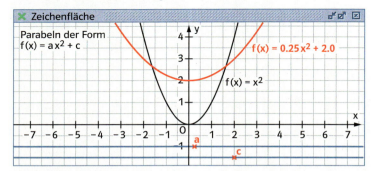

■ Überprüft die Wirkung der beiden Variablen a und c experimentell.
■ Beschreibt die Graphen $f(x) = ax^2 - c$ für $a = c$. Skizziert einige ins Heft. Was fällt euch auf?

3 Die quadratische Funktion $f(x) = (x + d)^2 + e$

→ Stelle eine Vermutung auf, welche Funktionsgleichung zu welchem Graphen gehört.
→ Stelle für die Funktionsgleichungen eine Wertetabelle auf und überprüfe deine Vermutung.
→ Formuliere eine Regel über die Verschiebung der Normalparabel in Richtung der x-Achse.

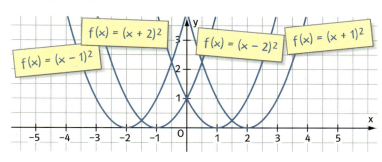

Setzt man in die Funktionsgleichung $f(x) = (x + 4)^2$ für x den Wert −4 ein, erhält man die y-Koordinate des Scheitels S(−4|0).
Man erkennt an der blauen Parabel, dass die Symmetrieachse gegenüber der Normalparabel um 4 LE nach links verschoben ist. Allgemein gilt, dass die Graphen der Funktionsgleichungen $f(x) = (x + d)^2$ für alle **positiven** Werte von **d** nach **links** verschoben sind. Für **d < 0** ergibt sich demnach eine Verschiebung nach **rechts**.
Das rote Schaubild der Funktion $f(x) = (x + d)^2 + e$ erhält man, indem die Normalparabel zunächst um −d Einheiten in x-Richtung und um e Einheiten in y-Richtung verschoben wird. Da man die Koordinaten des Scheitels S(−d|e) leicht bestimmen kann, nennt man $f(x) = (x + d)^2 + e$ die Scheitelpunktform der quadratischen Funktion.

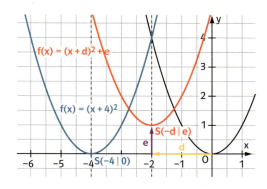

Der Scheitelpunkt wird oft auch kurz als „Scheitel" bezeichnet.

Das Schaubild einer quadratischen Funktion mit $f(x) = (x + d)^2 + e$ ist eine um **−d in x-Richtung** und um **e in y-Richtung** verschobene Normalparabel mit dem Scheitel **S(−d|e)**. Man nennt $f(x) = (x + d)^2 + e$ die **Scheitelpunktform** der quadratischen Funktion.

Beispiele
a) Zum Zeichnen des Schaubilds der Funktion $f(x) = (x + 4)^2 + 3$ verschiebt man den Scheitel der Normalparabel um 4 Einheiten in x-Richtung nach links und um 3 Einheiten in y-Richtung nach oben.
b) Eine verschobene Normalparabel hat den Scheitel S(−1,5|−2,5).
Man bestimmt die zugehörige Funktionsgleichung, indem man die Koordinaten in die Scheitelpunktform einsetzt:
$f(x) = (x − (−1,5))^2 − 2,5$
Die Funktionsgleichung lautet:
$f(x) = (x + 1,5)^2 − 2,5$

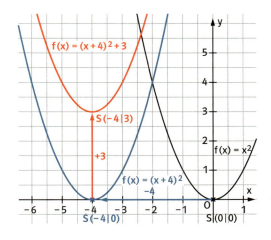

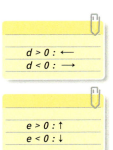

d > 0: ←
d < 0: →

e > 0: ↑
e < 0: ↓

$x^2 + 6x + ...$
$x^2 + 2 \cdot 3 \cdot x + ...$
$a^2 + 2 \cdot a \cdot b + ...$

Auch quadratische Funktionen der Form $f(x) = x^2 + px + q$ haben verschobene Normalparabeln als Graphen. Das erkennt man, indem man sie auf die Scheitelpunktform $f(x) = (x + d)^2 + e$ bringt.

Für $f(x) = x^2 + 6x + 7$ gilt:

$f(x) = x^2 + 6x + \left(\frac{6}{2}\right)^2 + 7 - \left(\frac{6}{2}\right)^2$

$f(x) = (x + 3)^2 - 2$

$S(-3|-2)$

Für $f(x) = x^2 + px + q$ gilt allgemein:

$f(x) = x^2 + px + \left(\frac{p}{2}\right)^2 + q - \left(\frac{p}{2}\right)^2$

$f(x) = \left[\underbrace{\left(x + \frac{p}{2}\right)^2}_{+d} + \underbrace{q - \left(\frac{p}{2}\right)^2}_{+e}\right]$ $S(-d|e)$

Die Funktionsgleichung $f(x) = x^2 + px + q$ lässt sich durch quadratisches Ergänzen auf die Scheitelpunktform bringen. Dann lassen sich die Scheitelkoordinaten der verschobenen Normalparabel ablesen.

Beispiele

c) Bestimmung des Scheitelpunkts der quadratischen Funktion mit

$f(x) = x^2 - 3x + 2{,}75$

$f(x) = x^2 - 3x + \left(\frac{3}{2}\right)^2 + 2{,}75 - \left(\frac{3}{2}\right)^2$

$f(x) = (x - 1{,}5)^2 + 0{,}5$

Damit ergibt sich der Scheitelpunkt $S(1{,}5|0{,}5)$.

d) Eine Parabel besitzt den Scheitel $S\left(-\frac{1}{2}\big|\frac{3}{4}\right)$. Daraus lässt sich die Funktionsgleichung bestimmen.

$f(x) = \left(x - \left(-\frac{1}{2}\right)\right)^2 + \frac{3}{4}$

$f(x) = x^2 + x + \frac{1}{4} + \frac{3}{4}$

Funktionsgleichung: $f(x) = x^2 + x + 1$.

Aufgaben

1 Gib die Koordinaten des Scheitels der Parabel an und zeichne dann.
a) $f(x) = (x - 2)^2 + 3$ b) $f(x) = (x + 1)^2 + 2$
c) $f(x) = (x + 3)^2 - 6$ d) $f(x) = (x - 4)^2 - 7$

2 Gib die Funktionsgleichung und die Koordinaten des Scheitels an.
Die Normalparabel ist verschoben um
a) 3 LE nach rechts und um 2 LE nach oben.
b) 2,5 LE nach rechts und um 4,5 LE nach unten.

3 Eine verschobene Normalparabel hat den Scheitel S.
Gib die Funktionsgleichung in Scheitelpunktform an.
a) $S(3|2)$ b) $S(4|-3)$ c) $S(-2|1)$
d) $S(-3|-6)$ e) $S(0|1)$ f) $S(-5|0)$

4 a) Skizziere wie auf dem Rand gezeigt: $f(x) = (x - 0{,}5)^2 - 3{,}5$
b) Notiere verschiedene Scheitel und skizziere die zugehörigen Parabeln.

5 Stelle eine mögliche Funktionsgleichung der Parabel auf.
a) Scheitel S liegt im 1. Quadranten und die Parabel ist nach oben geöffnet.
b) Scheitel S liegt im 4. Quadranten und die Parabel ist nach unten geöffnet.
c) Stelle selbst solche Aufgaben.

6 Liegt der Punkt P auf der Parabel? Rechne und überprüfe durch Zeichnung.
a) $f(x) = (x - 4)^2$ $P(1|9)$
b) $f(x) = (x - 2)^2 - 1$ $P(0|-5)$
c) $f(x) = (x + 1)^2 + 2$ $P(-2|3)$
d) $f(x) = (x + 3)^2 - 3$ $P(-4|-2)$
Warum ist eine Zeichnung allein meist nicht ausreichend?

7 Zeichne das Parabelpaar und lies die Koordinaten der Schnittpunkte ab.
a) $f(x) = (x + 3)^2 + 2$ b) $f(x) = (x + 1)^2 - 2$
    $f(x) = (x - 1)^2 + 2$ $f(x) = (x - 2)^2 + 1$
c) $f(x) = x^2 + 6x + 6$
    $f(x) = x^2 - 2x + 6$

! Skizzieren
- Gehe vom Scheitel aus 1 LE nach rechts und 1 LE nach oben, dann 2 LE nach rechts und 4 LE nach oben usw.
- Nutze dann die Achsensymmetrie der Parabel.
Beispiel:
$f(x) = (x + 1{,}5)^2 + 1$

50 Die quadratische Funktion $f(x) = (x + d)^2 + e$

8 Eine verschobene Normalparabel geht durch die Punkte P_1 und P_2. Finde über die Achsensymmetrie den Scheitel. Du kannst dir auch mit einer Schablone helfen.
a) $P_1(1|3)$ und $P_2(3|3)$
b) $P_1(3|4)$ und $P_2(7|4)$
c) $P_1(-2|0)$ und $P_2(-4|0)$
d) $P_1(-2|-6)$ und $P_2(4|6)$
e) $P_1(-2|1)$ und $P_2(-3|2)$

9 Forme mithilfe der quadratischen Ergänzung um.

$x^2 + 2x + 2$
$x^2 - 2x + 3$
$x^2 - 6x - 1$
$x^2 + 4x + 8$
$x^2 + 10x + 10$
$x^2 - 3x - 1{,}25$
$x^2 + 5x + 7{,}25$
$x^2 - 14x - 1$

10 Wandle um in die Scheitelpunktform. Bestimme den Scheitel und zeichne dann die Parabel.
a) $f(x) = x^2 + 2x - 3$ b) $f(x) = x^2 - 4x + 3$
c) $f(x) = x^2 + 6x + 3$ d) $f(x) = x^2 - 8x + 19$
e) $f(x) = x^2 + 5x + 4{,}75$ f) $f(x) = x^2 - x + 5{,}75$

11 Gleichungen und Scheitel sind durcheinandergeraten. Ordne sie richtig zu.

$f(x) = x^2 - 10x + 32$ $S(-3|-10)$
$f(x) = x^2 + 16x + 57$ $S(9|-6)$
$f(x) = x^2 - 18x + 75$ $S(5|7)$
$f(x) = x^2 + 6x - 1$ $S(-8|-7)$

12 Zeichne die Parabelserien. Was fällt dir auf?
a) $f(x) = x^2 + 2x$ b) $f(x) = x^2 - 2x$
   $f(x) = x^2 + 4x$ $f(x) = x^2 - 4x$
   $f(x) = x^2 + 6x$ $f(x) = x^2 - 6x$
c) $f(x) = x^2 + 2x$ d) $f(x) = x^2 - 2x + 2$
   $f(x) = x^2 + 4x + 6$ $f(x) = x^2 - 4x + 6$
   $f(x) = x^2 + 6x + 12$ $f(x) = x^2 - 6x + 12$

13 Welche Gleichung gehört zu welchem Schaubild?
a) $f(x) = x^2 + 4x + 7$ b) $f(x) = x^2 + 6x + 4$
c) $f(x) = x^2 - 2x - 1$ d) $f(x) = x^2 - 8x + 17$
e) $f(x) = x^2 - 3x + 4{,}25$
f) $f(x) = x^2 + x - 3{,}75$

(A) 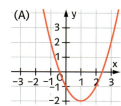   (B)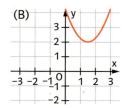

(C) 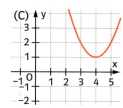   (D)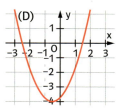

(E) 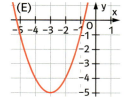   (F)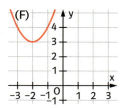

14 Bestimme die Koordinaten der Scheitel und zeichne diese in ein Koordinatensystem. Verbinde die Punkte in der vorgegebenen Reihenfolge.
Welche Figur erhältst du jeweils?
a) $f_1(x) = x^2 - 2x + 2$ b) $f_1(x) = x^2 + 2x + 1$
   $f_2(x) = x^2 + 2x + 2$ $f_2(x) = x^2 - 6x + 12$
   $f_3(x) = x^2 + 2x$ $f_3(x) = x^2 - 14x + 49$
   $f_4(x) = x^2 - 2x$ $f_4(x) = x^2 - 6x$

15 Zwei Punkte P und Q liegen auf einer Parabel mit der Gleichung $f(x) = x^2 + px + q$.
Bestimme die Scheitelpunktform.
Hinweis: Stellst du die Parabelgleichung nach $px + q = f(x) - x^2$ um, ist das Gleichungssystem einfacher zu lösen.
a) $P(-6{,}5|4)$ $Q(-2|-2{,}75)$
b) $P(-3|0)$ $Q(1|6)$
c) $P(-4|-2)$ $Q(-1|6)$
d) $P(2{,}5|-5)$ $Q(-2|5)$

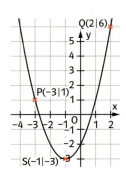

16 Der Punkt P liegt auf der Parabel. Bestimme die vollständige Funktionsgleichung.
a) $f(x) = x^2 + 6x + q$ P(1|17)
b) $f(x) = x^2 - 4x + q$ P(2|2)
c) $f(x) = x^2 - px - 4$ P(3|-1)
d) $f(x) = x^2 + px + 18,25$ P(-2,5|2)

17 Bestimme aus den Koordinaten des Scheitels der Parabel die Funktionsgleichung in der Form $f(x) = x^2 + px + q$.
a) S(2|1) b) S(-1|3)
c) S(3|-4) d) S(-4|-5)
e) S(-2,5|0) f) S(0|-12)

18 Wo liegt der Scheitel der Parabel?
a) $f(x) = x^2 + 8x + 7$ b) $f(x) = x^2 - 12x + 1$
c) $f(x) = x^2 - 10x + 25$ d) $f(x) = x^2 + 20x + 50$
e) $f(x) = x^2 + 5x + 1$ f) $f(x) = x^2 - 9x - 9$
g) $f(x) = x^2 - 7x$ h) $f(x) = x^2 - x$

19 Zeichne die Parabel zur Funktionsgleichung $f(x) = (x - 2)^2 + 1$.
a) Spiegle die Parabel an der x-Achse und gib die neue Funktionsgleichung an.
b) Spiegle die Parabel an der y-Achse und gib die neue Funktionsgleichung an.
c) Drehe die Parabel um 180° um den Ursprung und gib die neue Funktionsgleichung an.
d) Wiederhole die Aufgaben von a) bis c) für die Funktion $f(x) = (x + 3)^2 - 2$.

20 Besitzt die Parabel einen tiefsten oder einen höchsten Punkt? Bestimme dessen Koordinaten.
a) $f(x) = x^2 - 6x + 2$ b) $f(x) = -x^2 + 3$
c) $f(x) = x^2 + 3x + 2$ d) $f(x) = -\frac{1}{2}x^2 - \frac{3}{4}$
e) $f(x) = (x - 4)(x + 4)$ f) $f(x) = (3 - x)(x + 3)$
g) $f(x) = -(x - 3)^2 + 2$ h) $f(x) = -(x + 2)^2 - 1$

Die Funktionsgleichung $f(x) = a \cdot (x + d)^2 + e$

Arbeitet zu zweit, eine DGS erleichtert euch die Arbeit.
Betrachtet folgende Funktionsgleichung $f(x) = a \cdot (x + d)^2 + e$.
Setzt $d = 2$, $e = 1$ und $a = 1$.

■ Wo liegt der Scheitel der zugehörigen Parabel?
■ Verändert a schrittweise: $a = \frac{1}{5}; \frac{1}{3}; 1; 2; 3; 4; \ldots$ Wie verändert sich die Form der Parabel?
■ Setzt nun $a = -\frac{1}{3}; -\frac{1}{2}; -\frac{3}{4}; -1; -2; -3; \ldots$ Wie verläuft die Parabel?
■ Formuliert einen Merksatz, wie sich der Faktor a auf den Verlauf bzw. die Form einer Parabel auswirkt. Gebt sinnvolle Zahlbereiche an, in denen sich a bewegt ($a > 0$ und $a < 1$, $a > 1$, usw.).
■ Bestimmt zuerst den Scheitel, legt ihn im Koordinatensystem fest und skizziert dann die Parabel.

$f(x) = \frac{1}{2}(x - 3)^2$
$g(x) = 3(x - 2)^2 - 1$
$h(x) = -(x + 1)^2 + 4$
$k(x) = -\frac{1}{3}(x - 1)^2$

■ Gebt die Funktionsgleichungen der nebenstehenden Parabeln an.

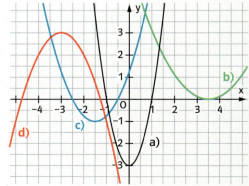

52 Die quadratische Funktion $f(x) = (x + d)^2 + e$

4 Nullstellen quadratischer Funktionen

Gegeben sind vier verschobene Normalparabeln und ihre Scheitel.
→ Gib die x-Koordinaten der Schnittpunkte mit der x-Achse an.
→ Bestimme die Funktionsgleichungen und setze die x-Werte der Schnittpunkte ein.
Was stellst du fest?

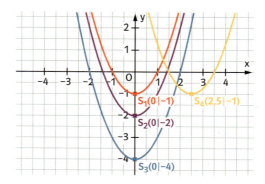

Am Schaubild der Funktion $f(x) = (x-1)^2 - 4$ mit $S(1|-4)$ sieht man, dass die x-Achse in den Punkten $P_1(-1|0)$ und $P_2(3|0)$ geschnitten wird.

Da die y-Koordinaten dieser Punkte null sind, kann man die x-Koordinaten auch berechnen:

$$0 = (x-1)^2 - 4$$
$$(x-1)^2 = 4 \quad | \sqrt{}$$
$$x - 1 = \pm 2 \quad | +1$$
$$x_{1,2} = \pm 2 + 1$$
$$x_1 = 3; \quad x_2 = -1$$

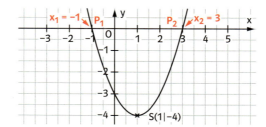

Die x-Koordinaten der Schnittpunkte von Parabel und x-Achse $x_1 = 3$ und $x_2 = -1$ nennt man **Nullstellen** der quadratischen Funktion.

> Die x-Koordinaten der Schnittpunkte von x-Achse und Funktionsgraph heißen **Nullstellen der Funktion**.
> Um die Nullstellen zu berechnen, setzt man den Funktionsterm gleich null.

Beispiel
Die Nullstellen der Funktion $f(x) = x^2 + 6x + 8$ werden durch Zeichnung und Rechnung bestimmt.

Um die Parabel zu zeichnen, bringt man $f(x) = x^2 + 6x + 8$ in die Scheitelpunktform:
$f(x) = (x+3)^2 - 1 \qquad S(-3|-1)$

Für $y = 0$ gilt:
$x^2 + 6x + 8 = 0$
Diese quadratische Gleichung wird mithilfe der Lösungsformel

$$x_{1,2} = -\frac{p}{2} \pm \sqrt{\left(\frac{p}{2}\right)^2 - q} \quad \text{gelöst.}$$

Es ergibt sich
$x_{1,2} = -3 \pm \sqrt{9 - 8}$
$x_{1,2} = -3 \pm 1$
$x_1 = -4$
$x_2 = -2$
Die Nullstellen sind $x_1 = -4$ und $x_2 = -2$.

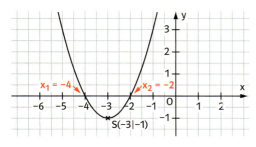

Bemerkung
Bei quadratischen Funktionen unterscheidet man drei Fälle:

zwei Nullstellen	**keine Nullstelle**	**genau eine Nullstelle**
Die Gleichung $x^2 + 4x + 3 = 0$ hat die Lösungen -3 und -1: $L = \{-3; -1\}$	Die Gleichung $x^2 + 2x + 4 = 0$ hat keine Lösung: $L = \{\}$	Die Gleichung $x^2 + 2x + 1 = 0$ hat die Lösung $x = -1$: $L = \{-1\}$
Zeichnerische Lösung: $f(x) = x^2 + 4x + 3$ $f(x) = (x + 2)^2 - 1$ $S(-2\mid-1)$	Zeichnerische Lösung: $f(x) = x^2 + 2x + 4$ $f(x) = (x + 1)^2 + 3$ $S(-1\mid 3)$	Zeichnerische Lösung: $f(x) = x^2 + 2x + 1$ $f(x) = (x + 1)^2$ $S(-1\mid 0)$

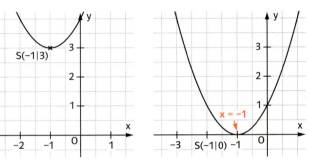

Es gibt zwei Nullstellen: $x_1 = -3$; $x_2 = -1$

Es gibt keine Nullstellen.

Es gibt eine Nullstelle: $x_1 = -1$

Aufgaben

1 Bestimme die Nullstellen im Kopf.
a) $f(x) = x^2 - 25$
b) $f(x) = x^2 - 121$
c) $f(x) = x^2 - 0{,}25$
d) $f(x) = x^2 - 6{,}25$
e) $f(x) = x^2 - \frac{4}{9}$
f) $f(x) = x^2$

2 Bestimme die Funktionsgleichung und die Nullstellen.

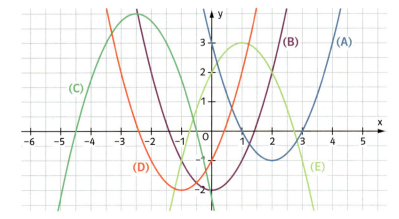

3 Lies die Nullstellen aus dem zugehörigen Schaubild ab.
a) $f(x) = x^2 - 4$
b) $f(x) = x^2 - 1$
c) $f(x) = (x - 3)^2 - 1$
d) $f(x) = (x + 2{,}5)^2 - 4$
e) $f(x) = (x - 1{,}5)^2 - 9$
f) $f(x) = (x + 3{,}5)^2 - 1$
g) $f(x) = (x + 6)^2$
h) $f(x) = (x - 0{,}5)^2 - 6\frac{1}{4}$

4 Bringe die Gleichung zuerst auf die Scheitelpunktform und gib dann die Nullstellen an.
a) $f(x) = x^2 + 6x + 9$
b) $f(x) = x^2 - 7x + 12\frac{1}{4}$
c) $f(x) = x^2 + 2x - 3$
d) $f(x) = x^2 + 2x - 8$
e) $f(x) = x^2 - 6x + 5$
f) $f(x) = x^2 - 4x$
g) $x^2 - 3x + 1{,}25 = f(x)$
h) $x^2 + x - 2 = f(x)$

5 Bestimme die Nullstellen der Funktion durch Rechnung.
a) $f(x) = x^2 - 16$
b) $f(x) = x^2 + 9$
c) $f(x) = (x + 2)^2 - 9$
d) $f(x) = (x - 4)^2 - 1$
e) $f(x) = x^2 + 3x$
f) $f(x) = x^2 - 6x$
g) $f(x) = x^2 + 6x - 5$
h) $f(x) = x^2 - 12x + 36$

6 Entnimm dem Schaubild die Nullstellen und den Scheitel. Stelle die Funktionsgleichung auf. Überprüfe die Nullstellen durch Rechnung.

a) 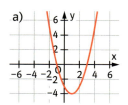   b)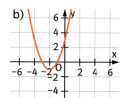

c) 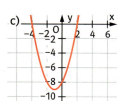   d)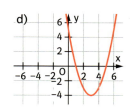

7 Die Scheitelpunktform der Parabelgleichung lautet $f(x) = (x + d)^2 + e$.
Gib an, für welche Werte von e die Parabel zwei Nullstellen, keine Nullstelle oder eine Nullstelle besitzt.

8 Gib zu den Nullstellen die Funktionsgleichung der verschobenen Normalparabel an.
a) $x_1 = 1$; $x_2 = 3$ b) $x_1 = -1$; $x_2 = 4$
c) $x_1 = 2$; $x_2 = -5$ d) $x_1 = -1{,}5$; $x_2 = 4{,}5$

9 Bestimme die x-Koordinate des Scheitels für die angegebenen Nullstellen.
a) $x_1 = 3$; $x_2 = 5$ b) $x_1 = 0$; $x_2 = 4$
c) $x_1 = 1$; $x_2 = -3$ d) $x_1 = -2$; $x_2 = -7$

10 Zu den Schnittpunkten von x-Achse und Graph $P_1(-2|0)$ und $P_2(2|0)$ können viele Parabeln gehören. Gib verschiedene Funktionsgleichungen an.

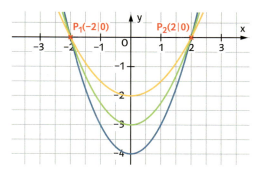

> Besitzt eine Normalparabel zwei Nullstellen, liegt die x-Koordinate ihres Scheitels in der Mitte zwischen den beiden Nullstellen.

DGS II

Mit dem Computer lassen sich die Nullstellen der Funktion $f(x) = x^2 + px + q$ grafisch ermitteln. Die Variablen p und q lassen sich mit Schiebereglern verändern.

- Erzeugt Parabeln mit zwei Nullstellen, keiner oder genau einer Nullstelle und notiert jeweils die Nullstellen und die Koordinaten des Scheitels. Wo finden sich die Variablen p und q wieder? Gilt das immer?
- Füllt die Tabelle aus:

	$f(x) = ...$	$f(x) = ...$
Nullstelle		
Scheitelpunkt		
p		
q		

- Beschreibt, was euch auffällt.

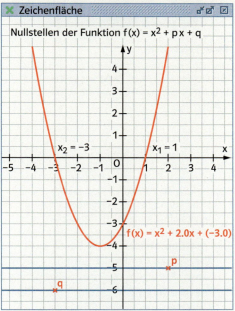

Nullstellen quadratischer Funktionen

5 Modellieren mit quadratischen Funktionen

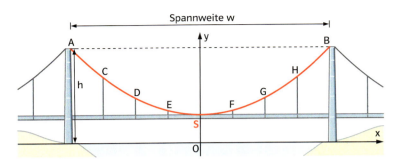

An Brücken findet man oft Bögen, die die Form von Parabeln haben. Eine solche Hängebrücke soll gebaut werden. Die Stützpfeiler A und B sollen 130 m hoch werden, die Spannweite w der Brücke soll 1200 m betragen. Die Fahrbahn befindet sich in 30 m Höhe. Sechs Halteseile werden in gleichmäßigen Abständen befestigt.
→ Wie lang müssen die einzelnen Halteseile sein?

Mithilfe von quadratischen Funktionen kann man den Verlauf eines Brückenbogens oder einer Wurfparabel recht genau beschreiben und auch berechnen. Dazu braucht man Daten wie z. B. die Spannweite des Bogens oder die Höhe des Bogens vom Scheitel aus gemessen. Das Koordinatensystem muss günstig gelegt werden.
Es wird geprüft, ob ein Schwertransporter mit einer Überbreite von 10 m und einer Höhe von 4,80 m unter einer Brücke mit den gegebenen Maßen durchfahren kann.

! Oft ist es besonders einfach, wenn der Scheitel im Ursprung liegt.

Übersetzen

Reale Welt

Realsituation
Der Brückenbogen hat eine Spannweite von 24,00 m und eine Höhe von 6,00 m. Passt der Schwertransport unter der Brücke durch?

Mathematik

Mathematisches Modell
Mithilfe der Parabelgleichung $f(x) = ax^2 + c$ wird für $x = 12$; $y = 0$ und $c = 6$ der Faktor a berechnet: $0 = a \cdot 12^2 + 6$
$$a = \frac{-6}{144} = \frac{-1}{24}$$
Die Parabelgleichung für den Brückenbogen lautet: $f(x) = -\frac{1}{24}x^2 + 6$

Bewerten

Lösen

Reale Ergebnisse
Die Höhe des Brückenbogens über dem Rand der Ladung ist 4,96 m. Zwischen Ladung und Brückenbogen verbleibt also ein Abstand von 0,16 m.

Mathematische Ergebnisse
Der Schwertransporter braucht von der Straßenmitte aus 5 m Breite nach beiden Seiten. Durch Einsetzen von $x = 5$ in die Parabelgleichung erhält man die Höhe des Brückenbogens.
$$f(x) = -\frac{1}{24} \cdot 5^2 + 6 = 4,96$$

Interpretieren

Für eine **Bewertung** muss der Fahrer des Transporters weitere Überlegungen anstellen:
– Lässt sich die Fahrbahnmitte exakt einhalten?
– Welche Rolle spielt der Reifendruck bzw. die Federung?
– Gibt es Befestigungen am Brückenbogen? ...

Das **mathematische Modellieren** läuft in Stufen ab.
1. **Übersetzen** der Realsituation in ein mathematisches Modell
2. **Lösen:** Ermitteln der mathematischen Ergebnisse
3. **Interpretieren** der Lösung in der Realsituation
4. **Bewerten** des realen Ergebnisses.

Beispiel

1. Realsituation:
Gelingt es der Golferin, das Hindernis „Baum" in 120 m Entfernung zu überspielen?

2. Mathematisches Modell
Die Flugkurve eines Golfballs lässt sich mit einer Parabel modellieren. Hier ist es günstig, den Ursprung des Koordinatensystems auf Höhe 0 m senkrecht unterhalb des Scheitels zu legen.
Allgemeine Parabelgleichung:
$f(x) = -a \cdot x^2 + c$
Durch Einsetzen der Zahlenwerte erhält man:
$0 = -a \cdot 72^2 + 32$
$a = \frac{32}{72^2} = \frac{1}{162}$
$f(x) = -\frac{1}{162}x^2 + 32$

3. Mathematisches Ergebnis
$f_B(x) = -\frac{1}{162} \cdot 48^2 + 32 = 17{,}8$

4. Reales Ergebnis
Im Idealfall fliegt der Ball etwa 2,8 m über den Baumwipfel hinweg.

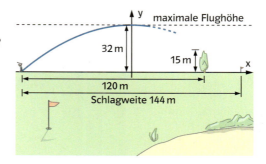

Aufgaben

1 Die Hauptkabel von Hängebrücken beschreiben einen annähernd parabelförmigen Bogen.
Mit w ist die Spannweite, mit h die Bogenhöhe bezeichnet.

Bestimme die Funktionsgleichung $f(x) = ax^2$ für die Brooklyn Bridge in New York: $w = 486\,m$; $h = 88\,m$

2 Die rechts abgebildete Brücke scheint die Form einer Parabel zu haben. Überprüfe.

3 Der Bogen der Müngstener Brücke lässt sich durch eine Parabel mit der Gleichung $f(x) = -\frac{1}{90}x^2$ beschreiben. Die Spannweite beträgt 158 m, die Bogenhöhe 69 m. Passen diese Daten zusammen?

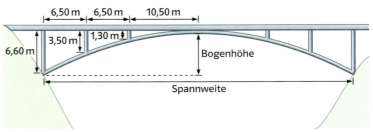

Modellieren mit quadratischen Funktionen

DGS III

Flugkurven, z. B. von Skifahrern, lassen sich mit Parabeln modellieren. Den Ursprung des Koordinatensystems legt man in den Scheitel der Kurve.
- Recherchiere: Gibt es in der Tierwelt Sprungkurven, die parabelförmig sind?

- Vergleiche die Flugbahn des Skifahrers mit dem Parabelbogen.
- Kannst du Abweichungen der Parabelkurve erklären?
- Suche ähnliche Sportbilder und hinterlege sie mit einer Parabel.

- Präsentiere deine Ergebnisse.

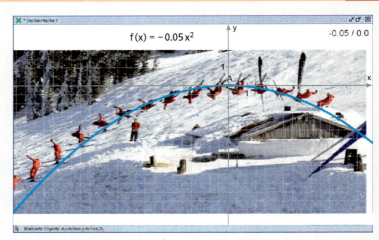

! *Der Körperschwerpunkt eines Menschen liegt etwa auf Hüfthöhe.*

4 Bei einem Freistoß fliegt ein Fußball – horizontal gemessen – 50 m weit. Der höchste Punkt seiner parabelförmigen Flugbahn liegt 5 m hoch.
a) Skizziere die Flugbahn in einem Koordinatensystem.
b) Wähle den Ursprung des Koordinatensystems geschickt. Bestimme die Koordinaten des Scheitels und die Parabelgleichung.

5 Die Flugbahn des Fußballs bei einem Schuss lässt sich beschreiben mit
$f(x) = -\frac{1}{160}x^2 + 4$ (x und y in m).
a) Wie hoch ist der Ball nach einem Meter Flug horizontal gerechnet?
b) Für welchen x-Wert hat der Ball die Höhe von 2 m?
c) Für welchen x-Wert erreicht der Ball seine größte Höhe?
d) Ein 1,90 m großer Gegenspieler steht 10 m entfernt.
Kann er den Ball abwehren?

6 Die Flugkurve eines Golfballs gleicht einer Parabel mit der Gleichung
$f(x) = -\frac{1}{400}x^2 + 25$ (x und y in m).
a) Wie weit kann der Ball, horizontal gemessen, höchstens fliegen?
b) Für welchen x-Wert erreicht der Ball den höchsten Punkt der Flugbahn?

7 Der Körperschwerpunkt eines Hochspringers beschreibt annähernd eine parabelförmige Flugbahn mit der Gleichung
$f(x) = -0{,}18x^2 + 2{,}4$ (x und y in m).
a) Welche Sprunghöhe kann der Hochspringer erreichen?
b) In welcher Entfernung zur Sprunglatte sollte der Hochspringer abspringen?

8 Bob Beamons Weitsprungweltrekord von 8,90 m, den er bei der Olympiade 1968 in Mexiko-City aufstellte, ging als „Sprung ins nächste Jahrhundert" in die Sportgeschichte ein.
Die Flugbahn seines Körperschwerpunktes lässt sich annähernd durch eine Parabel beschreiben mit der Gleichung
$f(x) = -\frac{2}{35}x^2 + 1{,}8$ (x und y in m).
a) Bei welcher horizontal gemessenen Entfernung lag der Körperschwerpunkt 1,50 m hoch?
b) Welche Höhe hatte sein Körperschwerpunkt bei der Hälfte der Sprungweite?
c) Wäre beim Rekordsprung ein Pkw übersprungen worden?
d) Vergleiche die Flugbahn des Rekordsprungs mit der Flugbahn eines Flohs
$f(x) = -5x^2 + 0{,}3$.
e) Versuche aus der Funktionsgleichung auf die Sprungweite zu kommen.

Modellieren mit quadratischen Funktionen

Zusammenfassung

Normalparabel

Das Schaubild der einfachsten quadratischen Funktion $f(x) = x^2$ ist die **Normalparabel**. Sie ist achsensymmetrisch zur y-Achse und ihr **Scheitel** liegt im Koordinatenursprung.

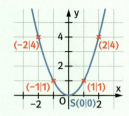

quadratische Funktionsgleichung $f(x) = a \cdot x^2 + c$

Der Graph der Funktion $f(x) = ax^2 + c$ ist eine nach oben oder unten geöffnete Parabel, die schmaler oder breiter als die Normalparabel sein kann. Sie ist zusätzlich um den Summanden c in Richtung der y-Achse verschoben. Ihr Scheitel ist $S(0|c)$.

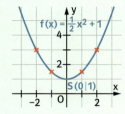

$0 < a < 1$: breiter
$a > 1$: schmaler als die Normalparabel

quadratische Funktionsgleichung in der Scheitelpunktform $f(x) = (x + d)^2 + e$

Der Graph der Funktion $f(x) = (x + d)^2 + e$ ist eine um $-d$ in Richtung der x-Achse und um e in Richtung der y-Achse **verschobene Normalparabel**.
Ihr **Scheitel** ist $S(-d|e)$.
Durch quadratisches Ergänzen kann die Parabelgleichung $f(x) = x^2 + px + q$ in die Scheitelpunktform umgewandelt werden.

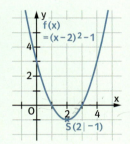

$f(x) = x^2 - 4x + 3$
$f(x) = x^2 - 4x + \left(\frac{4}{2}\right)^2 + 3 - \left(\frac{4}{2}\right)^2$
$f(x) = (x - 2)^2 - 1$
$S(2|-1)$

Nullstellen einer Funktion

An den Schnittstellen des Graphen der quadratischen Funktion mit der x-Achse ist der Funktionswert y gleich null.
Den x-Wert des Schnittpunktes mit der x-Achse nennt man **Nullstelle**.

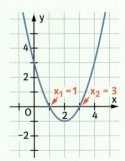

$x^2 - 4x + 3 = 0$
$(x - 2)^2 - 1 = 0$
$(x - 2)^2 = 1$
$x - 2 = 1$ oder
$x - 2 = -1$
$x_1 = 3$ und $x_2 = 1$

Modellieren mit quadratischen Funktionen

Mithilfe von quadratischen Funktionsgleichungen lassen sich Brückenbogen, Flugbahnen usw. beschreiben und Werte berechnen. Es ist notwendig, die errechneten Werte in der wirklichen Situation zu interpretieren und das Ergebnis zu bewerten. Dieses Vorgehen nennt man mathematisches Modellieren.

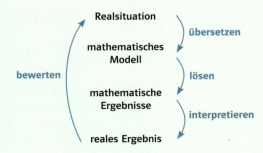

Üben • Anwenden • Nachdenken

1 Stelle fest, ob der Punkt auf, unterhalb oder oberhalb der Normalparabel liegt.
a) A(17|289) b) B(−4|−16)
c) C(4,5|20) d) D(−3,5|12,25)
e) E(1,1|1,2) f) F(0,2|0,4)

2 Ergänze die Wertetabelle der Funktion $f(x) = x^2$ durch gerundete Werte. Zeichne oder rechne. Nenne die Vor- und Nachteile deiner Vorgehensweise.

x	1,5	+☐	4,6	−☐	0,7	+☐	−☐
f(x)	☐	5,2	☐	3,9	☐	11,2	13,5

3 Beschreibe Form und Lage der Parabel. Spiegle die Parabel dann an der x-Achse bzw. an der y-Achse und gib die veränderte Parabelgleichung an.
a) $f(x) = x^2 − 2,5$ b) $f(x) = 0,5x^2 − 1,5$
c) $f(x) = (x + 2,5)^2$ d) $f(x) = (x + 2)^2 + 1$

4 Dieselben Parabeln, aber unterschiedliche Gleichungen. Beachte die Wahl der Einheiten.

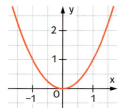 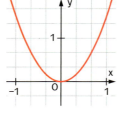 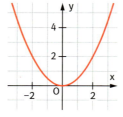

5 Wähle die Einheiten auf den Koordinatenachsen so, dass die Parabel zur Funktionsgleichung gehört.
a) $f(x) = x^2$ b) $f(x) = \frac{1}{2}x^2$
c) $f(x) = 4x^2$

6 Berechne die fehlenden Koordinaten.
a) $f(x) = x^2 + 3$ P(0|☐) $Q_{1,2}$(☐|7)
b) $f(x) = 0,5x^2$ P(0|☐) $Q_{1,2}$(☐|4,5)
c) $f(x) = −3x^2 + 2$ P(0|☐) $Q_{1,2}$(☐|−9)

7 Beschreibe Form und Lage der Parabel. Schneidet sie die x-Achse?
a) $f(x) = (x + 2)^2 + 1$ b) $f(x) = (x − 3)^2 + 3$
c) $f(x) = −x^2 − 2,5$ d) $f(x) = (x + 2,5)^2$

8 Wandle in die Scheitelform um und zeichne.
a) $f(x) = x^2 + 2x − 5$
b) $f(x) = x^2 − 4x + 7$
c) $f(x) = x^2 + 5x + 4,75$
d) $f(x) = (x + 1,5)(x − 4)$

9 Gib die Gleichungen der unten abgebildeten Parabeln an.
Lies die Nullstellen ab und überprüfe durch Rechnung.

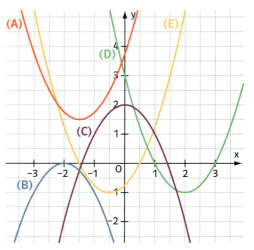

10 Berechne die Schnittpunkte der zugehörigen Parabel mit der x-Achse und der y-Achse.
a) $f(x) = x^2 − 1$
b) $f(x) = −x^2 + 4$
c) $f(x) = (x − 2)^2$
d) $f(x) = 0,5x^2 − 2$
e) $f(x) = x^2 − 8x + 16$
f) $f(x) = x^2 + 5x + 6,25$

11 a) Die Funktion mit der Gleichung $f(x) = x^2 + 2x + q$ hat je nach Wahl des Wertes von q genau eine Nullstelle, zwei Nullstellen oder keine Nullstelle. Bestimme passende Werte von q.
b) Die Funktion mit der Gleichung $f(x) = x^2 + px + 4$ hat je nach Wahl des Wertes von p genau eine Nullstelle, zwei Nullstellen oder keine Nullstelle. Bestimme passende Werte von p.

12 Gib drei verschiedene Funktionsgleichungen von Parabeln an, die
a) bei x = 2 ihre einzige Nullstelle haben.
b) die Nullstellen $x_1 = -5$; $x_2 = 1$ haben.

13 Gegeben sind die Nullstellen einer verschobenen Normalparabel. Bestimme ihre Funktionsgleichung in der Scheitelpunktform. Beispiel: $x_1 = 2$; $x_2 = 5$
Wegen der Symmetrie der Normalparabel ist die x-Koordinate des Scheitels 3,5.
Aus $(x_1 - 3{,}5)^2 + c = 0$ erhält man durch Einsetzen $c = -2{,}25$.
a) $x_1 = 0$ b) $x_1 = -6$ c) $x_1 = -3$
   $x_2 = 3$ $x_2 = -2$ $x_2 = 2$

14 Die Punkte P(7|6) und Q(-2|24) liegen auf einer nach oben geöffneten verschobenen Normalparabel. Berechne die Koordinaten des Scheitels.

15 Gegeben sind ein Punkt auf der Parabel und die unvollständige Parabelgleichung. Bestimme jeweils den Scheitelpunkt der Parabel.
a) (1) P(-1|7,5) $f(x) = x^2 + px + 2{,}5$
b) P(-5|33) $f(x) = x^2 + px - 2$
c) P(-2|2) $f(x) = x^2 + 3x + q$
d) P(4|-10,25) $f(x) = x^2 - 5x + q$

16 Eine Feuerwerksrakete bewegt sich auf einer annähernd parabelförmigen Flugkurve. Dabei fliegt sie 52 m hoch und – horizontal gemessen – 30 m weit.
a) Stelle für die Lösungsansätze von Dalal und Felix je eine Funktionsgleichung auf.
b) Nach welcher horizontal zurückgelegten Strecke erreicht die Rakete eine Höhe von 30 m?
c) Nenne Vor- und Nachteile beider Lösungsansätze.

Felix:
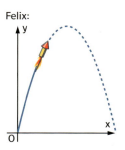

Dalal:
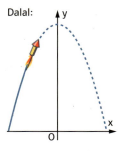

Geschnittene Parabeln

Bislang habt ihr gelernt, wie man den Schnittpunkt zweier Geraden rechnerisch ermittelt:
Die beiden Geradengleichungen f(x) und g(x) werden gleichgesetzt. Man erhält die x-Koordinate des Schnittpunktes.

Zur Bestimmung der Schnittpunkte zweier Parabeln oder von einer Parabel und einer Geraden geht man genau so vor:

■ Berechne die gemeinsamen Punkte der Parabeln. Überprüfe durch Zeichnung.
   $f(x) = x^2 - 4x - 4$ $f(x) = (x + 3)^2 + 1$ $f(x) = -x^2 + 2$
   $g(x) = x^2 - x + 8$ $g(x) = x^2 + 2$ $g(x) = (x + 1)^2 - 2$

■ Wie viele gemeinsame Punkte besitzen die Parabeln?
Löse im Kopf.
   $f(x) = x^2$ $f(x) = -x^2 + 3$ $f(x) = (x + 1)^2$
   $g(x) = x^2 + 1$ $g(x) = x^2 + 2$ $g(x) = (x - 1)^2$

Verändere die Funktionsterme so, dass die Parabeln einen bzw. keinen Punkt gemeinsam haben.

■ Berechne die Schnittpunkte von Parabel p und Gerade g.
   p: $f(x) = x^2 - 5$ p: $f(x) = (x + 2)^2$ p: $f(x) = -(x - 1)^2 + 3$
   g: $h(x) = 2x + 3$ g: $h(x) = x + 4$ g: $h(x) = 0{,}5x - 0{,}5$

Die Gerade $g(x) = 2x - 5$ berührt die Parabel $p(x) = (x - 3)^2 + 2$ in genau einem Punkt T. Sie heißt **Tangente** an der Parabel.

■ Berechne die Koordinaten des Punktes T und überprüfe durch Zeichnung.
■ Gib mehrere Geraden an, die mit der Parabel $p(x) = (x + 2)^2$ zwei, genau einen bzw. keinen Punkt gemeinsam haben.

Rechtzeitig angehalten!

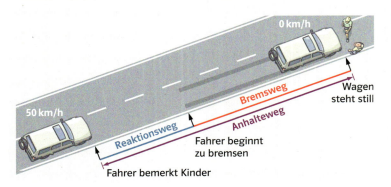

Reaktion	Reaktions-zeit in Sekunden
schnell	1,3
normal	1,5
langsam	2,0
unter Alkohol	3,0
normal nach der Rechtsprechung	1,0

Bremsverzögerungen a in $\frac{m}{s^2}$

Pkw
trockener Asphalt 7,0
nasser Asphalt 5,5

Pflaster trocken 6,0
Pflaster nass 5,0

Neuschnee und Sommerreifen 2,3

Neuschnee und Winterreifen 2,8

Glatteis 1,3

Motorrad
trockener Asphalt 4,0

Fahrrad
trockener Asphalt 3,0

Lkw, beladen
trockener Asphalt 3,5

Zum Umrechnen
$1 \frac{km}{h} = 0{,}28 \frac{m}{s}$
$1 \frac{m}{s} = 3{,}6 \frac{km}{h}$

Der **Bremsweg** s_B lässt sich berechnen mit der Formel

$$s_B = \frac{v^2}{2 \cdot a}$$

(v in $\frac{m}{s}$; a Bremsverzögerung in $\frac{m}{s^2}$).
In der Fahrschule lernt man eine **Faustformel**, mit der leichter zu rechnen ist:

$$s_B = \left(\frac{v}{10}\right)^2 \quad \text{(v in km/h; s in m)}.$$

■ Vergleiche die Ergebnisse der beiden Formeln für eine Fahrt auf trockenem und auf nassem Asphalt mit 50; 60; 100 und 120 $\frac{km}{h}$.
■ Überlege, wie sich der Bremsweg bei verdoppelter Geschwindigkeit verändert. Kannst du das Ergebnis begründen?

Verkehrssachverständige können mithilfe der Bremswegformel aus der Länge des Bremsweges auf die gefahrene Geschwindigkeit schließen.
■ Ein Pkw ist auf trockenem Asphalt nach 80 m zum Stehen gekommen. Ein anderer Pkw brauchte ebenfalls 80 m bis zum Stillstand, allerdings bei nasser Fahrbahn.
■ Wie groß ist die Bremsverzögerung eines beladenen Lkw, der bei 80 $\frac{km}{h}$ nach 70 m zum Stehen kommt?
Während der Reaktionszeit t_R des Fahrers fährt das Fahrzeug noch ungebremst weiter: **Reaktionsweg:** $s_R = v \cdot t_R$

Nach einer wichtigen Grundregel der Straßenverkehrsordnung darf man mit einem Fahrzeug nur so schnell fahren, dass man innerhalb des überschaubaren Weges anhalten kann. Viele Verkehrsunfälle passieren, weil diese Grundregel nicht ernst genommen wird. Vielfach wird unterschätzt, welchen Weg man braucht, um ein Fahrzeug mit der Geschwindigkeit v zum Stillstand zu bringen. Man nennt ihn **Anhalteweg**. Dieser setzt sich zusammen aus Reaktionsweg und Bremsweg:
Anhalteweg = Reaktionsweg + Bremsweg.

Den **Anhalteweg** s_A berechnet man nach der Formel

$$s_A = v \cdot t_R + \frac{v^2}{2 \cdot a}$$

(v in $\frac{m}{s}$; t_R in s; a in $\frac{m}{s^2}$).
In der Fahrschule lernt man zum schnellen Überschlagen die **Faustformel**:

$$s_A = 3 \cdot \frac{v}{10} + \left(\frac{v}{10}\right)^2 \quad \text{(v in } \frac{km}{h}\text{; } s_A \text{ in m).}$$

■ Berechne nach der ersten Formel den Anhalteweg eines Pkw mit 120 $\frac{km}{h}$ bei schneller Reaktion auf nassem Asphalt. Vergleiche mit dem Ergebnis der Faustformel.
■ Vergleiche die errechneten Werte mit den Ergebnissen, die bei langsamer Reaktion und nassem Pflasterbelag zustande kommen.

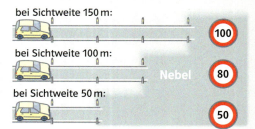

■ Sind die angegebenen Höchstgeschwindigkeiten nach der Faustformel vertretbar?
■ Erstelle eine Warntafel für Lkw-Fahrer.

Rückspiegel

1 Gib die Koordinaten des Scheitels der Parabel an.
a) $f(x) = x^2 - 5$
b) $f(x) = -x^2$
c) $f(x) = (x - 3)^2$
d) $f(x) = (x + 1)^2 - 4$

2 Bestimme die Funktionsgleichungen der verschobenen Normalparabeln.

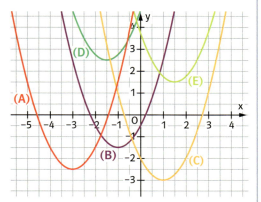

3 Welcher Punkt liegt auf welcher Parabel?
$f(x) = (x - 3)^2$ $\quad$ Q(2|4,5)
$g(x) = x^2 + 0,5$ $\quad$ S(-1|-3)
$h(x) = (x + 1)^2 - 3$ $\quad$ R(0|2)
$k(x) = x^2 - 2x + 2$ $\quad$ P(4|1)

4 Berechne die Nullstellen der Funktionen und skizziere die Graphen.
a) $f(x) = -3(x - 3)^2$
b) $f(x) = (x - 2,5)^2 - 4$
c) $f(x) = x^2 + 4x + 8$
d) $f(x) = x^2 + 6x + 5$

5 Das Halteseil einer Hängebrücke hat näherungsweise die Form einer Parabel. Die Spannweite w beträgt 800 m, die Höhe h der Stützpfeiler 72 m.
Bestimme die Gleichung der Parabel.

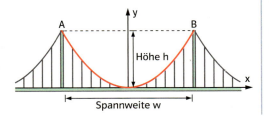

1 Gib den Scheitel der Parabel in Koordinatenschreibweise an.
a) $f(x) = x^2 + 4x + 5$
b) $f(x) = x^2 - 6x + 7$
c) $f(x) = x^2 - 5x + 7,5$
d) $f(x) = x^2 + 9x$

2 Bestimme die Funktionsgleichungen der verschobenen Normalparabeln.

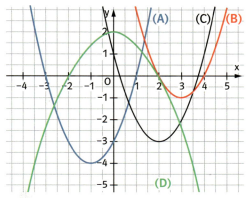

3 Welcher Punkt liegt auf welcher Parabel?
$p_1: f(x) = x^2 + 6x + 10$ $\quad$ $P_1(3|-1)$
$p_2: f(x) = x^2 - 2x - 4$ $\quad$ $P_2(-2,5|2)$
$p_3: f(x) = (x - 2)^2 + 2$ $\quad$ $P_3(1|17)$
$p_4: f(x) = x^2 + 9x + 18,25$ $\quad$ $P_4(2|2)$

4 Berechne die Nullstellen der Funktionen und skizziere die Graphen.
a) $f(x) = x^2 - 3x - 4$
b) $f(x) = x^2 + 5x + \frac{9}{4}$
c) $f(x) = 3x^2 + 6x + 9$
d) $f(x) = -x^2 + 2x + 4$

5 Die Klippenspringer von Acapulco (Mexiko) legen eine annähernd parabelförmige Flugbahn zurück, die sich mit der Gleichung $f(x) = -x^2 + 28$ (x und y in Metern) beschreiben lässt.
a) Wie weit entfernt vom Fuß des Felsens taucht der Springer ins Wasser?
b) Der Fels ist 27 m hoch. Erkläre die Parabelgleichung.

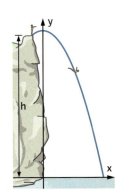

3 Pyramide. Kegel. Kugel

Körper vergleichen

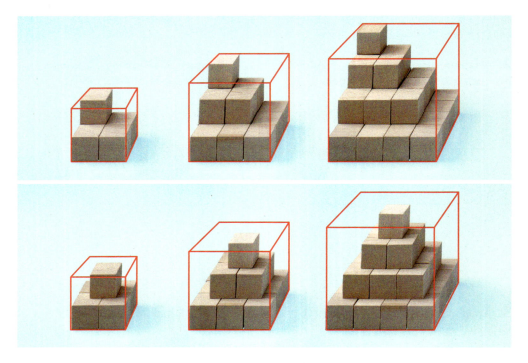

Vergleicht die Höhen, die Grundflächen, die Volumina und die Oberflächen der Würfelpyramiden. Findet Regelmäßigkeiten.

A	B	C	D	E
Kantenlänge	Anzahl der Würfel		des Umwürfels	Anzahl der Würfel der Pyramide / Anzahl der Würfel des Umwürfels
	der Grundfläche	der Pyramide		
2	4	5	8	0,625
3	9	14	27	0,519
4	16	30	64	0,469
5				
6				
7				
8				
9				
10				
…				
20				

- Setzt die Tabelle fort.
- Formuliert eine Regel für die neuen Werte.
- Wie verändert sich der Quotient in Spalte E mit zunehmender Kantenlänge?

- Welchen Bruchteil des Umwürfels nehmen die Würfelpyramiden wohl ein? Mit einem Tabellenkalkulationsprogramm lässt sich diese Frage leichter beantworten.

Stellt euch die gelben Körper mit jeweils möglichst großem Volumen im blauen Würfel vor:
- ein Prisma mit einem rechtwinkligen Dreieck als Grundfläche,
- einen Zylinder,
- eine Pyramide,
- einen Kegel,
- eine Kugel.

Fertigt jeweils eine Skizze an.

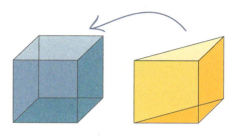

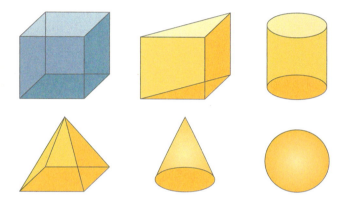

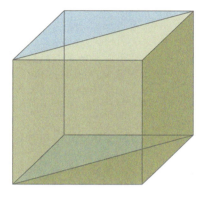

Die gelben Körper besitzen ein kleineres Volumen als der blaue Würfel. Schätzt, wie viel Prozent des Würfelvolumens es ausmacht.

Viel schwieriger ist es, die Oberfläche dieser fünf Körper mit der Würfeloberfläche zu vergleichen. Versucht es trotzdem.

Halb voll oder halb leer?
Halb hoch gefüllt gleich halbes Volumen?

In diesem Kapitel lernst du,

- welche Eigenschaften Pyramide, Kegel und Kugel besitzen,
- wie man sie skizziert,
- wie man die Oberfläche von Pyramide, Kegel und Kugel berechnet,
- wie man das Volumen von Pyramide, Kegel und Kugel berechnet.

Körper vergleichen

1 Schrägbild von Pyramide und Kegel

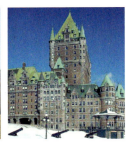

Ob historische oder moderne Bauwerke, Pyramiden und Kegel tauchen häufig in der Architektur auf.
→ Skizziere die abgebildeten Bauwerke frei Hand.
→ Nutze verschiedene Blickwinkel.
→ Vermaße anschließend die Skizzen.

Eine Pyramide und ein Kegel sind **Spitzkörper**. Ihre Spitze steht senkrecht über dem Mittelpunkt der Grundfläche. Die **Grundfläche** ist ein Vieleck, das den Pyramidentyp bestimmt, bzw. ein Kreis. Der **Mantel** wird aus Dreiecken bzw. einem Kreisausschnitt gebildet.

Beim **Schrägbild** einer Pyramide werden alle Strecken der Grundfläche, die senkrecht zur Zeichenebene verlaufen, unter einem Winkel von 45° und auf die Hälfte verkürzt gezeichnet. Alle zur Zeichenebene parallelen Strecken bleiben in Länge und Richtung unverändert. Beim Kegel wird die Grundfläche als Ellipse dargestellt.

Zur räumlichen Darstellung von einer Pyramide und einem Kegel werden **Schrägbilder** mit verzerrter Grundfläche gezeichnet.

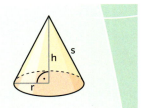

Bemerkungen

Pyramiden mit einem regelmäßigen Fünfeck, Sechseck usw. als Grundfläche bezeichnen wir kurz als Fünfecks-, Sechseckspyramiden usw.

Eine Pyramide mit einem unregelmäßigen Vieleck als Grundfläche heißt **unregelmäßige Pyramide** (z. B. Rechteckspyramide).
Ist die Spitze bei einer Pyramide bzw. einem Kegel seitlich verschoben, sprechen wir von einem **schiefen Spitzkörper**.

Beispiele

a) Bei einer Rechteckspyramide wird die Grundfläche im Winkel von 45° und dem Verkürzungsfaktor von $\frac{1}{2}$ konstruiert.

b) Zur Konstruktion einer regelmäßigen Dreieckspyramide werden Hilfslinien verwendet. Man nennt diese Pyramide einen **Tetraeder**.

$h = 5{,}0$ cm
$a = 6{,}0$ cm
$b = 4{,}0$ cm
$\frac{b}{2} = 2{,}0$ cm
$\alpha = 45°$

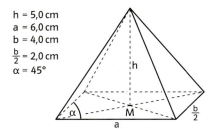

Hilfsskizze zur Ermittlung von h_a und **h**

$a = 6{,}0$ cm
$\alpha = 45°$

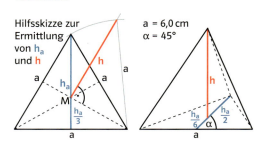

Aufgaben

1 Suche Pyramiden und Kegel in deiner Umgebung und präsentiere sie in der Klasse. Oft sind sie mit anderen Körpern zusammengesetzt.

2 Zeichne das Schräbild einer quadratischen Pyramide mit der Körperhöhe h = 6 cm und der Grundkantenlänge a.
a) a = 8 cm b) a = 6 cm
c) a = 5 cm d) a = 7,4 cm

3 Eine quadratische Pyramide mit der Grundkantenlänge a = 4 cm besitzt unterschiedliche Höhen. Zeichne und vergleiche die Pyramiden.
a) h = 10 cm b) h = 4 cm
c) h = 4,2 cm d) h = 1,8 cm

4 Daniel soll eine Rechteckspyramide mit a = h = 4 cm und b = 3 cm im Schrägbild zeichnen. Was hat er falsch gemacht?

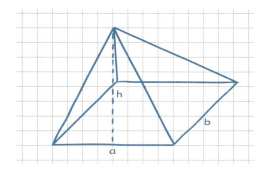

5 Zeichne das Schrägbild einer Rechteckspyramide mit a = 1,2 dm, b = 2 cm und h = 9,5 cm in zwei verschiedenen Varianten. Was fällt dir dabei auf?

6 a) Eine regelmäßige Dreieckspyramide aus Granit besitzt eine Grundkantenlänge und Höhe von 8 dm. Zeichne ihr Schrägbild.
b) Bei einer ähnlichen Pyramide sind alle Kanten 5 dm lang.

7 Zeichne den Kegel im Schrägbild.

r	3 cm	6 cm	4,8 cm	78 mm
h	4 cm	0,5 dm	6,7 cm	53 mm

8 Schneide einen Halbkreis aus einem Blatt Papier aus und fertige daraus einen Kegelmantel. Zeichne anschließend das Schrägbild des Kegels.

9 Wähle, zeichne und beschreibe.

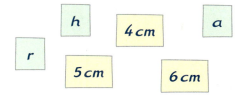

Aufs Dach gestiegen

Dächer von alten Kirchtürmen sind oft pyramidenförmig. Dabei kommen als Dachfläche neben quadratischen Pyramiden oft auch regelmäßige Vielecke als Grundfläche zur Anwendung. Doch wie konnten die Baumeister sie in ihren Bauplänen zeichnen?

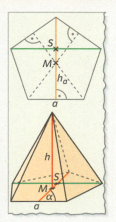

■ Beschreibe die Vorgehensweise der Schrägbildzeichnung anhand der beiden Beispiele. Nutze dafür alle bekannten Informationen über Schrägbilder. Welche Funktion haben die Hilfslinien?

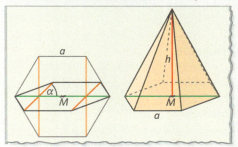

■ Zeichne auf gleiche Weise eine Fünfecks- und eine Sechseckspyramide mit a = 6 cm und h = 11 cm.

■ Die Kirchengemeinde benötigt einen neuen Plan des alten, achteckigen Kirchturmdachs. Überlege und skizziere. Wie konstruiert man das Schrägbild einer Achteckspyramide?

2 Pyramide. Oberfläche

→ Welche der Figuren sind Pyramidennetze?
→ Welche Pyramiden entstehen?
→ Stelle eigene solcher Pyramidennetze her. Beschreibe dein Vorgehen. Was musst du beachten?

Eine Pyramide wird von einem Vieleck als **Grundfläche** und einem Mantel begrenzt. Die **Mantelfläche** besteht aus so vielen Dreiecken, wie die Grundfläche Seiten bzw. Ecken hat. Ist das Vieleck der Grundfläche regelmäßig, dann sind alle Manteldreiecke kongruent und gleichschenklig. Grundfläche und Mantel bilden zusammen das **Pyramidennetz**.

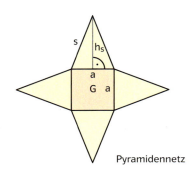

Pyramidennetz

Die **Oberfläche O** der Pyramide setzt sich aus den Flächeninhalten der **Grundfläche G** und der **Mantelfläche M** zusammen.
Für die Mantelfläche der quadratischen Pyramide gilt:

$M = 4 \cdot A_\triangle$ also $M = 4 \cdot \frac{a \cdot h_s}{2}$
$M = 2 \cdot a \cdot h_s$

Für die Oberfläche gilt:
$O = G + M$ $\qquad O = a^2 + 2 \cdot a \cdot h_s$

Die **Oberfläche einer Pyramide** ist die Summe der Flächeninhalte von Grund- und Mantelfläche.
$O = G + M$

Bemerkung
Bei Berechnungen an Pyramiden benötigt man häufig **Hilfsdreiecke**. Hierbei muss man die Pyramidenhöhe h und die Höhe eines Manteldreiecks h_s unterscheiden.

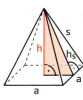

Parallelschnitt

Beispiele
a) Aus der Länge der Grundkante a = 5,0 cm und der Pyramidenhöhe h = 6,0 cm wird die Oberfläche der quadratischen Pyramide berechnet.
$O = a^2 + 2\,a\,h_s$
Satz des Pythagoras: $h_s^2 = h^2 + \left(\frac{a}{2}\right)^2$
$h_s = \sqrt{6{,}0^2 + 2{,}5^2}$
$h_s = 6{,}50\,\text{cm}$

$O = 5^2 + 2 \cdot 5{,}0 \cdot 6{,}50$
$O = 90{,}0\,\text{cm}^2$

b) Aus der Oberfläche O = 138,0 cm² und der Höhe des Manteldreiecks h_s = 8,5 cm wird die Grundkante a einer quadratischen Pyramide berechnet.
$O = a^2 + 2\,a\,h_s$
$138{,}0 = a^2 + 2a \cdot 8{,}5$
Gemischt quadratische Gleichung:
$a^2 + 17{,}0\,a - 138{,}0 = 0$
$a_{1,2} = -8{,}5 \pm \sqrt{8{,}5^2 + 138{,}0}$
$a_1 = 6{,}0\,\text{cm} \qquad a_2 = -23{,}0\,\text{cm}$
Das negative Ergebnis ist geometrisch nicht sinnvoll.
Die Länge der Grundkante beträgt 6,0 cm.

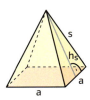

c) Das Dreieck zeigt eine Seitenfläche einer regelmäßigen Sechseckspyramide. Aus der Länge der Grundkante $a = 6{,}0\,cm$ und der Seitenkante $s = 9{,}0\,cm$ wird die Oberfläche der Pyramide berechnet.

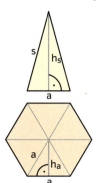

Grundfläche

Berechnung von h_s:
$h_s^2 = s^2 - \left(\frac{a}{2}\right)^2$
$h_s = \sqrt{s^2 - \left(\frac{a}{2}\right)^2}$
$h_s = \sqrt{9{,}0^2 - 3{,}0^2}$
$h_s = 8{,}5\,cm$

Berechnung von h_a:
$h_a^2 = a^2 - \left(\frac{a}{2}\right)^2$
$h_a = \sqrt{a^2 - \left(\frac{a}{2}\right)^2}$
$h_a = \sqrt{6{,}0^2 - 3{,}0^2}$
$h_a = 5{,}2\,cm$

Berechnung von M:
$M = 6 \cdot \frac{a \cdot h_s}{2}$
$M = 6 \cdot \frac{6{,}0 \cdot 8{,}5}{2}$
$M = 153{,}0\,cm^2$

Berechnung von G:
$G = 6 \cdot \frac{a \cdot h_a}{2}$
$G = 6 \cdot \frac{6{,}0 \cdot 5{,}2}{2}$
$G = 93{,}6\,cm^2$

Berechnung von O:
$O = G + M$
$O = 246{,}6\,cm^2$

Aufgaben

1 Berechne die Oberfläche einer quadratischen Pyramide mit
a) $a = 4\,cm$ und $h_s = 7\,cm$
b) $a = 5\,dm$ und $h_s = 8{,}5\,dm$
c) $a = 3{,}5\,m$ und $h_s = 42\,dm$.

2 Für Berechnungen an quadratischen Pyramiden benötigt man oft rechtwinklige Hilfsdreiecke.

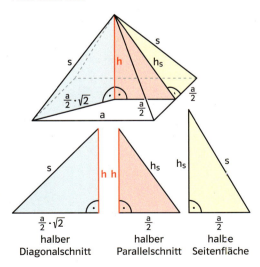

halber Diagonalschnitt — halber Parallelschnitt — halbe Seitenfläche

a) Fertige das Modell einer quadratischen Pyramide an. Bestimme alle Hilfsdreiecke.
b) Kannst du die Dreiecke ausmessen?

3 Berechne die fehlenden Größen der quadratischen Pyramide. (Maße in cm)

	a	s	h	h_s	M	O
a)	7			9		
b)	5,9			8,4		
c)	7,8	9,5				
d)	6,2		8,5			
e)			1,1	1,3		

4 Gegeben ist eine quadratische Pyramide.
a) Berechne a, h und s aus $M = 75{,}8\,cm^2$ und $h_s = 9{,}2\,cm$.
b) Berechne h_s, h und s aus $O = 456{,}5\,cm^2$ und $a = 9{,}8\,cm$.
c) Berechne a, h_s und s aus $M = 233{,}5\,cm^2$ und $O = 333{,}5\,cm^2$.

5 a) Die Seitenflächen einer quadratischen Pyramide sind gleichseitige Dreiecke mit der Seitenlänge 7,5 cm. Berechne O und skizziere die Pyramide.
b) Die Parallelschnittfläche einer quadratischen Pyramide ist ein rechtwinklig gleichschenkliges Dreieck mit der Kathetenlänge 12,8 cm. Wie groß ist die Oberfläche der Pyramide?

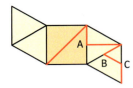

6 Vier gleichseitige Dreiecke bilden den Mantel einer quadratischen Pyramide mit der Kantenlänge 10 cm.
a) Berechne die Länge des eingezeichneten Streckenzuges. A, B, C sind Kantenmitten.
b) Zeichne das Schrägbild der Pyramide und trage den Streckenzug ein.

7 Wie groß ist die Mantelfläche und die Oberfläche der Pyramide?

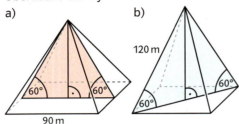

a) b)

8 Berechne die fehlenden Größen der Sechseckspyramide. (Maße in cm)

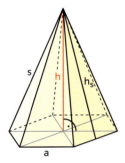

	a	s	h	h_s	M	O
a)	8			12		
b)	6,5		7,5			
c)	23,4	36,2				
d)			70	75		
e)		28,4		25,2		

9 a) Berechne die Oberfläche eines Tetraeders (vier Seitenflächen aus gleichseitigen Dreiecken). Die Kantenlänge beträgt 4,5 cm.
b) Zeichne das Netz des Tetraeders.

10 Die Transamerica Pyramid in der Form einer quadratischen Pyramide ist der größte und auffälligste Wolkenkratzer der Skyline von San Francisco.
Sie ist 260 m hoch und beherbergt 48 Stockwerke mit Verkaufs- und Büroräumen. Die 64,5 m hohe Spitze bleibt unbenutzt. Die Seiten entlang der Straße sind ca. 46 m lang.
a) Wie groß ist die Außenfläche der Pyramide ungefähr?
b) Wie hoch ist jedes Stockwerk im Durchschnitt?

11 Im Innenhof des Pariser Louvre, dem größten Museum der Welt, hat der Architekt Ieoh Ming Pei von 1985 bis 1989 eine nach unten offene quadratische Glaspyramide erbaut, die heute als Haupteingang dient. Ihre Grundkanten sind 35 m lang und die Höhe der Pyramide beträgt 21,65 m. Die Pyramide besteht aus 602 rautenförmigen Glassegmenten und 69 halb so großen Dreiecken.

12 Der 256,5 m hohe Messeturm in Frankfurt besitzt eine quadratische pyramidenförmige Spitze, die 34 m hoch und an der Grundkante 25 m breit ist. Alle Seitenkanten der Pyramide sind nachts mit Leuchtstoffröhren beleuchtet.

13 Im Kloster Derneburg in Niedersachsen hat sich Graf Ernst zu Münster 1839 eine Nachahmung einer ägyptischen Pyramide als Grabmal bauen lassen. Die Seitenkanten sind 15,5 m lang und die Gesamthöhe des Mausoleums beträgt 11 m. Die Außenfläche soll restauriert werden.

14 Stelle Formeln für Mantel und Oberfläche der quadratischen Pyramide in Abhängigkeit von e auf.
a) $a = 5e$ und $h_s = 8e$
b) $G = 100e^2$ und $h_s = 15e$
c) Seitenfläche (s. Abb.)

3 Pyramide. Volumen

Eine Pyramide wird in Quader mit verschiedenen Höhen gestellt.
Alle Körper haben die gleiche Grundfläche.
→ Welcher Quader hat das gleiche Volumen wie die Pyramide? Schätze und begründe.
→ Was meinst du: Das wievielfache Volumen besitzt der größte Quader bezogen auf das Pyramidenvolumen?

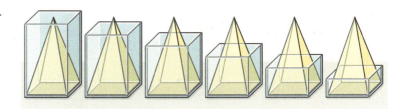

Ein Würfel hat die Kantenlänge a. Er wird in sechs volumengleiche quadratische Pyramiden geteilt.
Das Volumen einer solchen Pyramide ist also gleich dem sechsten Teil des Würfelvolumens.
$V_P = \frac{1}{6} \cdot V_W = \frac{1}{6} \cdot a^3$

Zum Vergleich betrachten wir ein Quadratprisma mit der Grundkantenlänge a und der halben Körperhöhe $h = \frac{a}{2}$.
Es besitzt das halbe Würfelvolumen.
$V_Q = a^2 \cdot \frac{a}{2} = \frac{1}{2} \cdot a^3$

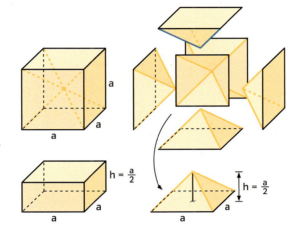

Das Volumen einer Pyramide mit der Grundkantenlänge a und der halb so großen Höhe $h = \frac{a}{2}$ beträgt also ein Drittel des Quadervolumens.
$V_P = \frac{1}{6} \cdot V_W = \frac{1}{6} \cdot 2 \cdot V_Q = \frac{1}{3} \cdot V_Q = \frac{1}{3} \cdot a^2 \cdot \frac{a}{2} = \frac{1}{3} \cdot G \cdot h$

> Für das **Volumen einer Pyramide** mit der Grundfläche G und der Pyramidenhöhe h gilt:
>
> $V = \frac{1}{3} G h$

Bemerkung
Auch für Pyramiden mit anderen Grundflächen ist das Volumen ein Drittel des entsprechenden Prismenvolumens.

Beispiele
a) Bei einer quadratischen Pyramide wird aus der Länge der Grundkante a = 8,0 cm und der Pyramidenhöhe h = 12,0 cm das Volumen berechnet.
$V = \frac{1}{3} G h = \frac{1}{3} a^2 h$
$V = \frac{1}{3} \cdot 8{,}0^2 \cdot 12{,}0$
$V = 256{,}0 \text{ cm}^3$

b) Bei einer quadratischen Pyramide wird aus dem Volumen V = 180,0 cm³ und der Pyramidenhöhe h = 15,0 cm die Länge der Grundkante berechnet.
$V = \frac{1}{3} G h = \frac{1}{3} a^2 h$
$a = \sqrt{\frac{3V}{h}} = \sqrt{\frac{3 \cdot 180{,}0}{15{,}0}} = \sqrt{36{,}0}$
$a = 6{,}0 \text{ cm}$

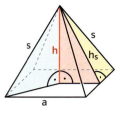

Aufgaben

1 Berechne die fehlenden Größen der quadratischen Pyramide.
(Maße in cm/cm²/cm³)

	a	s	h	h_s	G	V
a)	15		24			
b)		32,4		155,8		
c)	9,2		17,5			
d)			7,8	9,4		
e)	8,5	9,5				
f)		92,2	62,5			
g)	9,5					882,4
h)			15,8			580

2 Von der abgebildeten quadratischen Pyramide sind die Strecken $\overline{AF}$ = 7,2 cm und $\overline{BF}$ = 2,4 cm bekannt.
Der Punkt F teilt die Seitenkante $\overline{BE}$ im Verhältnis 4:1.
Berechne das Volumen der Pyramide.

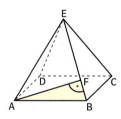

3 Berechne das Volumen der quadratischen Pyramide.
a) M = 135,8 cm² a = 9,5 cm
b) M = 420,4 m² h_s = 12,5 m
c) O = 885 cm²   a = 15 cm
d) O = 235,4 cm² a = 8,2 cm

4 Berechne jeweils Volumen und Oberfläche der quadratischen Pyramide.
a) Ein gleichseitiges Dreieck mit der Seitenlänge 7,5 cm ist Parallelschnittfläche.
b) Ein rechtwinklig gleichschenkliges Dreieck mit der Hypotenusenlänge 12,4 cm ist Diagonalschnittfläche.
c) Ein gleichschenkliges Dreieck mit der Schenkellänge 17,8 cm und der Basislänge 9,2 cm ist Seitenfläche.

5 Alle acht Kanten einer quadratischen Pyramide sind 10 cm lang.
a) Welche Kantenlänge hat ein volumengleicher Würfel?
b) Um wie viel Prozent unterscheiden sich die Oberflächen von Pyramide und Würfel?

Pyramiden im alten Ägypten

Djoser-Stufenpyramide

Cheopspyramide

Vor über 4700 Jahren erschufen die Ägypter erste monumentale quadratische Pyramiden aus Stein. Die älteste Pyramide ist die **Djoser-Stufenpyramide**, die der Pharao um 2680 v. Chr. vom berühmten Architekten Imhotep erbauen ließ. Die Pyramide umfasst sechs große Stufen, deren oberste ursprünglich 20 m breit war. Diese „Treppe zum Himmel" besaß eine Höhe von 62,5 m. Das Verhältnis von Höhe zu Länge betrug 28:25.
Um 2650 v. Chr. erbaute Pharao Snofru eine Pyramide mit einem Böschungswinkel von 54,3°. Aufgrund des zu weichen und abrutschgefährdeten Kalkgesteins verringerten die Bauherren damals bei einer Höhe von rund 49 m und dortigen Kantenlängen von 118,2 m den Winkel auf 43,5°. Diese **Knickpyramide** wurde danach statt 129 m nur 105 m hoch und besaß eine Basislänge von 188,6 m.
Derselbe Pharao ließ auch die **Rote Pyramide** um 2630 v. Chr. aus rotem Kalkstein bauen, die mit einer Höhe von 109,5 m die dritthöchste ägyptische Pyramide ist. Ihre Basislänge betrug 220 m und der relativ flache Neigungswinkel 43,3°.
Die bekanntesten und größten ägyptischen Pyramiden sind die **Cheopspyramide** (um 2580 v. Chr.) und die **Chephrenpyramide** (um 2550 v. Chr.) in Gizeh. Erstere hatte eine Grundkantenlänge von 230,3 m und eine ursprüngliche Höhe von 146,6 m. Die Maße für letztere Pyramide betrugen 215 m und 143,5 m. Bei beiden gilt das so genannte **Cheops-Maß** von 28:22. Jüngere Pyramiden waren viel kleiner und wurden nur bis zur vermutlich bautechnischen Steigungsgrenze von 28:20 realisiert. Die **Pyramide von Pharao Pepi II** (um 2200 v. Chr.) war beispielsweise 52,5 m hoch und besaß eine Basislänge von 78,75 m.

- Ermittelt das ungefähre Volumen und die Mantelfläche, den Neigungswinkel und das Steigungsverhältnis der Pyramiden. Teilt euch die Arbeit auf.
- Zeichnet das Schrägbild.
- Präsentiert eure Ergebnisse und vergleicht die Werte im Plenum.

6 Berechne das Volumen der regelmäßigen Sechseckspyramide.

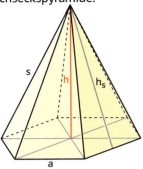

a) a = 15 cm
   h = 25 cm
b) a = 7,9 cm
   s = 12,6 cm
c) h = 39,5 cm
   s = 46,7 cm
d) a = 5,5 cm
   h_s = 9,2 cm

7 Berechne die Höhe h bzw. die Grundkante a der gleichseitigen Dreieckspyramide.

a) V = 1050 cm³
   a = 9 cm
b) V = 3 dm³
   h = 18 cm

8 Die Abbildung zeigt die Diagonalschnittfläche einer regelmäßigen Sechseckspyramide. Berechne das Volumen der Pyramide mithilfe einer Zeichnung.

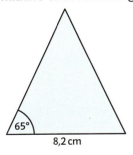

9 Das Volumen und die Oberfläche der quadratischen Pyramiden sollen in Abhängigkeit von e ausgedrückt werden.

a)   b)

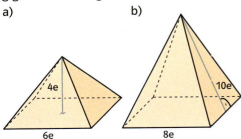

Gut abgeschnitten

Eine quadratische Pyramide wird in halber Höhe parallel zur Grundfläche abgeschnitten. Oben entsteht eine neue Pyramide, unten ein **Pyramidenstumpf**.

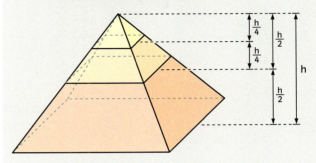

- In welchem Verhältnis steht das neue Pyramidenvolumen zum alten Volumen?
- Wie entwickelt sich das Pyramidenvolumen, wenn man die Höhen weiter halbiert? Erstelle eine Tabelle und entwickle daraus eine passende Formel.
- Überlege: Kann man die neu entstandenen Pyramiden mehrfach ineinander stellen?
- Was passiert beim Dritteln bzw. Vierteln der Pyramidenhöhen?
- Erstelle gleiche Überlegungen zu den abgeschnittenen Pyramidenstümpfen.

10 Ein quadratisches Pyramidendach einer Stadtvilla ist 3,6 m hoch und hat eine Traufenlänge von 8,2 m. Überlege: Wie viel Platz ist etwa im Dachstuhl?

11 Nachdem Napoleon 1798 die größte ägyptische Pyramide, die *Cheopspyramide* in Gizeh (a = 230,3 m, h = 146,6 m), gesehen hatte, behauptete er, dass man aus den Steinen dieser Pyramide eine Mauer um ganz Frankreich errichten könne.
a) Wie breit und wie hoch wäre eine solche Mauer gewesen? Die Grenzlinie um Frankreich ist etwa 3800 km lang.
b) Wie groß wäre die Mauer geworden, wenn man auch noch die *Chephrenpyramide* (a = 215 m, h = 143,5 m) als „Steinlieferantin" abgetragen hätte?

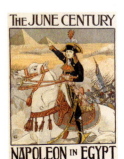

4 Kegel. Oberfläche

Schneide Papierkreise mit einem Radius von 10 cm vom Rand bis zum Mittelpunkt geradlinig ein. Stelle daraus offene Kegel wie abgebildet her.
Markiere mit einem Farbstift die Grenze der Überlappung.
→ Wie verändern sich die Kegelmäntel? Beschreibe.

Ein Kegel wird von einem Kreis als **Grundfläche** und einem Mantel begrenzt. Wird die **Mantelfläche** des Kegels in die Ebene ausgerollt, erhält man einen Kreisausschnitt. Beides zusammen ergibt das **Kegelnetz**.

Zur Erinnerung:
$A_S = \frac{b \cdot r}{2}$

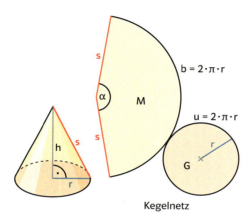

Kegelnetz

Für die **Grundfläche G** gilt:
$G = \pi \cdot r^2$
Die **Mantellinie s** ist der Radius des Kegelmantels. Seine **Bogenlänge b** ist gleich dem Umfang des Grundkreises.
$b = 2 \cdot \pi \cdot r$
Somit erhält man für den Flächeninhalt der **Mantelfläche M**:
$M = \frac{b \cdot s}{2}$
$M = \frac{2 \cdot \pi \cdot r \cdot s}{2}$
$M = \pi \cdot r \cdot s$

Die **Oberfläche O** des Kegels setzt sich aus der Grundkreisfläche und der Mantelfläche zusammen. Also ergibt sich: $O = G + M$ bzw. $O = \pi \cdot r^2 + \pi \cdot r \cdot s$

Die **Oberfläche eines Kegels** ist die Summe der Flächeninhalte von Grund- und Mantelfläche.
$O = \pi \cdot r^2 + \pi \cdot r \cdot s$

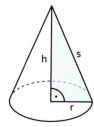

Beispiele

a) Aus dem Radius des Grundkreises $r = 5{,}4$ cm und der Kegelhöhe $h = 7{,}2$ cm wird die Mantellinie s und die Oberfläche O berechnet.
$O = \pi r^2 + \pi r s$
Satz des Pythagoras: $s^2 = h^2 + r^2$
$s = \sqrt{7{,}2^2 + 5{,}4^2}$
$s = 9{,}0$ cm
$O = \pi \cdot 5{,}4^2 + \pi \cdot 5{,}4 \cdot 9{,}0$
$O = 244{,}3$ cm²

b) Aus der Oberfläche $O = 1388{,}6$ cm² und dem Grundkreisradius $r = 13{,}0$ cm wird die Mantellinie s eines Kegels berechnet.
$O = \pi r^2 + \pi r s$
$O - \pi r^2 = \pi r s$
$s = \frac{O - \pi r^2}{\pi r}$
$s = \frac{1388{,}6 - \pi \cdot 13{,}0^2}{\pi \cdot 13{,}0}$
$s = 21{,}0$ cm

Aufgaben

1 Berechne die Oberfläche des Kegels. Skizziere und beschreibe ihn.
a) r = 3 cm
   s = 7 cm
b) r = 2,6 m
   s = 3,7 m
c) d = 0,4 cm
   s = 8 mm
d) r = 5 dm
   h = 2 dm

2 Berechne die fehlenden Größen des Kegels. (Maße in cm/cm²)

	r	s	h	M	O
a)	5	8			
b)	3,6	6,5			
c)	6		8		
d)		29	21		
e)	6				227

3 a) Stelle drei Kegel her. Der Mantel soll ein Viertelkreis, ein Halbkreis bzw. ein Dreiviertelkreis mit einem Radius von jeweils 10 cm sein. Bestimme die Radien der Grundkreise durch Messung.
b) Der Mittelpunktswinkel des Kegelmantels verhält sich zu 360° wie die Mantelfläche zur Fläche des gesamten Kreises.

$$\frac{\alpha}{360°} = \frac{\pi \cdot r \cdot s}{\pi \cdot s^2} \quad \text{also} \quad \frac{\alpha}{360°} = \frac{r}{s}$$

Mit dieser Gleichung kannst du deine Messergebnisse bestätigen.

4 Berechne die Mantel- und Oberfläche der Kegel (Maße in cm). Was fällt dir auf?

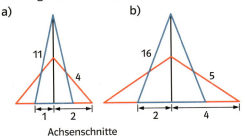

Achsenschnitte

5 Der Mantel eines Kegels ist ein Kreisausschnitt mit r = 5 cm und α = 240°. Mit welchem Faktor muss man den Radius des Kreisausschnitts vergrößern, damit ein Kegelmantel mit doppeltem Flächeninhalt entsteht? Stelle beide Kegel her.

6 Ein mittelalterlicher Wachturm hat einen Mauerumfang von 23,7 m. Sein Dach ist 7,2 m hoch und steht seitlich 30 cm über. Wie viele Schieferplatten werden für die Renovierung der Abdeckung benötigt, wenn man für 1 m² etwa 40 Platten braucht?

7 Um wie viel Prozent unterscheiden sich die Oberflächen der beiden Holzkörper?

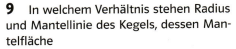

8 Für die Ausstellung „Blaues Gold" installierte der Architekt Ian Ritchie 2001 einen 50 m hohen *Wasserkegel* aus Segeltuch in die Mitte des Oberhauser Gasometers. Das von innen beleuchtete Kunstobjekt besaß einen Durchmesser von 20 m.
a) Wie groß waren die Mantelfläche und der Umfang des *Wasserkegels*?
b) Wie viel Stoff wurde benötigt, wenn man 3 % Fläche zum Verkleben der einzelnen Stoffbahnen berechnet?

9 In welchem Verhältnis stehen Radius und Mantellinie des Kegels, dessen Mantelfläche
a) doppelt so groß wie die Grundkreisfläche ist?
b) gleich der Grundkreisfläche ist?

10 Kegelförmige Eistüten haben am oberen Rand einen Durchmesser von 4 cm und sind 12 cm hoch. Wie viel Papier benötigt man für die Verpackung von 100 Eistüten mindestens?

11 Gegeben ist der Achsenschnitt eines Kegels. Gib M und O abhängig von e an.

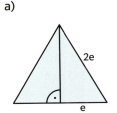 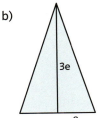

Wie oft dreht sich der Kegel um seine Achse, bis er wieder in seine Ausgangslage zurückkehrt?

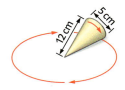

5 Kegel. Volumen

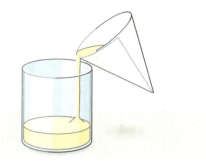

Nimm ein zylindrisches Glas und stelle einen Papierkegel mit gleichem Radius und gleicher Körperhöhe her. Fülle den Kegel vollständig mit Sand.
→ Schütte den Sand aus dem Kegel ins Glas. Was stellst du reicht?
→ Wie oft kannst du den Versuch wiederholen, bis auch im Glas der Sand bis zum oberen Rand steht?
Schätze zunächst.

Die Abbildung zeigt eine Reihe von Pyramiden mit regelmäßigen Vielecken als Grundflächen. Für das Volumen der Pyramiden gilt jeweils: $V = \frac{1}{3} \cdot G \cdot h$.

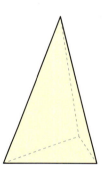 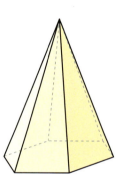 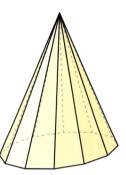 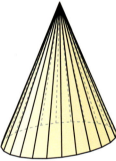

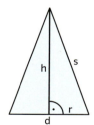

Mit zunehmender Eckenzahl der Grundfläche kommen die Pyramiden einem Kegel immer näher. Der Kegel kann also als Grenzfall einer Pyramide angesehen werden.
Tatsächlich kann das Volumen eines Kegels nach dem gleichen Prinzip wie das Volumen einer Pyramide berechnet werden:

$$V = \frac{1}{3} \cdot G \cdot h$$
$$V = \frac{1}{3} \cdot \pi \cdot r^2 \cdot h$$

Für das **Volumen eines Kegels** mit dem Grundkreisradius r und der Kegelhöhe h gilt:
$$V = \frac{1}{3} \pi r^2 h$$

Beispiele

a) Aus dem Radius r = 4,0 cm und der Mantellinie s = 8,6 cm wird das Volumen V berechnet.

$h^2 = s^2 - r^2$ $\quad V = \frac{1}{3} \pi r^2 h$
$h = \sqrt{s^2 - r^2}$ $\quad V = \frac{1}{3} \cdot \pi \cdot 4{,}0^2 \cdot 7{,}6$
$h = \sqrt{8{,}6^2 - 4{,}0^2}$ $\quad V = 127{,}3 \text{ cm}^3$
$ = 7{,}6 \text{ cm}$

b) Aus dem Volumen V = 148,0 cm³ und der Kegelhöhe h = 13,8 cm wird der Radius r des Grundkreises berechnet.

$V = \frac{1}{3} \pi r^2 h$ $\quad r = \sqrt{\frac{3V}{\pi h}}$

$\phantom{V = \frac{1}{3} \pi r^2 h} \quad r = \sqrt{\frac{3 \cdot 148{,}0}{\pi \cdot 13{,}8}}$

$\phantom{V = \frac{1}{3} \pi r^2 h} \quad r = 3{,}2 \text{ cm}$

Aufgaben

1 Berechne die fehlenden Größen des Kegels. (Maße in cm/cm²/cm³)

	r	h	s	O	V
a)	3	8			
b)	4,5	11,0			
c)	2,0				22,0
d)		8,0			253,4
e)	5		13		
f)		35	37		
g)	5			200	

2 Das Volumen eines Kegels beträgt 89,8 cm³ und seine Höhe 7,0 cm. Berechne die Oberfläche des Kegels.

3 Ein Zylinder und ein Kegel besitzen das gleiche Volumen. Der Zylinder hat einen Radius von 3,4 cm und eine Höhe von 12,6 cm. Der Kegel ist nur halb so hoch wie der Zylinder.
Berechne den Radius und die Mantelfläche des Kegels.

4 Der Umfang des Grundkreises eines Kegels beträgt 18,8 cm. Seine Mantellinie ist 8,5 cm lang. Aus dem Kegel wurde ein Stück herausgeschnitten. Berechne Volumen und Oberfläche des Restkörpers.

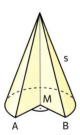

5 Gegeben ist der Achsenschnitt eines Kegels. Berechne V und O in Abhängigkeit von e.
a) 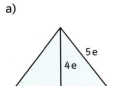   b)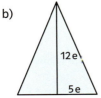

6 Der schwerste Baum der Erde ist ein Mammutbaum in einem kalifornischen Nationalpark. Er hat eine Höhe von 83,8 m und in Bodennähe einen Umfang von 24,4 m. Die Dichte des Holzes beträgt etwa 300 $\frac{kg}{m^3}$. Berechne die Masse des Stammes. Warum ist zu erwarten, dass die tatsächliche Masse von deinem Ergebnis erheblich abweicht?

7 Im *Neanderthal-Museum* in Mettmann rieselt an einem Objekt feiner Sand auf einen Sandkegel mit begrenzten 80 cm Durchmesser. Jedes Sandkorn symbolisiert dabei ein vergangenes Jahr auf der Erde. Der Schüttwinkel für feinen Sand beträgt 30°. Wie viel Sand passt maximal auf die Stahlplatte?

8 Auf dem Basar in Marakesch werden viele Gewürze in Kegelform angeboten.

An einem Stand werden die Gewürze in zylindrische Dosen gefüllt, die einen Radius von 2 cm und eine Höhe von 8,5 cm besitzen.

9 In ehemaligen Vulkangebieten bilden sich durch Erosion unterhalb von aufliegenden Gesteinsbrocken oft kegelförmige „Erdpfeiler". Ein Pfeiler bei Bozen in Südtirol ist 5,60 m hoch und besitzt eine Mantellinie von 5,66 m. Berechne die ungefähre Mantelfläche und das Volumen.

10 Im türkischen Kappadokien gibt es Vulkankegel aus Tuffstein, die man früher u. a. für Wohnräume und Kirchen ausgehöhlt hat. Wie groß könnte ein Raum in einem Kegel mit einer Höhe von 9 m und einem Bodenumfang von 30 m werden? Berechne verschiedene Raumformen (Wandstärke 30 cm).

Der Neanderthaler – ob er schon rechnen konnte?

Kegel. Volumen

6 Kugel. Volumen

Der Durchmesser der Kugel stimmt mit der Kantenlänge des Würfels überein.
→ Tauche die Kugel in den vollständig mit Wasser gefüllten Würfel.
→ Schätze, welcher Bruchteil des Wassers, also des Würfelvolumens, durch die Kugel verdrängt wird.
→ Mit deinem Ergebnis kannst du eine Näherungsformel für das Kugelvolumen finden.

Die Höhe des Zylinders ist gleich dem Durchmesser seines Grundkreises. Für sein Volumen gilt:

$V_Z = \pi \cdot r^2 \cdot h$ mit $h = 2 \cdot r$
$V_Z = \pi \cdot r^2 \cdot 2 \cdot r$
$V_Z = 2 \cdot \pi \cdot r^3$

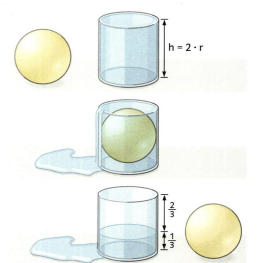

Wird eine Kugel mit gleichem Durchmesser in den Zylinder getaucht, verdrängt sie etwa zwei Drittel der Wassermenge, also des Zylindervolumens. Man kann beweisen, dass dieses Ergebnis exakt gilt.
Damit ergibt sich für das Volumen einer Kugel die Gleichung:

$V_K = \frac{2}{3} \cdot 2 \cdot \pi \cdot r^3$

$V_K = \frac{4}{3} \cdot \pi \cdot r^3$

Für das **Volumen einer Kugel** mit dem Radius r gilt: $V = \frac{4}{3}\pi r^3$

Beispiele

a) Aus dem Radius $r = 5{,}0$ cm wird das Volumen V einer Kugel berechnet.

$V = \frac{4}{3}\pi r^3$

$V = \frac{4}{3} \cdot \pi \cdot 5{,}0^3$

$V = 523{,}6 \text{ cm}^3$

b) Aus dem Volumen $V = 2000{,}0 \text{ cm}^3$ wird der Radius r einer Kugel berechnet.

$V = \frac{4}{3}\pi r^3$ $r = \sqrt[3]{\frac{3V}{4\pi}}$

$r = \sqrt[3]{\frac{3 \cdot 2000{,}0}{4 \cdot \pi}}$

$r = 7{,}8$ cm

Aufgaben

1 Berechne das Volumen der Kugel.
a) r = 9 cm   b) r = 14,2 m
c) d = 17 dm   d) d = 1,8 m

2 Wie groß ist der Kugelradius?
a) V = 500 cm³   b) V = 3725 mm³
c) V = 8,5 dm³   d) V = 36 cm³

3 Angebot im Internet:

a) 1 cm³ Glas wiegt 3,2 g.
b) Wie groß muss der Murmelbeutel mindestens sein? Skizziere deine Lösung.

4 Friedrich Fröbel (1782–1852), einer der Begründer unserer heutigen Kindergärten, entwickelte eine Spielgabe aus Kugel, Walze und Würfel. 1 cm³ Holz wiegt etwa 0,68 g.

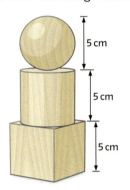

5 Kannst du eine Styroporkugel anheben, die gerade so durch die Tür deines Klassenzimmers passt? 1 cm³ Styropor wiegt ca. 0,1 g.

6 Bei allen drei Gläsern entspricht der Radius der maximalen Füllhöhe.

a) Wie oft passt der Inhalt des mittleren Glases in die beiden äußeren Gläser?
b) Welche beiden Gläser haben zusammen das gleiche Volumen wie das dritte Glas?

7 Das Ausdehnungsgefäß einer Heizungsanlage ist kugelförmig. Es fasst 50 dm³. Wie groß ist sein Innendurchmesser?

8 Seit 1889 bildet das *Urkilogramm* den weltweiten Referenzwert für die Maßeinheit Kilogramm. Es besteht aus einem 39 mm hohen Zylinder aus einer Platin-Iridium-Legierung mit gleichem Durchmesser. 2008 fertigten Wissenschaftler Siliziumkugeln an, die eventuell einmal als neues Urkilogramm verwendet werden. Die Siliziumkugeln haben einen Durchmesser von 10 cm. Wie groß wären Zylinder bzw. Kugel, wenn sie jeweils aus dem anderen Material wären?

9 Eine halbkugelförmige Müslischüssel hat einen Innendurchmesser von 18 cm. Fasst sie einen Liter?

10 Kleine Eisenkugeln mit einem Radius von 0,5 cm sollen zu einer einzigen Kugel mit dem Radius von 5,0 cm verschmolzen werden. Wie viele braucht man?

11

„Es war einmal ein König, der hatte vier Töchter. Seine jüngste Tochter war wunderschön und spielte eines Tages am Brunnen mit ihrer goldenen Kugel…"
(Auszug aus dem Märchen „Der Froschkönig")

a) Kann die Kugel aus massivem Gold gewesen sein? Entnimm die Maße aus der Zeichnung. 1 cm³ Gold wiegt 19,3 g.
b) War sie hohl? Wie dick war dann die Kugelwand etwa?

12 Vier gleich große Kugeln mit dem Radius r liegen so auf einer Tischplatte, dass ihre Mittelpunkte ein Quadrat bilden und benachbarte Kugeln sich berühren. Eine fünfte Kugel soll nun dazwischen gelegt werden. Wie groß darf das Volumen dieser Kugel höchstens sein? Eine Skizze hilft.

? *Fa. Mayer & Co. verschickt 1 Million Stahlkugeln für Kugellager mit einem Durchmesser von 1 mm. Welches Transportmittel würdest du wählen, wenn 1 cm³ Stahl 7,8 g wiegt?*
☐ *LKW*
☐ *Auto*
☐ *Fahrrad*
☐ *Brieftaube*

Kugel. Volumen

7 Kugel. Oberfläche

Schäle einen Apfel und lege die Schalenstücke wie abgebildet aus.
→ Welche Erkenntnis gewinnst du aus der Abbildung?
→ Entwickle daraus eine Formel zur Berechnung der Kugeloberfläche.
→ Wieso funktioniert diese Formel nicht bei Kiwis?

Kugeln haben eine gekrümmte Oberfläche, die man nicht in die Ebene abwickeln kann.

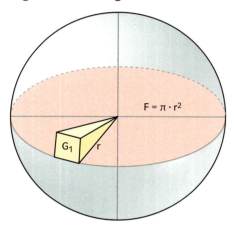

Man denkt sich die Kugel in kleine Pyramiden zerlegt, deren Spitzen sich im Kugelmittelpunkt befinden. Die Grundflächen dieser Pyramiden bilden bei einer sehr feinen Unterteilung näherungsweise die Kugeloberfläche, die Pyramidenhöhen sind annähernd gleich dem Kugelradius.

Für das Kugelvolumen gilt somit:

$V_K = V_{P_1} + V_{P_2} + \ldots + V_{P_n}$

$V_K = \frac{1}{3} \cdot G_1 \cdot r + \frac{1}{3} \cdot G_2 \cdot r + \ldots + \frac{1}{3} \cdot G_n \cdot r$

$V_K = \frac{1}{3} \cdot (G_1 + G_2 + \ldots + G_n) \cdot r$

$V_K = \frac{1}{3} \cdot O_K \cdot r$

Mit $V_K = \frac{4}{3} \cdot \pi \cdot r^3$ erhält man: $\frac{4}{3} \cdot \pi \cdot r^3 = \frac{1}{3} \cdot O_K \cdot r$. Durch Umformen dieser Gleichung ergibt sich: $O_K = 4 \cdot \pi \cdot r^2$. Das entspricht der vierfachen Schnittfläche der Kugel.

Für die **Oberfläche einer Kugel** mit dem Radius r gilt: **$O = 4\pi r^2$**

Beispiele
a) Aus dem Radius r = 8,5 cm wird die Oberfläche O einer Kugel berechnet.
$O = 4\pi r^2$
$O = 4 \cdot \pi \cdot 8{,}5^2$
$O = 907{,}9 \, cm^2$

b) Aus dem Volumen V = 818,0 cm³ wird die Oberfläche O einer Kugel berechnet.
$V = \frac{4}{3} \pi r^3$ $\qquad O = 4\pi r^2$
$r = \sqrt[3]{\frac{3V}{4\pi}}$ $\qquad O = 4 \cdot \pi \cdot 5{,}8^2$
$r = \sqrt[3]{\frac{3 \cdot 818{,}0}{4 \cdot \pi}}$
$r = 5{,}8 \, cm$ $\qquad O = 422{,}7 \, cm^2$

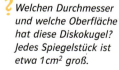

? Welchen Durchmesser und welche Oberfläche hat diese Diskokugel? Jedes Spiegelstück ist etwa 1 cm² groß.

Aufgaben

1 Berechne die Oberfläche der Kugel.
a) r = 8 mm   b) r = 30,5 cm
c) d = 41 cm   d) d = 8,3 dm

2 Wie groß ist der Kugelradius?
a) O = 10 cm²   b) O = 100 cm²
c) O = 1000 cm²   d) O = 10 000 cm²

3 Berechne die fehlenden Größen.

	r	O	V
a)	70 cm		
b)		70 cm²	
c)			70 cm³

4 a) Berechne für jede Kugelpackung die Oberfläche aller Kugeln.
b) Wie viel wiegen die Packungen aus Korkkugeln (0,2 g/cm³)?

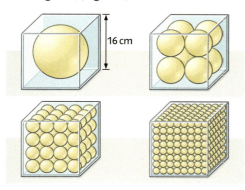

5 Ein Würfel aus Knetgummi mit der Kantenlänge a = 10 cm soll zu einer Kugel geformt werden.
a) Welchen Radius hat die Kugel?
b) Vergleiche die Kugel- mit der Würfeloberfläche.

6 a) Verdopple bzw. verdreifache einen Kugelradius. Wie verändern sich V und O?
b) Verdopple das Volumen bzw. die Oberfläche. Wie verändert sich r?

7 Die Lunge eines Erwachsenen hat etwa $4 \cdot 10^8$ kugelförmige Lungenbläschen. Ihr Durchmesser beträgt 0,2 mm. Wie groß ist die Gesamtfläche, an der sich der Gasaustausch zwischen Sauerstoff und Kohlendioxid vollzieht? Vergleiche dein Ergebnis mit der Größe eines Fußballfeldes.

8 Untersucht die Aussagen der Zeitung.

> **70,7 % der Erdoberfläche mit Wasser bedeckt!** 360,6 Mio. km² umfasst die Wasserfläche der Meere und Ozeane. Der Erddurchmesser beträgt 12 756 km.

9 2008 untersuchte man in Neuseeland das Auge eines ins Netz geratenen Riesenkalmars. Er wog 495 kg und das Auge hatte mit 27 cm einen 5 cm größeren Durchmesser als ein Fußball. Vergleiche die Oberflächen.

10 Der Perlhuhnkugelfisch wird maximal 50 cm lang. Er kann sich bei Gefahr kugelförmig aufpumpen.
Vergleiche seine Oberfläche mit der eines Riesenkugelfisches, der noch 70 cm länger werden kann.

11 Während ein Wetterballon in die Atmosphäre aufsteigt, funkt er Daten zur Erde. In der immer dünner werdenden Luft nimmt das Volumen des Ballons zu, bis er in 30 bis 35 km Höhe platzt.
a) Berechne das Gewicht der Latexhülle eines Wetterballons, der am Boden einen Durchmesser von 1,70 m hat. 1 dm² wiegt dort etwa 1,1 g.
b) Das Volumen des Ballons wächst bis auf das 500-Fache an. Welche Oberfläche hat der Wetterballon dann?

12 Eine Seifenblase hat einen äußeren Durchmesser von 8 cm und eine Wandstärke von 0,01 mm.
a) Berechne das Volumen der verbrauchten Seifenlösung.
b) Wie dick wird die Wand der Seifenblase, wenn der äußere Durchmesser durch weiteres Blasen um 1 cm erhöht wird?
c) Die minimale Wandstärke der Seifenblase beträgt 0,005 mm. Dann platzt sie.

8 Zusammengesetzte Körper*

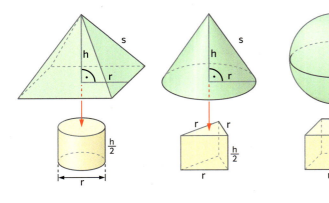

r = 4,0 cm
h = 6,0 cm

Die Körper werden aufeinandergesetzt.
→ Wie erhält man das Volumen des zusammengesetzten Körpers?
→ Erstelle eine Rangliste der Volumina.
→ Kannst du bei der Berechnung der Oberfläche genauso vorgehen wie bei der Berechnung des Volumens?

Volumen oder Oberfläche – Was ist einfacher zu berechnen?

Das Volumen des Doppelkegels setzt sich aus den Volumina der zwei Kegel zusammen. Die Oberfläche besteht aus den zwei Kegelmänteln.

Das Volumen des Hohlkörpers ist die Differenz zwischen dem Würfelvolumen und dem Pyramidenvolumen. Die Oberfläche besteht aus fünf Quadratflächen des Würfels, vier Dreiecksflächen des Pyramidenmantels und einem Würfelquadrat, aus dem die Grundfläche der Pyramide ausgeschnitten wurde.

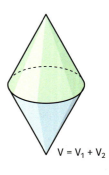

$V = V_1 + V_2$

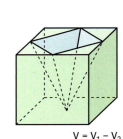

$V = V_1 - V_2$

Das **Volumen** zusammengesetzter oder ausgehöhlter Körper berechnet man als Summe oder Differenz der Volumina der Teilkörper.
Die **Oberfläche** zusammengesetzter oder ausgehöhlter Körper lässt sich als Summe der Einzelflächen berechnen.

Beispiele

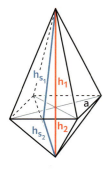

a) Aus der Länge der Grundkante
$a = 6{,}0\,\text{cm}$ und den Höhen $h_1 = 9{,}0\,\text{cm}$
und $h_2 = 4{,}5\,\text{cm}$ werden Volumen und Oberfläche der quadratischen Doppelpyramide berechnet.

$V = V_1 + V_2$
$V = \frac{1}{3}a^2 h_1 + \frac{1}{3}a^2 h_2$
$V = \frac{1}{3} \cdot 6{,}0^2 \cdot 9{,}0 + \frac{1}{3} \cdot 6{,}0^2 \cdot 4{,}5$
$V = 162{,}0\,\text{cm}^3$

$O = M_1 + M_2$
$O = 2\,a\,h_{s_1} + 2\,a\,h_{s_2}$

$h_{s_1} = \sqrt{h_1^2 + \left(\frac{a}{2}\right)^2}$ $\quad h_{s_2} = \sqrt{h_2^2 + \left(\frac{a}{2}\right)^2}$
$h_{s_1} = \sqrt{9{,}0^2 + 3^2}$ $\quad h_{s_2} = \sqrt{4{,}5^2 + 3^2}$
$h_{s_1} = 9{,}49\,\text{cm}$ $\quad h_{s_2} = 5{,}41\,\text{cm}$

$O = 2 \cdot 6{,}0 \cdot 9{,}49 + 2 \cdot 6{,}0 \cdot 5{,}41$
$O = 178{,}8\,\text{cm}^2$

b) Aus einem Zylinder wurden zwei gleich große Kegel herausgedreht.
Aus dem Radius r = 6,0 cm und der Höhe h = 10,0 cm des Zylinders werden Volumen und Oberfläche des Restkörpers berechnet.

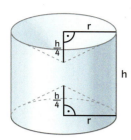

$V = V_Z - 2V_K$

$V = \pi r^2 h_Z - 2 \cdot \frac{1}{3}\pi r^2 h_K$

$V = \pi r^2 h - 2 \cdot \frac{1}{3}\pi r^2 \frac{h}{4}$

$V = \pi r^2 h - \frac{1}{6}\pi r^2 h$

$V = \frac{5}{6}\pi r^2 h$

$V = \frac{5}{6} \cdot \pi \cdot 6{,}0^2 \cdot 10{,}0$

$V = 942{,}5 \text{ cm}^3$

$O = M_Z + 2M_K$
$O = 2\pi r h_Z + 2\pi r s$

$s^2 = \left(\frac{h}{4}\right)^2 + r^2$
$s^2 = 2{,}5^2 + 6{,}0^2$
$s = \sqrt{2{,}5^2 + 6{,}0^2}$
$s = 6{,}5 \text{ cm}$

$O = 2 \cdot \pi \cdot 6{,}0 \cdot 10{,}0 + 2 \cdot \pi \cdot 6{,}0 \cdot 6{,}5$
$O = 622{,}0 \text{ cm}^2$

Aufgaben

1 Aus welchen Teilkörpern bestehen die zusammengesetzten Körper? Welche Teilflächen bilden ihre Oberfläche? Berechne Volumen und Oberfläche. (Maße in cm)

2 Die Länge der Grundkante a = 3,8 m, die Höhe h_1 = 4,5 m und die Seitenkante s = 4,7 m sind gegeben. Wie groß sind Volumen und Oberfläche der Schachtel?

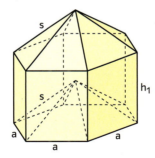

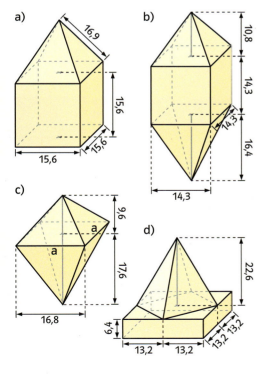

3 Wenn man das würfelförmig strukturierte Mineral *Fluorit* mithilfe eines Hammers an der Spitze exakt spaltet, ergeben sich so genannte „Spaltoktaeder", die aus zwei quadratischen Pyramiden mit gleichen Kantenlängen bestehen.
a) Berechne die Oberfläche der beiden künstlich geschaffenen Steine.
b) Fluorit wiegt zwischen 3,1 g und 3,2 g.
c) Wie oft passt der kleine in den großen Spaltoktaeder?
Kannst du das skizzieren?

4 Jedes Jahr starten in Warstein Heißluftballons bei der „Mongolfiade".
a) Wie viel Liter Luft sind ungefähr in diesem Heißluftballon?
b) Aus wie viel Stoff besteht er etwa?

5 Wie groß ist das Volumen der Boje?

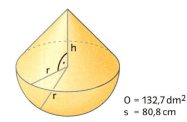

O = 132,7 dm²
s = 80,8 cm

6 In Münster steht der *Buddenturm*, der ursprünglich Bestandteil der alten Befestigungsmauer war. Zur Renovierung soll die Mauer frisch gekalkt und das Kegeldach neu gedeckt werden. Die Stadt Münster will beide Arbeiten in die Hand einer Baufirma geben. Zwei Firmen haben sich beworben. Wen soll die Stadt beauftragen?

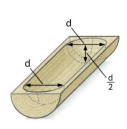

	Dachdeckung (pro m²)	Mauerkalkung (pro m²)
Firma Arens	80 €	65 €
Firma Beer	75 €	67 €

7 Ein alter Futtertrog aus Holz ist 2,00 m lang und 0,60 m breit. Die minimale Wandstärke an den Längsseiten und den Querseiten beträgt 6 cm.
a) Wie viel wiegt der leere Trog? Ein cm³ Holz wiegt 0,8 g.
b) Der Trog soll mit einem biologischen Holzschutzmittel gestrichen werden. Wie groß ist die zu streichende Fläche?

8 Lucas hat im Berufswahlpraktikum an einer Drehbank verschiedene Stücke aus Holz gefertigt. Jetzt will er ihr Volumen und ihre Oberfläche zur Erstellung seiner Praktikumsmappe berechnen. (Maße in cm)

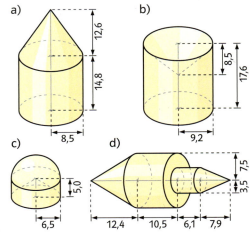

9 Vor dem Schulentwicklungsinstitut in Soest liegen fünf Doppelkegel aus Stahl, die die fünf Regierungsbezirke von Nordrhein-Westfalen symbolisieren.
a) Berechne Oberfläche und Volumen. Schätze die notwendigen Längen anhand des Fotos ab.
b) Vergleiche die Mantelfläche eines Kegels mit der Fläche eines darunter liegenden Stahlkreises.
c) Sind die Umfänge von Doppelkegel und Kreis gleich groß? Begründe.

10 Vergleiche die Volumina und die Oberflächen der beiden Holzklötze.

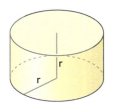 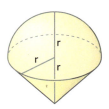

Zusammenfassung

Oberfläche einer Pyramide

Die Oberfläche einer Pyramide ist die Summe der Flächeninhalte von Grundfläche und Mantelfläche.
$O = G + M$

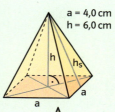

$h_s^2 = h^2 + \left(\frac{a}{2}\right)^2$
$h_s = \sqrt{6{,}0^2 + 2{,}0^2}$
$h_s = 6{,}3\,\text{cm}$
$O = a^2 + 2ah_s$
$O = 4{,}0^2 + 2 \cdot 4{,}0 \cdot 6{,}3$
$O = 66{,}4\,\text{cm}^2$

$a = 4{,}0\,\text{cm}$
$h = 6{,}0\,\text{cm}$

Volumen einer Pyramide

Für das Volumen einer Pyramide mit der Grundfläche G und der Pyramidenhöhe h gilt:
$V = \frac{1}{3} G h$

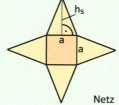

Netz

$V = \frac{1}{3} G h$
$V = \frac{1}{3} \cdot 4{,}0^2 \cdot 6{,}0$
$V = 32{,}0\,\text{cm}^3$

Oberfläche eines Kegels

Die Oberfläche eines Kegels ist die Summe der Flächeninhalte von Grundfläche und Mantelfläche.
$O = \pi r^2 + \pi r s$

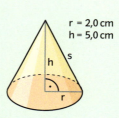

$r = 2{,}0\,\text{cm}$
$h = 5{,}0\,\text{cm}$

$s^2 = h^2 + r^2$
$s = \sqrt{5{,}0^2 + 2{,}0^2}$
$s = 5{,}4\,\text{cm}$
$O = \pi r^2 + \pi r s$
$O = \pi \cdot 2{,}0^2 + \pi \cdot 2{,}0 \cdot 5{,}4$
$O = 46{,}5\,\text{cm}^2$

Volumen eines Kegels

Für das Volumen eines Kegels mit dem Grundkreisradius r und der Kegelhöhe h gilt:
$V = \frac{1}{3} \pi r^2 h$

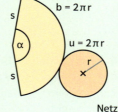

Netz

$V = \frac{1}{3} \pi r^2 h$
$V = \frac{1}{3} \cdot \pi \cdot 2{,}0^2 \cdot 5{,}0$
$V = 20{,}9\,\text{cm}^3$

Oberfläche einer Kugel

Für die Oberfläche einer Kugel mit dem Radius r gilt: $O = 4\pi r^2$

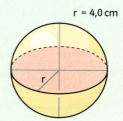

$r = 4{,}0\,\text{cm}$

$O = 4\pi r^2$
$O = 4 \cdot \pi \cdot 4{,}0^2$
$O = 201{,}1\,\text{cm}^2$

Volumen einer Kugel

Für das Volumen einer Kugel mit dem Radius r gilt: $V = \frac{4}{3}\pi r^3$

$V = \frac{4}{3}\pi r^3$
$V = \frac{4}{3} \cdot \pi \cdot 4{,}0^3$
$V = 268{,}1\,\text{cm}^3$

zusammengesetzte Körper*

Das **Volumen** zusammengesetzter oder ausgehöhlter Körper berechnet man als Summe oder Differenz der Volumina der Teilkörper.
Die **Oberfläche** zusammengesetzter oder ausgehöhlter Körper lässt sich als Summe der Einzelflächen berechnen.

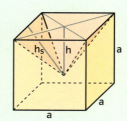

Aus einem Würfel wurde eine Pyramide herausgearbeitet.
$V = V_W - V_P$
$V = a^3 - \frac{1}{3}a^2 h$
$O = 5 A_Q + M_P$
$O = 5a^2 + 2ah_s$

Üben • Anwenden • Nachdenken

1 Zeichne das Netz und das Schrägbild der quadratischen Pyramide.
a) a = 5,0 cm
   h = 4,0 cm
b) a = 4,2 cm
   h_s = 6,0 cm

2 Eine Sechseckspyramide hat die Grundkante a = 5,0 cm und die Höhe h = 6,0 cm.
Zeichne das Netz der Sechseckpyramide in wahrer Größe.

3 Berechne die fehlenden Größen der quadratischen Pyramide.
(Maße in cm/cm²/cm³)

	a	s	h	h_s	O	V
a)	8,0			6,0		
b)	6,2		12,5			
c)	12	16				
d)		6,2	5,5			
e)			6,8	9,6		
f)			9			108
g)	9,2				216,6	
h)				7,4	104	

4 Die Pyramide über dem Grab des Gründers der Stadt Karlsruhe, Markgraf Karl Wilhelm von Baden, ist aus Sandstein (1 dm³ wiegt 1,8 kg).
Sie ist 6,81 m hoch und hat eine Grundkantenlänge von 6,05 m. Wie schwer ist das Bauwerk?
Gib das Ergebnis in Tonnen an.

5 Eine quadratische Pyramide ist durch ihren Parallelschnitt gegeben.
Berechne Oberfläche und Volumen.
a)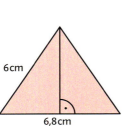
b)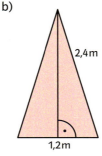

6 Die stufige Sonnenpyramide in Teotihuán in der Nähe von Mexiko-City ist die drittgrößte Pyramide der Welt. Sie hat eine quadratische Grundfläche mit 225 m Kantenlänge und ist 63 m hoch. Die benachbarte Mondpyramide besitzt eine rechteckige Grundfläche von 120 m mal 150 m und ist 46 m hoch.
a) Überschlage die Volumina. Vergleiche mit der Cheopspyramide.
b) Zeichne die Schrägbilder in geeignetem Maßstab.

7 Eine quadratische Pyramide ist durch ihren Diagonalschnitt gegeben.
Berechne Oberfläche und Volumen.

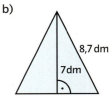

8 Berechne Volumen und Oberfläche einer gleichseitigen Dreieckspyramide mit der Grundkante a = 5,0 cm und der Höhe h = 8,8 cm.

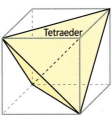

9 Wie groß ist das Volumen des Tetraeders, der in den Würfel mit der Kantenlänge 9 cm einbeschrieben ist?
In welchem Verhältnis stehen Würfel- und Tetraedervolumen?

10 Das Dach eines Kirchturms hat die Form einer Sechseckspyramide. Es soll neu mit Kupferblech gedeckt werden. Seine Grundkante a = 2,45 m und Seitenkante s = 6,80 m sind bekannt.
Kupferblech kostet 78 € je Quadratmeter. Es wird mit 10 % Verschnitt gerechnet.

11 Zeichne Schrägbild und Netz eines Kegels mit r = 3,0 cm und h = 4,0 cm.

12 Berechne die fehlenden Größen des Kegels.
a) r = 3,6 cm; s = 5,5 cm
b) h = 9,9 cm; V = 180 cm³
c) s = 6,3 cm; O = 226 cm²

13 Ein Kegel ist durch seinen Achsenschnitt gegeben. Berechne Oberfläche und Volumen. (Maße in cm)

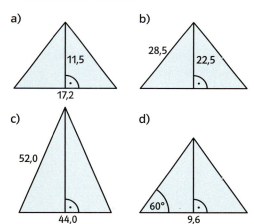

14 Eine kegelförmig aufgeschüttete Kohlenhalde ist 20 m hoch und hat einen Böschungswinkel von 45°. Welche Bodenfläche bedeckt der Kohlenberg? Aus wie viel m³ Kohle besteht er?

15 Ein Cocktail- und ein Wasserglas werden gefüllt. Der Zufluss ist gleichmäßig.

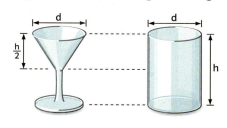

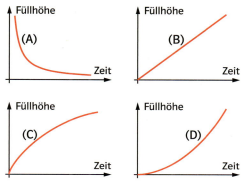

a) Welche Graphen gehören zu den Gläsern?
b) Wie viele vollständig gefüllte Cocktailgläser werden benötigt, um das Wasserglas bis zum Rand zu füllen?

16 Ein Kegel ist durch seine Oberfläche O = 425,0 cm² und seine Mantellinie s = 10,81 cm gegeben.
Welche Höhe hat ein Zylinder mit gleichem Volumen und gleichem Grundkreisradius?

17 Berechne die fehlenden Größen der Kugel. (Maße in cm/cm²/cm³)

	r	O	V
a)	9		
b)		804,2	
c)			179,6

18 Zwei Pralinenkugeln einer Sorte haben zusammen die gleiche Oberfläche wie drei Pralinenkugeln einer zweiten Sorte. Um wie viel Prozent unterscheiden sich ihre Radien?

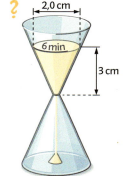

Wohin soll die Markierung für 3 min?

19 In einer Fußgängerzone findet man diese Granitkugel mit einem Durchmesser von 80 cm. Sie liegt in einem Wasserbad und lässt sich deshalb kinderleicht drehen. Wie schwer ist die Kugel? Ein Kubikzentimeter Granit wiegt 2,9 g.

20 Im Jahr 1934 erreichten William Beebe und Otis Barton in ihrer Tauchkugel „Bathysphere" bei Bermuda die damals sensationelle Meerestiefe von 923 m. Diese erste Tauchkugel besaß einen Durchmesser von 1,44 m und eine 38 mm dicke Stahlwand. 26 Jahre später erreichte Jaques Piccard in seiner Tauchkugel „Trieste" den Meeresgrund im Marianengraben auf 10 916 m. Seine Tauchkugel hatte einen Durchmesser von 2,18 m und eine Wandstärke von 12 cm.
a) Wie schwer waren die beiden Tauchkugeln etwa (1 cm³ Stahl wiegt 7,8 g)?
b) Welchen Durchmesser besäße eine Vollkugel aus diesem Stahl? Vergleiche.

21 Von einem Kegel sind $M = 180\,cm^2$ und $s = 10,2\,cm$ gegeben. Eine Kugel hat dasselbe Volumen. Wie groß ist die Oberfläche der Kugel?

22 Zwei Goldgräber in Alaska fanden elf große Nuggets. Sie ließen diese Nuggets zu elf verschieden großen Kugeln umschmelzen.
Sieben davon hatten einen Durchmesser von 2 cm, zwei waren 6 cm, eine 8 cm und eine 10 cm dick.
Als die beiden sich trennten, mussten sie ihren Schatz gerecht teilen.

23 Ein würfelförmiges Gefäß ist bis zur halben Höhe mit Wasser gefüllt. In dieses Gefäß wird die größtmögliche Kugel eingetaucht.
Läuft dabei Wasser über?

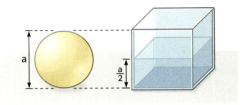

24 Das Dachgeschoss eines Gebäudes soll renoviert werden. (Maße in m)

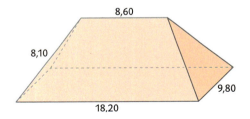

a) Wie viel Quadratmeter Ziegel müssen für das Walmdach bestellt werden?
b) Wie hoch ist das Dach?
c) Berechne den umbauten Raum des gesamten Dachgeschosses.

25 Berechne Volumen und Oberfläche des Körpers.

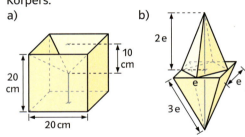

Rückspiegel

1 Berechne Mantelfläche, Oberfläche und Volumen der quadratischen Pyramide.
a) a = 10 cm
   h_s = 7,0 cm
b) h = 0,8 cm
   s = 1,0 cm

2 Berechne Oberfläche und Volumen der
a) Sechsecks-
   pyramide
   a = 6 cm
   h = 12 cm
b) Dreiecks-
   pyramide
   a = 2,8 dm
   h = 7,1 dm

3 Die *Sahurepyramide* im ägyptischen Abusir besaß eine Grundseite von 78,75 m (im Quadrat) und eine Höhe von 47 m. Berechne V und M.

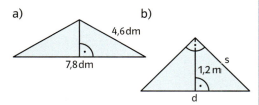

4 Gegeben ist der Achsenschnitt eines Kegels. Berechne Oberfläche und Volumen.

5 Wie viel Prozent Luft ist in dieser Verpackung?

6 Gib M, O und V einer quadratischen Pyramide in Abhängigkeit von e an.
a) a = 6e
   h = 4e
b) h = 12e
   h_s = 15e

1 Berechne h_s, h und V einer quadratischen Pyramide mit einer Oberfläche von 39,2 cm² und einer Grundkante von 3,0 cm.

2 a) Eine Sechseckspyramide hat ein Volumen von 184 cm³ und eine Höhe von 10,5 cm. Berechne die Oberfläche.
b) Eine Dreieckspyramide hat eine Mantelfläche von 365,5 cm² und eine Grundkante von 9,0 cm. Berechne das Volumen.

3 Die *Niuserrepyramide* in Abusir, Ägypten, besaß eine Basislänge von knapp 79 m und eine Höhe von 51,58 m. Berechne V, M und die Steigung.

4 Bei einem Kegel ist die Höhe doppelt so groß wie der Radius. Sein Volumen beträgt 575 cm³. Berechne die Oberfläche.

5 a) Vier Tennisbälle mit einem Durchmesser von jeweils 6,5 cm stecken nebeneinander in einer zylindrischen Dose. Wie viel Prozent Luft ist in der Dose?
b) Drei Tischtennisbälle befinden sich in einer Pappschachtel.

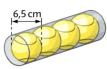
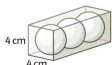

6 Stelle Formeln für die Oberfläche und das Volumen auf. Verwende dabei keine gerundeten Werte.

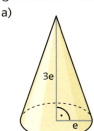
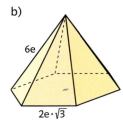

4 Exponentialfunktion

Druck 'rauf – Druck 'runter

Taucht ihr in einem See oder im Schwimmbecken, dann merkt ihr mithilfe eures Gehörs ("Druckgefühl im Ohr"), wie der Wasserdruck mit zunehmender Tiefe ansteigt.
Wie kommt dieser Druck zustande?
Wie genau verändert er sich mit zunehmender Tiefe?
Besteht ein Unterschied in welchem Wasser ich tauche, z.B im Meer oder in einem See?

Eure Physikkenntnisse helfen euch weiter: An der Wasseroberfläche beträgt der Luftdruck (auf Meereshöhe) etwa 1000 hPa. Im Wasser nimmt der Druck pro Meter Tauchtiefe um 100 hPa zu.

- Wie groß ist der Druck in einem Schwimmbad in 3 m Tiefe und wie groß ist er im Bodensee in 3 m Tiefe?
- Der Weltrekord im Tauchen ohne Hilfsmittel liegt bei 162 m.
- Wie groß ist der Druck im Marianengraben in etwa 11 000 m Tiefe?
- Stellt die Höhe des Wasserdrucks in Abhängigkeit von der Wassertiefe in einem Schaubild dar und beschreibt mathematisch wie sich der Wasserdruck mit zunehmender Wassertiefe verändert.

Unter Druck versteht man den Quotienten aus dem Betrag der Gewichtskraft, die auf eine Fläche wirkt, und der Größe der Fläche.
Als Einheit für den Druck hat man $1 N/m^2 = 1 Pa$ gewählt, zu Ehren des französischen Naturwissenschaftlers Blaise Pascal.
Beispiel:
Eine 1 m hohe Wassersäule mit einer $1 m^2$ großen Querschnittsfläche fasst 1000 Liter Wasser, was einer Gewichtskraft von 10 000 N entspricht. Am unteren Ende der Wassersäule herrscht ein Druck von $10 000 N/m^2$.

$10 000 N/m^2 = 10 000 Pa = 100 hPa$

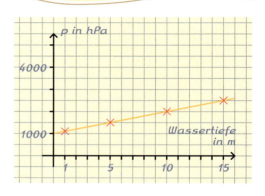

Auch Luft hat ein Gewicht. Dieses Gewicht ist die Ursache des Luftdrucks. Da sich Gase im Gegensatz zu Wasser zusammendrücken lassen, ist die Luft auf Meereshöhe dichter als in den Bergen. Mit zunehmender Höhe nimmt deshalb der Luftdruck immer langsamer ab.

Entnehmt die Luftdruckwerte aus der Abbildung unten und stellt sie in einem Schaubild grafisch dar.
Aus eurem Schaubild könnt ihr weitere Werte ablesen.

Höhe (m)	1000	2000	4000	8000
Druck (hPa)				

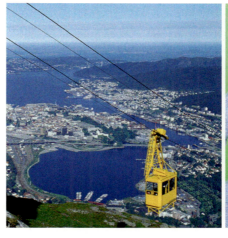

Wer mit einer Seilbahn einen Berg hoch- oder hinunterfährt, bemerkt wie beim Tauchen eine Druckveränderung in seinem Gehör. Auch hier stellen sich die Fragen:
• Wie kommt dieser Druck zustande?
• Wie verändert sich der Druck mit zunehmender Höhe?

In einem Physikbuch ist zu lesen:
"In 5,5 km Höhe ist der Luftdruck auf die Hälfte gesunken, in 11 km Höhe aber erst auf ein Viertel ..."

Belegt diese Aussage mithilfe eures erstellten Schaubilds.

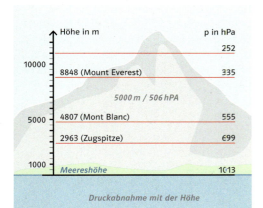

Druckabnahme mit der Höhe

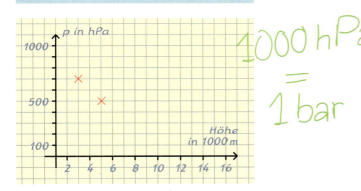

1000 hPa = 1 bar

In diesem Kapitel lernst du,

- was Wachstum und Abnahme bedeutet,
- wie man Wachstumsrate und Wachstumsfaktor bestimmt,
- was man unter linearem, quadratischem und exponentiellem Wachstum versteht,
- was man unter einer Exponentialfunktion versteht.
- was eine Exponentialfunktion ist,
- wie man Wachstumsprozesse modelliert.

1 Wachstum und Abnahme

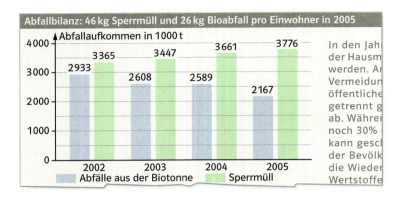

→ Lies aus der Grafik für die Jahre 2002 bis 2005 das jeweilige Abfallaufkommen für Sperrmüll und Bioabfälle ab und berechne damit die jährliche absolute Zu- oder Abnahme der Sperrmüll- und Bioabfallmenge.

→ Wie hoch könnten die Werte für das Jahr 2006 sein?

Die Werte vieler Größen in Wirtschaft, Natur oder Technik verändern sich mit der Zeit. Beispiele sind die Lebenshaltungskosten, die von Jahr zu Jahr steigen oder der Wasserstand eines Flusses, der sich mit den Jahreszeiten ändert. Nimmt der Wert einer Größe zu, liegt ein **Wachstum** vor, nimmt er ab, liegt eine **Abnahme** vor, auch negatives Wachstum genannt.

Jahr	2000	2001	2002	2003	2004	2005
Umsatz (Mio. €)	1,3	1,7	2,1	1,8	2,0	2,1
d (Mio. €)		0,4	0,4	−0,3	0,2	0,1

2000−2001: d = 1,7 Mio. − 1,3 Mio. = 0,4 Mio.
2002−2003: d = 1,8 Mio. − 2,1 Mio. = −0,3 Mio.
2000−2005: d = (2,1 Mio. − 1,3 Mio.) : 5 = 0,16 Mio.

Die Firma Brause & Co. hatte in den Jahren von 2000 bis 2002 ein regelmäßiges Wachstum des Umsatzes von d = 0,4 Mio. € erreicht. Im Jahr 2003 gab es eine Abnahme von 0,3 Mio. € und danach ein unregelmäßiges Wachstum. Für die Jahre 2000 bis 2005 ergibt sich ein durchschnittliches jährliches Wachstum des Umsatzes von 0,16 Mio. €.

> Das **Wachstum** oder die **Abnahme** einer Größe in einem bestimmten Zeitabschnitt wird folgendermaßen berechnet: d = neue Größe − alte Größe.
> Ist d positiv, liegt ein Wachstum vor; ist d negativ, liegt eine Abnahme (negatives Wachstum) vor.
> Für das **durchschnittliche Wachstum** gilt: $d = \dfrac{\text{Endgröße} - \text{Anfangsgröße}}{\text{Anzahl der Zeitabschnitte}}$.

Beispiel

Das Statistische Bundesamt ermittelte die Preisentwicklung von Brötchen für die Jahre 2001 bis 2008. Das Wachstum d für einzelne Jahre wird berechnet:
d (2001−2002) = 28 − 26; d = 2 ct
d (2004−2005) = 30 − 31; d = −1 ct
Das durchschnittliche Wachstum für den gesamten Zeitraum wird berechnet:
d (2001−2008) = (35 − 26) : 7; d = 1,3 ct.
Das Schaubild verdeutlicht die Entwicklung.

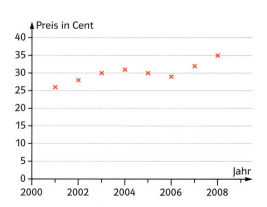

Aufgaben

1 Bestimme das Wachstum, die neue Größe oder die alte Größe.
a) In Deutschland rauchte 1970 jeder Einwohner im Durchschnitt 1946 Zigaretten. Im Jahr 1980 waren es 2085.
b) Im Jahr 2000 wurden je Einwohner 2013 Zigaretten geraucht, 2005 waren es 1360.
c) 1990 lag der Zigarettenverbrauch bei 2019 Stück und stieg innerhalb eines Jahres um 168 Stück.
d) Innerhalb vier Jahren fiel der Zigarettenverbrauch um 753 Stück, sodass 2006 nur noch 1322 Stück je Einwohner geraucht wurden.

2 In der Tabelle ist die Zahl der Übernachtungen von Gästen in der Bundesrepublik Deutschland angegeben.

Jahr	2003	2004	2005	2006
Gäste in Mio.	337,2	338,6	343,0	351,2

a) Berechne das jährliche Wachstum.
b) Berechne das durchschnittliche Wachstum von 2003 bis 2006.
c) Zeichne ein Säulendiagramm und trage darin die Gerade des durchschnittlichen Wachstums ein.

3 In der Tabelle sind Werte für den Holzeinschlag in Deutschland angegeben.
a) Stelle die Entwicklung des Holzeinschlags in einem Schaubild dar.
b) Bestimme das jährliche Wachstum und das durchschnittliche Wachstum für den Zeitabschnitt von 2000 bis 2006.
c) Kann man eine Voraussage für die folgenden Jahre machen?

Jahr	Holzeinschlag in 1000 m³
2000	53 700
2001	39 500
2002	42 400
2003	51 200
2004	54 500
2005	57 000
2006	62 300

4 Die Körpergrößen von Jungen und Mädchen sind altersabhängig. Die Tabellenwerte basieren auf einer statistischen Erhebung und geben den jeweiligen Mittelwert an.
a) Bestimme das jährliche Wachstum von Jungen und Mädchen und stelle es in einem Schaubild dar.
b) Vergleiche die beiden Wachstumskurven miteinander und präsentiere deine Ergebnisse der Klasse.

Alter	Größe (in cm)	
	Mädchen	Jungen
1	75	77
2	87	88
3	96	96
4	104	104
5	111	112
6	118	118
7	124	124
8	129	130
9	136	136
10	141	142
11	147	146
12	154	152
13	159	159
14	163	167
15	165	173
16	166	177

5 Das Schaubild zeigt die Anzahl der Beschäftigten in der Land- und Forstwirtschaft in Deutschland.
a) Ermittle das vierteljährliche Wachstum bzw. die vierteljährliche Abnahme.
b) Finde zusammen mit einer Partnerin oder einem Partner eine Erklärung für die Wellenbewegung.

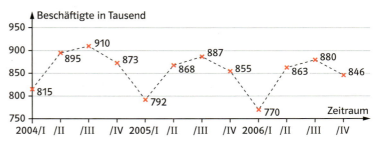

2 Wachstumsrate. Wachstumsfaktor

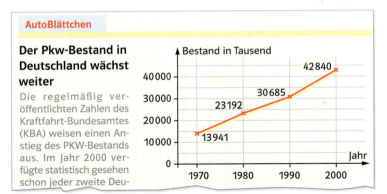

AutoBlättchen

Der Pkw-Bestand in Deutschland wächst weiter

Die regelmäßig veröffentlichten Zahlen des Kraftfahrt-Bundesamtes (KBA) weisen einen Anstieg des PKW-Bestands aus. Im Jahr 2000 verfügte statistisch gesehen schon jeder zweite Deu-

Das Schaubild zeigt die zeitliche Entwicklung des Pkw-Bestands in Deutschland.
→ Berechne das Wachstum des PKW-Bestands von Jahrzehnt zu Jahrzehnt und gib es in Prozent an.
→ Um wie viel Prozent hat der Pkw-Bestand von 1970 bis 2000 zugenommen? Vergleiche dieses Ergebnis mit der Summe der prozentualen Zunahmen pro Jahrzehnt. Was fällt dir auf?
Kannst du den Unterschied begründen?

Wird ein Wachstum durch einen Prozentsatz beschrieben, so bezeichnet man diesen Prozentsatz als **Wachstumsrate**.
Beträgt die Wachstumsrate beispielsweise 7%, so wächst der alte Wert in einem Zeitabschnitt von 100% auf 107%, also auf das 1,07-Fache. Bei einer Abnahme von 14% fällt der Wert von 100% auf 86%, also auf das 0,86-Fache. Der neue Wert kann somit auch durch Multiplikation des alten Wertes mit dem Faktor 1,07 bzw. 0,86 berechnet werden. Der Faktor, mit dem der alte Wert multipliziert werden muss, um den neuen Wert zu erhalten, heißt **Wachstumsfaktor**.

$$\text{Wachstumsrate:} \quad p\% = \frac{\text{neue Größe} - \text{alte Größe}}{\text{alte Größe}}$$

$$\text{Wachstumsfaktor:} \quad q = 1 + p\% = 1 + \frac{p}{100}$$

Bemerkung
Die Größe der Wachstumsrate bzw. des Wachstumsfaktors kann sich durch Vergrößern bzw. Verkleinern der betrachteten Abschnittsgröße wesentlich verändern.

Beispiele
a) Die Anzahl der Schülerinnen und Schüler der Anne-Frank-Realschule stieg von 2007 bis 2008 von 440 auf 462.
Die Wachstumsrate beträgt: $p\% = \frac{462 - 440}{440} = 0,05 = \frac{5}{100} = 5\%$.
Das ergibt den Wachstumsfaktor $q = 1 + 5\% = 1 + 0,05 = 1,05$.
b) In Deutschland hat jeder Einwohner im Jahr 2004 durchschnittlich 210 Eier gegessen. Im Jahr 2005 waren es 203.
Da es sich um eine Abnahme handelt, berechnet sich die Wachstumsrate folgendermaßen: $p\% = \frac{203 - 210}{210} = -3,3\%$
Das ergibt den Wachstumsfaktor $q = 1 - 0,033 = 0,967$.
c) Der Holzbestand eines Waldes im Jahr 2005 betrug $80\,000\,m^3$. Der jährliche Zuwachs beläuft sich auf etwa 1,8%.
Der Wachstumsfaktor ist $q = 1 + 0,018 = 1,018$
Der Waldbestand ein Jahr später ist: $80\,000\,m^3 \cdot 1,018 = 81\,440\,m^3$.
Im Jahr 2006 hatte der Wald demnach einen Holzbestand von $81\,440\,m^3$.

Aufgaben

1 Berechne jeweils die Wachstumsrate und den Wachstumsfaktor.
a) Die Einwohnerzahl nahm in einem Jahr von 65 358 auf 68 217 zu.
b) Das Einkommen je Einwohner stieg von 20 320 € im Jahr 2005 auf 21 213 € im Jahr 2006.
c) Die Zahl der Verkehrsunfälle nahm im letzten Jahr von 7865 auf 6712 ab.
d) Tanja war vor 5 Jahren 1,38 m groß, heute misst sie 1,64 m.

2 Berechne jeweils die alte bzw. die neue Größe.
a) Die Belegschaft von 3280 Arbeitnehmern soll um 3,5 % abnehmen.
b) Der Umsatz von 3,6 Millionen € soll um 5 % zunehmen.
c) Die Produktion hat sich um 8,2 % auf 445 440 Stück erhöht.
d) Das Kapital ist um das 1,09-Fache auf 272 500 € gestiegen.
e) Die Aktie ist von 240 € auf den 0,83-Fachen Wert gefallen.

3 Der Energieverbrauch wird in SKE (Steinkohleeinheiten) angegeben.
Er stieg von 2000 bis 2006 in Deutschland von 491,4 Mio. t SKE auf 498,1 Mio. t SKE.
a) Berechne den absoluten Zuwachs und die Wachstumsrate.
b) Wasser- und Windkraft gewinnen als Energieträger immer mehr an Bedeutung. Ihr Anteil an der Gesamtenergieerzeugung lag 2000 bei 4,2 %. Bis zum Jahr 2006 steigerte sich ihr Anteil um 44,3 %. Wie hoch war damit ihr Gesamtanteil im Jahr 2006?

4 In Deutschland hat im Jahr 1990 jeder Einwohner durchschnittlich 100,3 kg Fleisch gegessen. Im Jahr 2006 waren es 88,2 kg.
a) Berechne die absolute und prozentuale Abnahme für die Zeit von 1990 bis 2006.
b) Wie hoch ist die durchschnittliche Abnahme pro Jahr?
c) Warum kann man nur von einer durchschnittlichen Abnahme pro Jahr ausgehen?
d) Ist es sinnvoll, den Fleischverbrauch für das Jahr 2015 auf der Basis der berechneten Angaben zu bestimmen?
e) Findet ähnliche Sachverhalte, bei denen bei der Verwendung der Begriffe Wachstum und Abnahme Grenzen zu beachten sind.

Lohnentwicklung

Die Tabelle zeigt die Entwicklung des Bruttostundenlohns in Deutschland für Arbeiterinnen und Arbeiter im produzierenden Gewerbe von 1965 bis 2005.

Jahr	weibl. A	männl. A
1965	1,45 €	2,16 €
1970	2,10 €	3,09 €
1975	3,54 €	4,93 €
1980	4,83 €	6,71 €
1985	5,93 €	8,14 €
1990	7,32 €	10,00 €
1995	9,39 €	12,60 €
2000	10,59 €	14,46 €
2005	12,03 €	15,95 €

Arbeite mit einer Partnerin oder einem Partner.
Mithilfe eines Tabellenkalkulationsprogramms könnt ihr die Aufgaben leicht bearbeiten und eurer Klasse präsentieren. Nutzt bei der Präsentation verschiedene Medien.

- Für eine gute Präsentation ist es sinnvoll, die Lohnentwicklung grafisch darzustellen.
- Auch die Wachstumsraten für die Fünfjahresschritte und für den gesamten Zeitraum sind aussagekräftig.
- Der Graph des durchschnittlichen Wachstums führt zu weiteren interessanten Erkenntnissen.
- Findet zusätzliche Aufgabenstellungen und diskutiert die Ergebnisse mit eurer Klasse.

3 Lineares und exponentielles Wachstum

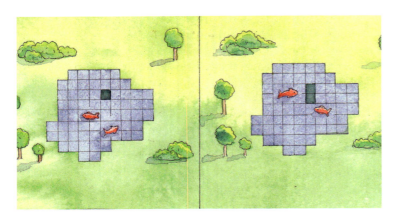

→ Herr Müller schaut jeden Morgen nach den wertvollen Goldfischen in seinem Teich.
An einem Samstag stellt er fest, dass 1 m² des 64 m² großen Teichs mit Algen bedeckt ist. Schon einen Tag darauf sind es 2 m². Da für die Fische eine algenfreie Oberfläche überlebenswichtig ist, nimmt er sich für den nächsten Samstag eine Reinigung vor.

In einem Wildtierpark hat man in drei aufeinanderfolgenden Jahren den Bestand einer Antilopenart gezählt: 1. Jahr: 30 000 Tiere; 2. Jahr: 33 000 Tiere; 3. Jahr: 36 100 Tiere.
Die Verwaltung des Tierparks versucht eine Prognose über die weitere Entwicklung der Antilopenanzahl. Dabei kann man zu verschiedenen Aussagen kommen.

Prognose:
Vorhersage einer zukünftigen Entwicklung aufgrund kritischer Beurteilung des Gegenwärtigen.

1. Prognose:
Man vermutet als Ursache des Anstiegs eine gleichbleibende Zuwanderung aus umliegenden Gebieten.
Die Prognose lautet:
Die Anzahl der Antilopen wird jährlich um ca. 3000 zunehmen.

2. Prognose:
Man vermutet als Ursache die Abnahme der Anzahl von Raubtieren, sodass immer mehr Antilopen Junge aufziehen können.
Die Prognose lautet:
Die Anzahl der Antilopen wird jährlich um ca. 10 % zunehmen.

Die beiden Tabellen zeigen die möglichen Entwicklungen der Antilopenanzahl. Dabei bezeichnet W_n die Anzahl der Antilopen n Jahre nach der ersten Zählung.

Jahr n	0	1	2	3	...	10
W_n in Tsd.	30	33	36	39	...	60

+3000 +3000 +3000

Jahr n	0	1	2	3	...	10
W_n in Tsd.	30	33	36,3	39,9	...	77,8

·1,1 ·1,1 ·1,1

Diese verschiedenen Wachstumsformen nennt man **lineares Wachstum** (Prognose 1) und **exponentielles Wachstum** (Prognose 2).

Das Wachstum heißt exponentiell, weil die Variable, die bei gegebener Ausgangsgröße das Wachstum bestimmt, im Exponenten steht.

Nimmt der Wert einer Größe in gleich großen Abschnitten immer um den **gleichen Betrag d** zu bzw. ab, liegt ein **lineares Wachstum** vor. Der Wert des n-ten Abschnitts berechnet sich mithilfe der Gleichung: $W_n = W_0 + n \cdot d$.

Nimmt der Wert einer Größe in gleich großen Abschnitten immer um den **gleichen Prozentsatz p %** zu bzw. ab, liegt ein **exponentielles Wachstum** vor. Der Wert wächst bzw. fällt dann in n Abschnitten auf das q^n-Fache des Anfangswertes. Dabei ist q der Wachstumsfaktor mit $q = 1 + p\%$. Der Wert des n-ten Abschnitts berechnet sich hier mithilfe der Gleichung: $W_n = W_0 \cdot q^n$.

Beispiele

a) Untersuche für beide Tabellen, ob lineares oder exponentielles Wachstum vorliegt und begründe deine Entscheidung. Berechne jeweils W_{14}.

I

n	0	1	2	3	4	5
W_n	9,4	8,2	7,0	5,8	4,6	3,4

II

n	0	1	2	3	4
W_n	1,6	2,0	2,5	3,125	3,906

Lösung:

In Tabelle I ist die Differenz aufeinanderfolgender Bestandszahlen immer dieselbe: d = −1,2. Es handelt sich um lineares Wachstum (lineare Abnahme).
Für W_{14} gilt:
$W_{14} = 9,4 + 14 \cdot (-1,2) = -7,4$.

In Tabelle II ist der Quotient k aufeinanderfolgender Bestandszahlen immer derselbe: k = 1,25. Es handelt sich um exponentielles Wachstum (exponentielle Zunahme).
Für W_{14} gilt:
$W_{14} = 1,6 \cdot 1,25^{14} = 36,38$.

b) In einem Testbericht steht: „Das Auto kostet neu 24 800 €. Es ist mit einer Wertminderung von jährlich 18 % des jeweiligen Restwerts zu rechnen."
1. Stelle die Entwicklung des Fahrzeugwertes für die ersten fünf Jahre in einer Tabelle zusammen.
2. Berechne den Wert des Fahrzeugs nach zehn Jahren.

Lösungen:
1. In jedem Jahr ist die prozentuale Änderung p = −0,18. Es handelt sich um exponentielles Wachstum. Der Wachstumsfaktor ist k = 1 − 0,18 = 0,82.
Es gilt: $W_1 = 0,82 \cdot 24\,800 = 20\,336$; $W_2 = 0,82 \cdot 20\,336 = 16\,676$ usw.

Jahr	0	1	2	3	4	5
Wert in €	24 800	20 336	16 676	13 674	11 213	9 194

2. Für den Fahrzeugwert nach zehn Jahren gilt: $W_{10} = 24\,800 \cdot 0,82^{10} = 3409$.
Nach zehn Jahren beträgt der Wert noch 3409 €.

Aufgaben

1 Daten für 2007:

Land	Bevölkerung (in Mio.)	Wachstumsrate (in %)
Niederlande	16,4	0,3
Liberia	3,8	3,1
Niger	144,4	2,5
Deutschland	82,3	−0,2
Bulgarien	7,7	−0,5

a) Welches Wachstum liegt vor?
b) Berechne die Bevölkerungszahl der Länder nach fünf und nach zehn Jahren.
c) Wie hoch war die Bevölkerungszahl der Länder im Jahr 2000?
d) Finde durch Probieren das Jahr, in dem Deutschland die 80 – Mio. – Grenze unterschreitet und Niger die 150 – Mio. – Grenze überschreitet.

2 Ein Sportverein hat noch 1185 Mitglieder. In den letzten fünf Jahren haben jedes Jahr durchschnittlich 32 Mitglieder den Verein verlassen.
a) Welche Art von Wachstum liegt vor?
b) Wie viel Mitglieder waren es vor fünf Jahren?
c) Wie viele Mitglieder wird der Verein in zehn Jahren haben?
d) Wann wird wahrscheinlich die Tausendergrenze unterschritten?

Lineares und exponentielles Wachstum

3 Eine Algenkultur wächst pro Tag um 30 %. Die Anfangsmasse beträgt 200 g.
a) Bestimme die Algenmasse für die nächsten fünf Tage. Zeichne den Graphen.
b) In der Versuchsanordnung ist nur für 1200 g Algen Platz.
Bestimme mithilfe des Graphen und durch Probieren, wann die Masse erreicht ist.

4 Die durchschnittliche Inflationsrate der Jahre 2004 bis 2006 betrug 2,1 %.
a) Wie viel kostete demnach ein Pkw 2004 und 2005, wenn er 2007 rund 22 500 € kostete?
b) Wie viel muss 2010 für den Pkw bezahlt werden, wenn die Inflationsrate sich nicht ändert?

Wird Geld länger als ein Jahr angelegt, werden die Zinsen mitverzinst. Deshalb spricht man in diesem Fall von **Zinseszins**.

5 Berechne die fehlenden Werte.

K_n in €	K_0 in €	p %	q	n (Jahre)
	7500,00	4,2		5
595,51			1,06	3
1324,57	1200,00			4
3359,79	2500,00	3		

6 Herr Moser lässt sein Sparguthaben so lange auf dem Sparkonto, bis es sich verdreifacht hat. Der Zinssatz liegt bei 4,8 %.

7 Arbeite mit einer Partnerin oder einem Partner zusammen. Setze zur Bearbeitung der Aufgabe ein Tabellenkalkulationsprogramm ein.
Ein Kapital von 7200 € wird zu 4,25 % für zehn Jahre fest angelegt.
a) Bestimme Wachstumsrate und Wachstumsfaktor.
b) Zeichne den Graphen der Kapitalentwicklung für die gesamte Laufzeit.
c) Entnimm aus dem Schaubild die Höhe des Endbetrags.
d) Bestimme mithilfe des Graphen, nach wie vielen Jahren sich das Kapital verdoppelt hat.

8 Anfang 2008 wurde die Weltbevölkerung mit 6,673 Mrd. Menschen angegeben. Wissenschaftliche Untersuchungen gehen davon aus, dass die Weltbevölkerung in den nächsten Jahren jährlich um 1,4 % zunimmt.
a) Stelle mithilfe eines Tabellenkalkulationsprogramms die Entwicklung der Weltbevölkerung bis zum Jahr 2020 in einem Schaubild dar.
b) Wie verändert sich der Kurvenverlauf, wenn einige Staaten ihre Geburtenrate so reduzieren können, dass sich das Wachstum der Weltbevölkerung auf 1,2 % verringert?

Reiskorn und Schachbrett

Schon 900 n. Chr. wurde von arabischen Mathematikern eine alte indische Geschichte erzählt.

Als der König dem Erfinder des Schachbretts danken wollte, brachte dieser folgenden Wunsch vor:
„Gib mir, oh König, auf das erste Feld ein Reiskorn, auf das zweite dann zwei, das folgende dann vier. Und so fortfahrend gib mir auf jedes Feld doppelt so viel wie auf das vorhergehende."
Der König schalt den Erfinder ob seiner Bescheidenheit.

Info: Ein Reiskorn wiegt 0,03 g.

War der Erfinder bescheiden?
Führt dazu ein Gedankenexperiment in eurer Klasse durch. Jede Schülerin oder Schüler stellt ein Feld des Schachbretts dar. In Gedanken verteilt ihr nun die Reiskörner.

■ Kann der zehnte von euch die Reiskörner noch in der Hand halten?
■ An welcher Stelle steht die Schülerin oder der Schüler, der seine Reiskörnermenge nicht mehr tragen kann?
■ Vergleicht das Geschenk des Königs mit der Weltreisernte. Im Internet findet ihr Angaben dazu.

4 Die Exponentialfunktion

In einem Labor wird die zeitliche Entwicklung von unterschiedlichen Bakterienproben beobachtet. Zu Beginn der Beobachtung haben alle Proben 30 Bakterien.
Probe I verdoppelt sich pro Stunde.
Probe II verdreifacht sich pro Stunde.
Probe III nimmt um die Hälfte pro Stunde zu.
Probe IV halbiert sich pro Stunde.
→ Erstelle für alle Proben eine Wertetabelle bis zu drei Stunden. Zeichne den zugehörigen Graphen.
→ Erweitere die Tabelle und die Graphen bis zu zwei Stunden vor Beoachtungsbeginn (bei gleichen Bedingungen).
→ Lies die Werte für 0,5 h und 1,5 h ab. Überprüfe sie rechnerisch.

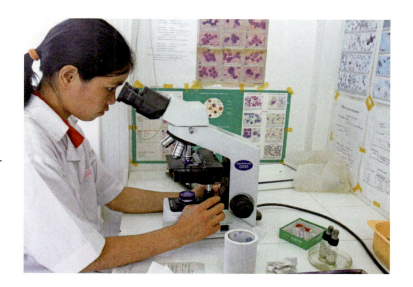

Jedes prozentuale Wachstum führt auf eine Funktion der allgemeinen Form $f(x) = c \cdot a^x$ mit $c \neq 0$ und $a \neq 1$. Für $c = 1$, so bezeichnet man diese Funktion üblicherweise als **Exponentialfunktion**, für $c \neq 1$ als **erweiterte Exponentialfunktion**.

Die Funktion $f(x) = a^x$ heißt **Exponentialfunktion**.

Bemerkungen
Die Exponentialfunktion $f(x) = a^x$ hat folgende Eigenschaften:
- Der Graph verläuft immer oberhalb der x-Achse.
- Der Graph geht immer durch den Punkt (0|1).
- Ist $a > 1$, so steigt der Graph, ist $0 < a < 1$, so fällt der Graph.

Beispiel
Zeichne die Graphen für $f(x) = 2^x$, $g(x) = 3^x$ und $h(x) = 0,5^x$.

x	f(x)	g(x)	h(x)
-2	0,25	0,11	4
-1,5	0,35	0,19	2,83
-1	0,5	0,33	2
-0,5	0,71	0,58	1,41
0	1	1	1
0,5	1,41	1,73	0,71
1	2	3	0,5
1,5	2,83	5,2	0,35
2	4	9	0,25

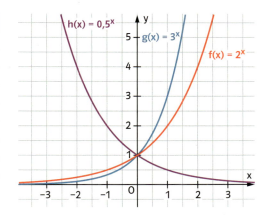

Tipp:
Du kannst mit einem Computerprogramm arbeiten.

Aufgaben

1 a) Zeichne die Graphen der Funktionen $g(x) = 1{,}5^x$ und $h(x) = 0{,}4^x$.
b) Bestimme anhand der Graphen näherungsweise die Werte:
$1{,}5^{3{,}2}$; $1{,}5^{4{,}5}$; $1{,}5^{-7}$; $0{,}4^{-1{,}7}$; $0{,}4^{1{,}5}$; $0{,}4^{-0{,}3}$

2 Zeichne die Graphen der Funktionen
$f(x) = 2^x$ und $g(x) = \left(\frac{1}{2}\right)^x$
$h(x) = \left(\frac{2}{5}\right)^x$ und $k(x) = \left(\frac{5}{2}\right)^x$
Was fällt dir auf?
Begründe, warum dieser Zusammenhang besteht.

3 Zeichne im Intervall [−2; 3] die Graphen $f(x) = 2^x$; $g(x) = 1{,}5 \cdot 2^x$ und $h(x) = 0{,}5 \cdot 2^x$.
Was bewirken die Faktoren 1,5 bzw. 0,5?
Formuliere eine allgemeine Regel.

4 Zeichne im Intervall [−2; 3] die Graphen $f(x) = 2^x$; $g(x) = 2^x + 3$ und $h(x) = 2^x - 3$.
Was bewirken die Summanden 3 bzw. −3?
Formuliere eine allgemeine Regel.

5 Zeichne im Intervall [−4; 4] die Graphen $f(x) = 0{,}8^x$ und $g(x) = 0{,}8^{-x}$
$h(x) = 2{,}5^x$ und $k(x) = 2{,}5^{-x}$
$m(x) = \left(\frac{1}{4}\right)^x$ und $n(x) = \left(\frac{1}{4}\right)^{-x}$
Was stellst du fest?

6 Ordne die Funktionsgleichungen den Graphen zu.

(1) $f(x) = 2^x$
(2) $f(x) = 1{,}5^x$
(3) $f(x) = 0{,}5^x$
(4) $f(x) = 1{,}25^x$
(5) $f(x) = 1^x$
(6) $f(x) = -0{,}25^x$
(7) $f(x) = -2^x$
(8) $f(x) = -2{,}5^x$

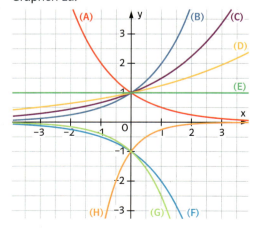

7 Eine Exponentialfunktion hat die Form $f(x) = a^x$.
Bestimme a für
a) $f(1) = 2$; b) $f(2) = 9$;
c) $f(10) = 0{,}35$; d) $f(0) = 1$;
e) $f(5) = 97{,}66$; f) $f(3) = 42{,}875$.

8 Bestimme die Funktionsgleichung der erweiterten Exponentialfunktion, die durch die Punkte P und Q verläuft.
a) P(0|4) und Q(1|5)
b) P(0|2) und Q(2|0,5)
c) P(1|18) und Q(4|31,104)
d) P(2|16) und Q(4|0,4096)
e) Warum ist eine Exponentialfunktion durch zwei Punkte eindeutig bestimmt?

9 Die Graphen der Exponentialfunktionen mit der Form $f(x) = a^x$ haben den Punkt P(0|1) gemeinsam. Begründe.

10 Welche Eigenschaften haben die Exponentialfunktionen
a) zur Basis 4 und zur Basis 8;
b) zur Basis 2 und zur Basis 6?
Welcher Zusammenhang besteht zwischen den beiden Funktionen?

11 Die Exponentialfunktionen werden an der y-Achse gespiegelt.
Wie lauten die Funktionsgleichungen?
Was ändert sich in ihrem Verlauf?
a) $f(x) = 6^x$
b) $f(x) = 1{,}5^x$
c) $f(x) = \left(\frac{3}{4}\right)^x$
d) $f(x) = (0{,}3)^x$
e) $f(x) = 1{,}2^x + 3$
f) $f(x) = 0{,}4^x - 5$

12 a) Wie verändert sich der Funktionswert, wenn die Basis der Funktion $f(x) = 2^x$ mehrmals verdoppelt wird?
D.h.: $f(x) = 2^x$; $f(x) = 4^x$; usw.
b) Die Basis der Funktion $f(x) = 2^x$ wird mehrmals um 1 vergrößert:
$f(x) = 2^x$; $f(x) = 3^x$; usw.
c) Denkt euch weitere Beispiele aus.
d) Präsentiert eure Ergebnisse mithilfe geeigneter Medien der Klasse.

Die Exponentialfunktion

5 Wachstumsprozesse modellieren

Auf dem Treffen der sieben führenden Industrienationen und Russlands (G 8) in Japan im Jahr 2008 wurde beschlossen, den Ausstoß von Treibhausgasen bis 2050 mindestens zu halbieren.

→ Um wie viel Prozent muss der Ausstoß jährlich reduziert werden, wenn man von einer exponentiellen Abnahme ausgeht?
→ Deutschland hatte 2007 einen Ausstoß von 791 Mio. t CO_2. Um wie viel Tonnen muss der CO_2-Ausstoß im Jahr 2009 und im Jahr 2019 reduziert werden und wie hoch ist der Ausstoß im Jahr 2050?
→ Begründe, warum es eher eine exponentielle Abnahme ist und keine lineare.

Mithilfe von linearen, quadratischen oder exponentiellen Funktionen kann man Aussagen über zukünftige oder vergangene Entwicklungen machen. Bevor man jedoch die Mathematik zu Hilfe nehmen kann, muss man den Sachverhalt verstehen, strukturieren und manchmal auch vereinfachen. Die mathematische Lösung muss dann noch bezogen auf den Sachverhalt auf ein sinnvolles Ergebnis hin überprüft werden.
Diesen Kreislauf nennt man **mathematisches Modellieren**.

Übersetzen

Reale Welt	Mathematik
Realsituation Die Lichtintensität nimmt bei leicht eingetrübtem Wasser je Meter Wassertiefe um 20 % ab. Eine Unterwasserkamera benötigt 35 % des Tageslichts, um noch gute Aufnahmen zu machen	Es handelt sich um eine exponentielle Abnahme, die mithilfe einer Exponentialfunktion beschrieben werden kann. Die Lösung wird zeichnerisch oder rechnerisch durch Näherungsverfahren bestimmt. $f(x)$ = Prozentsatz der Tageslichtintensität in einer bestimmten Wassertiefe x = Anzahl der Meter (Wassertiefe) $f(x) = 0{,}8^x$, daraus folgt $0{,}35 = 0{,}8^x$
Reale Ergebnisse Die rechnerische Lösung zeigt einen genauen Wert, der allerdings nur von Bedeutung ist, wenn der Taucher entsprechende Messgeräte besitzt. Sonst reicht auch die zeichnerische Lösung, da es sowieso nicht ratsam ist, bis an die Grenze der Lichtintensität zu gehen. Natürliche Einflüsse können den Wert verändern.	**Mathematische Ergebnisse** Durch das Näherungsverfahren erhält man den Wert $x = 4{,}7$. Das Schaubild zeigt, dass der Wert zwischen 4 m und 5 m liegt.

Bewerten — Lösen

Interpretieren

Aufgaben

1 Herr Steiner möchte für seine Altersvorsorge 10 000 € fest anlegen. Zwei Angebote für eine Festanlage liegen vor:
Bank A: 7 Jahre, Zinssatz 4,25 %.
Bank B: 7 Jahre, Zinssatz 3,5 %. Nach 7 Jahren Bonus von 10 % auf den Endbetrag.

2 2006 betrugen die bekannten Erdölreserven 174 Mrd. Tonnen. Für die Berechnung der Zeit, wie lange noch Erdöl gefördert werden kann, gibt es zwei Modelle:
1) Der jährliche Abbau liegt bei 3,8 Mrd. Tonnen.
2) Der Abbau lag 2006 bei 3,5 Mrd. Tonnen und steigert sich jährlich um 2 %.
Recherchiere im Internet wie hoch die Erdölreserven nach 2006 sind. Welches Modell entspricht der Realität oder müssen die Modelle verändert werden?

Wie lange werden die Erdölvorräte noch reichen?
Wissenschaftler gehen davon aus, dass …

3 Bundesschatzbriefe sind Wertpapiere, mit denen die Bundesrepublik Deutschland Kredite aufnimmt.
Es werden zwei Typen von Bundesschatzbriefen unterschieden:
– Beim Typ A (6 Jahre Laufzeit) werden die Zinsen jährlich ausbezahlt.
– Beim Typ B (7 Jahre Laufzeit) werden sie dem Kapital zugerechnet und mit verzinst.

Bundesschatzbriefe

Laufzeit (in Jahren)	1	2	3	4	5	6	7
Zinssatz (%)	3,5	3,75	3,75	4,00	4,00	4,25	4,25

Das siebte Jahr gilt nur für Typ B.

Frau Koch hat 5000 € angelegt und nach der abgelaufenen Laufzeit 1162,50 € mehr auf ihrem Konto.
Welchen Typ hatte sie gewählt?

Halbwertszeit

*Bei q = 0,5 spricht man von einer **Halbwertszeit**.*

Bei Schwefel-37 beobachtet man, dass sich in 5-Minuten-Abständen jeweils die Hälfte der noch vorhandenen Menge an Schwefel-37 durch radioaktiven Zerfall zersetzt. Die Zeit, in der sich bei exponentieller Abnahme die Ausgangsgröße halbiert, nennt man Halbwertszeit $T_{1/2}$. Der Wachstumsfaktor ist $q = 1 - 50\% = 1 - 0,5 = 0,5$.

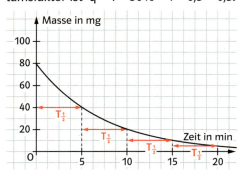

Beispiel: Wie viel radioaktiver Schwefel ist nach 20 Minuten noch vorhanden, wenn man mit 80 g startet?
$n = \frac{20\,\text{min}}{5\,\text{min}} = 4$; $W_n = 80 \cdot 0,5^4 = 5$.
Es sind noch 5 g vorhanden.

■ Radium-229 hat eine Halbwertszeit von 240 s, die Ausgangsmenge ist 48 mg.
Welche Menge Radium-229 ist nach sechs Minuten vorhanden?
Nach welcher Zeit sind noch 1,5 mg vorhanden?

Am 26. April 1986 ereignete sich bei Tschernobyl ein Reaktorunfall, bei dem mehrere radioaktive Isotope freigesetzt wurden. Sie belasten durch ihre Strahlung noch heute unsere Lebensmittel.
■ Berechne, um wie viel Prozent sich die Menge der einzelnen Stoffe bis 2008 reduziert hat.
■ Wann ist für die angegebenen Stoffe nur noch 10 % der ursprünglichen Menge vorhanden?

Isotop	Halbwertszeit
Jod-131	8 Tage
Cäsium-134	2 Jahre
Cäsium-137	30 Jahre
Strontium-90	28,8 Jahre

4 Radioaktiver Kohlenstoff C-14 ist mit einem bestimmten Anteil in jedem lebenden Organismus vorhanden. Nach dem Tod reduziert sich der Anteil innerhalb von 5730 Jahren auf die Hälfte. Werden Knochen bei archäologischen Ausgrabungen auf ihr Alter hin untersucht, muss nur festgestellt werden, welcher Bruchteil des ursprünglichen C-14-Anteils noch in den Knochen vorhanden ist (C-14-Methode).
a) Im Jahr 1992 wurde in den Ötztaler Alpen die Leiche eines Steinzeitmenschen („Ötzi") gefunden. Der Kohlenstoff C-14-Anteil betrug 57 % des ursprünglichen Werts.
b) Im November 1922 wurde das Grabmal des ägyptischen Königs Tutanchamun geöffnet. Es enthielt über 5000 wertvolle Gegenstände und in einem Schrein aus teilweise purem Gold fand man die Mumie des Königs. Man weiß, dass er in der Zeit von 1332 bis 1323 v. Chr. regierte.
Kann man mithilfe der C-14-Methode die geschichtlichen Daten überprüfen?

5 Das statistische Bundesamt ermittelt monatlich den Preisindex. An ihm kann man ablesen, um wie viel Prozent die Einzelhandelspreise, bezogen auf ein bestimmtes Basisjahr, gestiegen sind.

Kann man eine Aussage über den Preisindex von 2008 für Nahrungsmittel und für die Lebenshaltungskosten insgesamt machen?
Arbeite mit einer Partnerin oder einem Partner und stellt eure Überlegungen und Berechnungen der Klasse vor.

Verdopplungszeit

Eine Bakterienkultur verdoppelt sich alle zwei Stunden. Nach jeweils zwei Stunden erhöht sich der Bestand der Bakterienkultur somit um 100 %. Zu Beginn sind 250 Bakterien vorhanden.
Es handelt sich um ein exponentielles Wachstum mit dem Wachstumsfaktor $q = 1 + 100\% = 1 + 1 = 2$.
Die zeitlichen Abschnitte nennt man Verdopplungszeit (T_2).

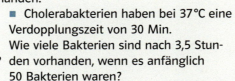

Beispiel: Wie viele Bakterien sind nach acht Stunden vorhanden?
Berechnung der Anzahl der Verdopplungszeiten: $n = \frac{8 \text{ Std.}}{2 \text{ Std.}} = 4$
Berechnung der Bakterienanzahl: $W_4 = 250 \cdot 2^4 = 4000$
Nach acht Stunden sind 4000 Bakterien vorhanden.

■ Unter günstigen Bedingungen haben Wanderratten eine Verdopplungszeit von 45 Tagen. Wie groß wäre eine Population von zehn Wanderratten nach drei Monaten? Wie viele Monate dauert es, bis eine Population von 80 Mio. erreicht würde?
Die Bedingungen haben sich für die Ratten verschlechtert. Ihre Verdopplungszeit beträgt jetzt 60 Tage.

■ Cholerabakterien haben bei 37 °C eine Verdopplungszeit von 30 Min.
Wie viele Bakterien sind nach 3,5 Stunden vorhanden, wenn es anfänglich 50 Bakterien waren?
■ Algen wachsen schnell. Innerhalb von drei Wochen haben sie sich verdoppelt. Nach wie vielen Wochen haben sie sich um das 100-Fache vermehrt?

Zusammenfassung

Wachstum und Abnahme

Das Wachstum d einer Größe in einem bestimmten Zeitabschnitt ist die Differenz zwischen neuer Größe und alter Größe. Ist d positiv, liegt ein **Wachstum** vor. Ist d negativ, liegt eine **Abnahme** vor, man spricht auch von einem negativen Wachstum.

Monat	Mai	Juni	Juli	August
Besucher	378	1712	1468	1656

d = neue Größe − alte Größe

d = 1712 − 378 = 1334 (Wachstum von Mai bis Juni)

d = 1468 − 1712 = −244 (Abnahme von Juni bis Juli)

durchschnittliches Wachstum

Das **durchschnittliche Wachstum** ist der Quotient aus der Differenz zwischen Endgröße und Anfangsgröße und der Anzahl der Zeitabschnitte.

$d = \frac{(1656 - 378)}{3} = 426$

Wachstumsrate

Wird ein Wachstum durch einen Prozentsatz beschrieben, so bezeichnet man diesen Prozentsatz als **Wachstumsrate**.

$p\% = \frac{\text{neue Größe} - \text{alte Größe}}{\text{alte Größe}}$

$p\% = \frac{1656 - 1468}{1468} = 0{,}128 = 12{,}8\%$

Wachstumsfaktor

Der Faktor, mit dem der alte Wert multipliziert werden muss, um den neuen Wert zu erhalten, heißt **Wachstumsfaktor**.

$q = 1 + p\%$

$q = 1 + 12{,}8\% = 1{,}128$

exponentielles Wachstum

Nimmt eine Größe in gleich großen Abschnitten immer um den gleichen Wachstumsfaktor zu bzw. ab, liegt ein **exponentielles Wachstum** vor.

$W_n = W_0 \cdot q^n$

$W_4 = 50 \cdot 2^4 = 800$

Exponentialfunktion

Das exponentielle Wachstum lässt sich mit einer Funktionsgleichung ausdrücken. Für c = 1 bezeichnet man diese Funktion üblicherweise als **Exponentialfunktion**, für c ≠ 1 als **erweiterte Exponentialfunktion**.

$f(x) = c \cdot a^x$

$f(x) = 2{,}5 \cdot 2^x$

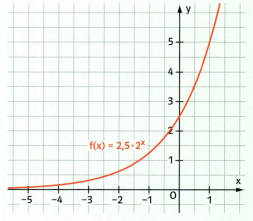

lineares Wachstum

Ein **lineares Wachstum** liegt vor, wenn in gleich großen Abschnitten die Zu- bzw. Abnahme immer den gleichen Betrag hat. Es wird mit einer linearen Funktion beschrieben.

$f(x) = mx + b$

$f(x) = 0{,}5x + 3$

Üben • Anwenden • Nachdenken

1 In der Tabelle ist das durchschnittliche jährliche Bruttoeinkommen in Tausend € je Arbeitnehmer angegeben.

	2001	2002	2003	2004	2005	2006
Japan	45,3	41,0	36,4	34,9	34,5	32,7
Deutschland	31,8	32,2	32,7	32,8	32,8	32,9

a) Zeichne für die beiden Länder ein Strichdiagramm.
b) Berechne das durchschnittliche jährliche Wachstum und trage die Geraden in das Strichdiagramm ein.
c) Recherchiere über mögliche Ursachen der Entwicklung der Bruttolöhne.

2 Bestimme den Wachstumsfaktor zu p% = 35% und p% = −12% und die Wachstumsrate zu q = 1,41 und q = 0,75.

3 Berechne die fehlenden Werte.

Alte Größe	Neue Größe	Wachstumsrate (p%)	Wachstumsfaktor (q)
3750 €	4098 €		
2,75 m		3,5	
	456 kg		1,055
4,78 t			0,96
	12850 Stück	−12	

4 Im Jahr 2007 lag der Preisindex für die allgemeine Lebenshaltung, bezogen auf das Basisjahr 1995, bei 120,7. D.h. man musste 2007 im Durchschnitt 20,7% mehr bezahlen als 1995.
a) Wie viel kostete ein Kilo Tomaten 1995, wenn man 2007 2,45 € dafür bezahlte?
b) 1995 kostete ein Liter Benzin 109,9 ct und 2007 bezahlte man dafür 135,9 ct. Trifft die Preisindexzahl auch für Benzin zu? Begründe.
c) Erkundige dich im Internet unter der Adresse des Statistischen Bundesamts nach den neuesten Preisindexzahlen.
d) Präsentiert eure Ergebnisse der Klasse. Nutzt verschiedene Medien und Methoden.

5 Welche Wertetabelle stellt ein lineares, ein quadratisches oder ein exponentielles Wachstum dar? Gib jeweils die Funktionsgleichung an.

x	−1	0	1	2	3
a)	−2	1	4	7	10
b)	0,1	1	10	100	1000
c)	3	2	1	0	−1
d)	0,4	1	2,5	6,25	15,625
e)	3	5	6	4	2
f)	3	0	3	12	27

6 Zeichne im Intervall [−3; 3] den Funktionsgraphen.
a) $f(x) = 1,3^x$
b) $f(x) = \left(\frac{1}{3}\right)^x$
c) $f(x) = 2^{-x}$
d) $f(x) = 3^{-x}$
e) $f(x) = 0,5^x + 2$
f) $f(x) = 0,5^x - 2$

7 Finde zu den Funktionsgleichungen passende Sachverhalte aus der Alltagswelt.
a) $f(x) = 2,5x$
b) $f(x) = 3000 \cdot 1,055^x$
c) $f(x) = -5x^2 + 180$
d) $f(x) = 40 - 1,5x$
e) $f(x) = 200 \cdot 0,95^x$
f) $f(x) = -0,0124x^2 + 242$
g) $f(x) = 0,24x + 55$
h) $f(x) = -5x^2 + 9x + 1,3$

8 Zeichne den Graphen der Exponentialfunktion zur Basis 2. Wähle 1 cm als Einheit für die x-Achse und die y-Achse.
a) Bei welchem x-Wert verlässt der Graph dein Heft (DIN-A4-Format)?
b) Für welchen x-Wert ist der Graph so hoch wie ein Schulgebäude von 12 m?

9 2005 legte Tom einen Betrag von 1000 € zu 4,5% fest an. Susanne legte 2007 auch einen Betrag von 1000 € festverzinslich zu 5,25% an. Wann werden beide gleich viel Geld haben?

10 a) Frau Schmitt hat 2800 € fest angelegt und erhält nach fünf Jahren 3607,75 €.
b) Herr Isfort hat 5000 € gewonnen. Er legt den Gewinn zu einem Zinssatz von 4,5 % fest an. Nach wie viel Jahren hat er sich verdoppelt?
c) Welchen Betrag hatte Frau Sommer angelegt, wenn ihr nach acht Jahren bei einem Zinssatz von 5,25 % auf dem Sparbuch 6776,25 € gutgeschrieben werden?

11 Die Erde ist ungefähr $3 \cdot 10^9$ Jahre alt. Wie viel Prozent des zum Zeitpunkt der Entstehung der Erde vorhandenen radioaktiven Kaliums-40 (Halbwertszeit $1,28 \cdot 10^9$ Jahre) haben sich seither bereits zersetzt?

12 Die Menge radioaktiven Stoffs hat in sechs Jahren um 34 % abgenommen. Welche Halbwertszeit hat dieser Stoff?

13 Der „Bacillus cereus" verdoppelt sich bei 37 °C nach 18,8 Minuten.
a) Wie viele Bakterien existieren nach zwei Stunden, wenn es zu Beginn der Zählung 400 Bakterien waren?
b) Wie viele Bakterien waren es eine Stunde vor der Zählung?

14 2007 betrug die Einwohnerzahl der Ukraine 46,5 Mio., die Sudans lag bei 38,6 Mio. Die Wachstumsrate der Ukraine lag in jenem Jahr bei – 0,6 %, die Sudans bei 2,2 %. Wann werden bei gleichbleibender Wachstumsrate im Sudan genauso viele Menschen leben wie in der Ukraine? Ermittle den Wert rechnerisch und mithilfe eines Schaubilds.

15 In einer mit rohen Eiern zubereiteten Speise befindet sich morgens um 9 Uhr eine Konzentration von 100 Salmonellen pro Gramm. Die Speise wird nicht gekühlt, deshalb verdoppeln sich die Salmonellen innerhalb von 20 Minuten. Wenn etwa 17 Mio. Bakterien in 1 g Nahrung aktiv sind, kommt es beim Verzehr zu gesundheitlichen Schäden.
Wann sollte man die Speise nicht mehr essen?

Wachstum und Zerfall

Arbeite mit einer Partnerin oder einem Partner.
- Ordnet den verschiedenen Texten A – F die Graphen I bis VI zu. Begründet eure Entscheidungen und beschriftet die Achsen.
- Präsentiert eure Ergebnisse der Klasse.

A Eine Bakterienkultur wächst anfangs exponentiell. Die ausgeschiedenen Giftstoffe führen aber zu einem abrupten Abbruch des Wachstums und dann zum völligen Zusammenbruch der Population.

B Ein Stein und eine Baumnuss fallen gleichzeitig von einer hohen Brücke. Der Stein schlägt deutlich früher im Wasser auf.

C Die empfundene Lautstärke wächst, wenn zuerst eine Trompete zu spielen beginnt, dann eine zweite und dritte hinzukommen.

D Ein Rennauto startet.

E Die Wachstumsraten der einzelnen Jahre weichen vom durchschnittlichen Wachstum ab.

F Eine mit heißem Tee gefüllte Tasse wird ins Zimmer gestellt. Die Temperaturabnahme pro Zeiteinheit ist am Anfang groß, weil auch die Temperaturdifferenz zur Umgebung recht groß ist. Sie wird dann immer kleiner.

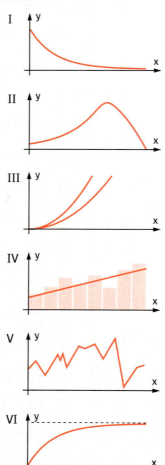

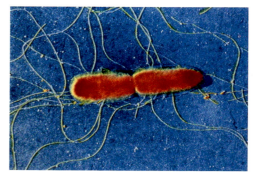

16 Ein Pkw erleidet einen Wertverlust durch das Alter und die Anzahl der gefahrenen Kilometer.
Der Verlust wird nach einem bestimmten Modus berechnet:
– 60% des Kaufpreises werden über das Alter abgeschrieben, mit einem jährlichen Verlust von 20%.
– 40% des Kaufpreises werden über die Anzahl der gefahrenen Kilometer abgeschrieben. Bei einem Kleinwagen sind es 1% pro 1000 Kilometer.
a) Welches Wachstum liegt jeweils vor? Erstelle dazu die Funktionsgleichungen und zeichne ein Schaubild.
b) Berechne den Wertverlust der beiden Pkw mit einem Neuwert von 15 000 €.

	Pkw A	Pkw B
Alter in Jahren	3	5
gefahrene km	44 000	21 000

17 Die Halbwertszeiten einiger radioaktiver Stoffe sind in der Tabelle erfasst.

Name	Halbwertszeit
Radium-228	5,75 a
Plutonium-239	$2,41 \cdot 10^4$ a
Uran-234	$2,46 \cdot 10^5$ a
Neon-17	109 ms
Francium-223	22 min

a) Welcher Prozentsatz ist nach drei, fünf und zehn Halbwertszeiten in der Umwelt jeweils noch vorhanden?
b) Welcher Prozentsatz hat sich nach zwei, vier und acht Halbwertszeiten zersetzt?
c) Welche Zeit ist bis dahin verstrichen?

18 Das Cäsium-Isotop Cs-137 hat eine Halbwertszeit von 30 Jahren. Nach welcher Zeit ist seine Masse auf ca. 10%, 1% bzw. 0,1% des ursprünglichen Werts gesunken?

Logarithmieren

Bei exponentiellem Wachstum kann, bei gegebener Basis und gegebenem Potenzwert auch der Exponent gesucht werden. Man kann den Wert (den Logarithmus) durch eine Näherungsrechnung bestimmen oder mit der log-Taste auf dem Taschenrechner. Einige Eigenschaften der Taste kannst du zusammen mit einer Partnerin oder einem Partner selbst herausfinden.

- Gebt nacheinander mehrere Zahlen ein und beobachtet die Ergebnisse. Eine Tabelle kann dabei helfen. Denkt an alle rationalen Zahlen. Entdeckt Gemeinsamkeiten.

z.B. log 5

- Jetzt könnt ihr bestimmt herausfinden, welche Zahl ihr in den Taschenrechner eingeben müsst, um 4 zu erhalten. Stellt euch gegenseitig solche Aufgaben. Denkt dabei auch an die negativen Zahlen und an die Umkehraufgabe.

log ? = 4

- Stellt eine Beziehung her zwischen den beiden Tasten **log** und **10^x**.

log ? = 10^x

Oft ist nicht der Logarithmus zur Basis 10 gesucht, sondern der zu einer beliebig anderen Basis. Dazu gibt es ein Verfahren, das die Berechnung mithilfe der Zehnerpotenzen ermöglicht.

- Den Logarithmus (den Exponenten) der Gleichung $5^x = 25$ könnt ihr im Kopf bestimmen.
Versucht es jetzt mit der rechts abgebildeten Tastenfolge:
Denkt euch weitere solche Beispiele aus und formuliert eine Regel dafür.

log 25 : log 5

- Überprüft eure Regel mithilfe der Umkehraufgabe.

$3^x = 50$ $1,05^x = 300$ $1,12^x = 1250$
$10^x = 200$ $1,045^x = 3450$ $2,13^x = 5760$

19 Ein Ball soll nach dem Aufprall jeweils auf 90% seiner vorherigen Fallhöhe zurückspringen. Man lässt diesen Ball aus 1,50 m Höhe fallen.
a) Wie oft ist er auf den Boden aufgesprungen, bis er zum ersten Mal weniger als 20 cm hoch springt?
b) Wie hoch springt er noch nach 5-maligem Auftreffen?
c) Wie viele Meter ist der Ball beim zehnten Auftreffen geflogen?
d) Stelle die Fallkurve in einem Schaubild dar.

20 Röntgenstrahlen werden durch Bleiplatten abgeschirmt. Bei einer Plattendicke von 1 mm nimmt die Strahlungsstärke um 5% ab.
a) Berechne die relative Strahlungsstärke bei einer 6 mm dicken Bleiplatte.
b) Wie dick muss die Bleiplatte sein, damit die Strahlung auf 10% der ursprünglichen Strahlungsstärke vermindert wird?

21 Der Luftdruck nimmt um 1,4% pro 100 m Höhenunterschied ab.
a) Wie ändert sich der Luftdruck, wenn man aus einer Höhe von 500 m bei beständigem Wetter auf den Kahlen Asten (841 m) oder die Zugspitze (2962 m) steigt?
b) Berechne den Luftdruck auf dem Kilimandscharo (5895 m) und dem Mt. Everest (8848). Der Luftdruck auf Meereshöhe soll 1013 hPa betragen.
c) Zeichne einen Graphen, der den Luftdruck in Abhängigkeit von der Höhe darstellt. Stelle die zugehörige Funktionsgleichung auf.

22 Bestimme, durch Probieren mit dem Taschenrechner, nach wie vielen Jahren sich ein Kapital bei einem Zinssatz von 2,5%, 3%, 5% und 6% verdoppelt hat.
a) Lege eine Tabelle mit p und der zugehörigen Verdopplungszeit D an.
b) Bilde das Produkt aus p und D. Was fällt dir auf?

Bungee-Jumping – freier Fall

Bungee-Jumping ist seit vielen Jahren der ultimative Thrill.
Ein paar Rechnungen können dir zeigen, was sich bei solch einem Sprung, der annähernd einem freien Fall entspricht, alles abspielen kann. Arbeite mit einer Partnerin oder einem Partner zusammen.
Um zu erfahren welche Geschwindigkeit der Springer hat, bevor er vom Seil abgebremst und wieder nach oben geschleudert wird, messt ihr die Zeitdauer des freien Falls. Sie beträgt drei Sekunden. Ihr wisst, dass die Geschwindigkeit eines fallenden Körpers pro Sekunde um ca. 10 m/s zunimmt.

■ Stellt den Zusammenhang zwischen Zeit und Geschwindigkeit in einem Schaubild dar. Welche Art von Funktion liegt vor?
■ Wie viele Meter ist der Springer in dieser Zeit gefallen?

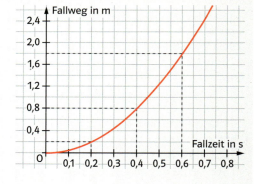

Entnehmt aus dem obenstehenden Schaubild den Fallweg bei einer gestoppten Zeit von 0,6 Sekunden.

■ Welcher Zusammenhang besteht zwischen Fallzeit und Fallweg?
■ Erweitert das Schaubild bis auf drei Sekunden Fallzeit.
■ Vergleicht eure beiden gezeicheten Schaubilder miteinander.

Rückspiegel

1 Gib die Wachstumsrate p% bzw. den Wachstumsfaktor q an.
a) p% = 5% b) p% = 28%
c) p% = 123% d) p% = −17%
e) q = 1,04 f) q = 0,80
g) q = 1,12 h) q = 0,985

2 Berechne die alte bzw. neue Größe.
a) Nach einer Lohnerhöhung um 3,5% verdient Herr Nieland jetzt 2656,58 €.
b) Die Aktie hat nur noch drei Viertel ihres ursprünglichen Werts, der bei 325 € lag.
c) Bulgarien hat 7,7 Mio. Einwohner. Die Wachstumsrate liegt bei −0,5%.

3 In der Tabelle ist die CO_2-Bilanz von Deutschland dargestellt (in Mio. t).

Jahr	1998	2000	2002	2004
CO_2	859,6	834,6	841,1	834,4

a) Berechne jeweils Jahr für Jahr das absolute und das prozentuale Wachstum.
b) Berechne das durchschnittliche absolute und prozentuale Wachstum pro Jahr.

4 Zeichne die Graphen zu den Funktionsgleichungen. Wähle für die x-Werte das Intervall [−3; 3].
a) $f(x) = 4^x$ b) $f(x) = 4^{-x}$
c) $f(x) = 2 \cdot 0,8^x$ d) $f(x) = 0,5^x + 2$

5 Gib für die folgenden Werte die Wachstumsrate und den Wachstumsfaktor an.
a) von 1250 kg auf 1350 kg
b) von 500 Stück auf 425 Stück
c) von 3800 € auf 5510 €
d) von 12 350 km auf 631 km

6 Ein Kapital wächst von 3000 € in acht Jahren auf 5552,79 €. Zu welchem Zinssatz war das Geld angelegt?

7 Klaus legt 2007 ein Kapital von 1500 € zu 5,5% an. Wann ist daraus ein Kapital von 2850 € geworden?
In welchem Jahr hätte er bereits dieses Kapital, wenn er 7,5% Zinsen erhielte?

1 Gib die Wachstumsrate p% bzw. den Wachstumsfaktor q an.
a) p% = 5,3% b) p% = 38,4%
c) p% = 312% d) p% = −15,6%
e) q = 2,05 f) q = 0,96
g) q = 2,125 h) q = 0,345

2 Berechne die alte Größe, die neue Größe, die Wachstumsrate und den Wachstumsfaktor.
a) Die Fahrradproduktion stieg von 3450 Stück auf 4312 Stück.
b) Die Firma Groß hat jetzt 2124 Beschäftigte. Ein Jahr zuvor waren es 2320.
c) Aktiencrash: Die Werte der Aktienkurse sanken um 32%.

3 2007 lebten in Europa 733 Mio. Menschen. Für das Jahr 2025 sagt man eine Bevölkerungszahl von 719 Mio. und für das Jahr 2050 von 669 Mio. voraus.
a) Berechne die absolute und prozentuale Abnahme.
b) Berechne die durchschnittliche absolute und prozentuale Abnahme.

4 Zeichne die Graphen zu den Funktionsgleichungen. Wähle für die x-Werte das Intervall [−5; 5].
a) $f(x) = \frac{4}{5} x$ b) $f(x) = \left(\frac{4}{5}\right)^x$
c) $f(x) = 1,4 \cdot 0,9^x$ d) $f(x) = 0,5^x - 2$
e) $f(x) = 2 \cdot 0,8^{-x}$ f) $f(x) = 2,5^x + 2$

5 Strontium-90 hat eine Halbwertszeit von 28,8 Jahren. Bestimme die jährliche prozentuale Abnahme.

6 Eine Algenkultur vermehrt sich wöchentlich um 15%. Wann hat sie die doppelte Größe erreicht?

7 Die Sparkasse bietet einen Zinssatz von 3,5% bei Festanlage von fünf Jahren. Welchen Betrag muss Lara einzahlen, wenn sie nach fünf Jahren 1000 € ausbezahlt bekommen möchte?

5 Trigonometrie

Treppen

Eines der berühmtesten Bauwerke der Welt ist die Stufenpyramide des Kukulcan in Chichen Itza, Mexiko. Sie wurde vor etwa 1500 Jahren erbaut.
Die Pyramide ist 24 m hoch. Auf ihr befindet sich ein 6 m hoher Tempel. Jede Pyramidenseite hat eine 34 m lange Treppe mit 91 Stufen.

Die Niesenbahn ist eine Bergbahn in der Schweiz. Die Bahn läuft auf Schienen und wird von einem Seil gezogen. Die Strecke ist 3500 m lang. Die Talstation liegt auf 693 m Höhe, die Bergstation auf 2336 m Höhe. Neben der Bahntrasse führt die längste Treppe Europas nach oben. Sie hat 11 674 Stufen.

Wovon hängt die Steilheit einer Treppe ab? Stellt Vermutungen auf.
Zeichnet für die Stufenpyramide und die Niesenbahn den Querschnitt mehrerer Treppenstufen im Maßstab 1:5.
Bestimmt den Steigungswinkel α der Treppe. Welcher der beiden Treppen ist steiler? Begründet.

Findet mehrere Möglichkeiten, die Steilheit einer Treppe zu beschreiben. In welchem Fall ist die Treppe steil, in welchem flach? Messt einige Treppenstufen in der Schule oder zu Hause und bestimmt zeichnerisch deren Steigungswinkel.
Vergleicht die Werte miteinander.
Wer hat die steilste Treppe?

Wichtige Maße von Treppen sind
- die Stufenhöhe s
- der Auftritt a.

Damit Treppen bequem und sicher begehbar sind, müssen s und a einige Bedingungen erfüllen:
- 26 cm ≦ a ≦ 32 cm
- 14 cm ≦ s ≦ 20 cm
- 60 cm ≦ 2 s + a ≦ 66 cm

Die dritte Regel heißt Schrittmaßregel. Das Schrittmaß einer durchschnittlichen großen Person beträgt nämlich gut 60 cm, und der Höhenanteil eines Schritts zählt doppelt.

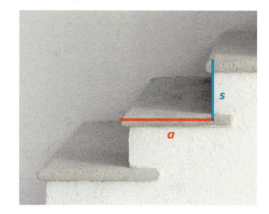

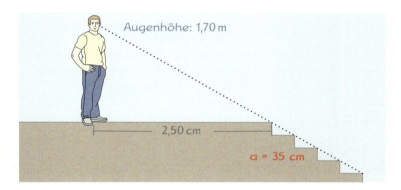

Welche Höhe hat eine Stufe der abgebildeten Treppe? Genügt sie der Schrittmaßregel?

Prüft einige Treppen in der Schule oder zu Hause, ob sie der Schrittmaßregel genügen.

In einem Geschäftshaus führt eine 34-stufige Treppe in den 5,10 m höher gelegenen 1. Stock. Wie viele Stufen hat die Treppe, die in den 2,85 m höher gelegenen 2. Stock führt, wenn sie die gleiche Steilheit besitzt?
Unter welchem Winkel steigen die beiden Treppen an?

Eine 15-stufige Treppe führt 2,40 m hoch. Ihr Handlauf ist 5,10 m lang. Genügt die Treppe der Schrittmaßregel?

In diesem Kapitel lernst du,

- was Sinus, Kosinus und Tangens sind,
- dass man mit Sinus, Kosinus und Tangens Seiten und Winkel von Dreiecken berechnen kann,
- wie man durch geschicktes Zerlegen oder Ergänzen Seiten, Winkel und Flächeninhalte von Vierecken und Vielecken berechnen kann,
- dass man Sinus, Kosinus und Tangens in vielen realistischen Situationen anwenden kann.

1 Sinus. Kosinus. Tangens

Forstfahrzeuge arbeiten oft an steilen Hängen.
→ Welche Möglichkeiten kennst du, Steigungen zu messen?
→ Welche Strecken helfen beim Messen der Steigung besonders gut?
→ Das Fahrwerk zeigt die Steigung besonders gut an. Kannst du sie berechnen, ohne die Länge des Fahrwerks zu kennen?
→ Schätze den Steigungswinkel des Hangs und prüfe dann, wie gut du geschätzt hast.

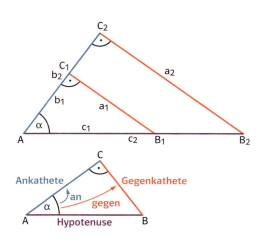

In den ähnlichen rechtwinkligen Dreiecken AB_1C_1 und AB_2C_2 gilt $\frac{a_1}{c_1} = \frac{a_2}{c_2}$. Das Seitenverhältnis hängt also nicht von der Größe der Dreiecke ab, sondern nur vom Winkel α. Dies gilt auch für andere Seitenverhältnisse. Die drei wichtigsten sind $\frac{a}{c}$; $\frac{b}{c}$ und $\frac{a}{b}$. Sie unterscheiden sich durch die Lage der Katheten in Bezug auf den Winkel α und haben besondere Namen.

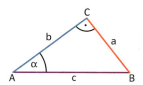

$\frac{a}{c} = \frac{\text{Gegenkathete von } \alpha}{\text{Hypotenuse}}$; $\frac{b}{c} = \frac{\text{Ankathete von } \alpha}{\text{Hypotenuse}}$; $\frac{a}{b} = \frac{\text{Gegenkathete von } \alpha}{\text{Ankathete von } \alpha}$

Die Seitenverhältnisse im rechtwinkligen Dreieck ABC mit $\gamma = 90°$ heißen

$\sin \alpha = \frac{\text{Gegenkathete von } \alpha}{\text{Hypotenuse}}$; $\cos \alpha = \frac{\text{Ankathete von } \alpha}{\text{Hypotenuse}}$; $\tan \alpha = \frac{\text{Gegenkathete von } \alpha}{\text{Ankathete von } \alpha}$

Man liest: Sinus von α; Kosinus von α; Tangens von α.

Bemerkung
Ist das Verhältnis zweier Seiten bekannt, so kann aus ihm mit dem Taschenrechner der Winkel α bestimmt werden.

Beispiele
a) In $\triangle ABC$ gilt $\sin \alpha = \frac{3}{5}$; $\cos \alpha = \frac{4}{5}$; $\tan \alpha = \frac{3}{4}$.
Aus $\sin \alpha = \frac{3}{5} = 0{,}6$ kann man mit dem Taschenrechner den Winkel α berechnen: $\alpha = 36{,}9°$.
Aus $\cos \alpha = \frac{4}{5} = 0{,}8$ folgt $\alpha = 36{,}9°$ und
aus $\tan \alpha = \frac{3}{4} = 0{,}75$ folgt $\alpha = 36{,}9°$.

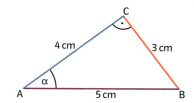

b) Oft müssen Sinus-, Kosinus- und Tangenswerte aus Dreiecken abgelesen werden, die anders liegen oder anders benannt sind als das Musterdreieck ABC. In den rechtwinkligen Teildreiecken ADC und DBC gilt

$\sin\alpha = \frac{h}{b}$; $\tan\alpha = \frac{h}{q}$; $\cos\varepsilon = \frac{h}{b}$ und
$\sin\beta = \frac{h}{a}$; $\cos\beta = \frac{p}{a}$; $\tan\beta = \frac{h}{p}$.

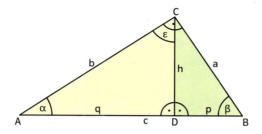

Aufgaben

1 a) Gib $\sin\alpha$; $\cos\alpha$ und $\tan\alpha$ an.
b) Gib $\sin\beta$; $\cos\beta$ und $\tan\beta$ an.

(1)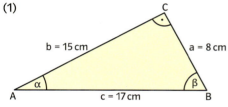

(2)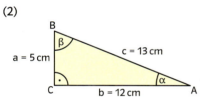

2 In △ABC gilt $\gamma = 90°$ und $\alpha = 38°$.
a) Bestimme $\sin\alpha$ und $\cos\alpha$.
b) Bestimme $\sin\beta$ und $\cos\beta$.

3 Berechne $\sin\alpha$, $\sin\beta$, $\cos\alpha$ und $\cos\beta$. Was fällt dir auf?

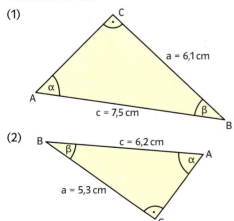

4

α	10°	20°	30°	…	80°
sin α	☐	☐	☐	☐	☐
cos α	☐	☐	☐	☐	☐
tan α	☐	☐	☐	☐	☐

Fülle die Tabelle aus. Was bemerkst du? Schreibe deine Beobachtungen auf.

5 Drücke durch ein Seitenverhältnis aus:
a) $\sin\alpha$; $\cos\alpha$; $\tan\alpha$; $\sin\beta$; $\cos\beta$; $\tan\beta$
b) $\sin\beta$; $\cos\beta$; $\tan\beta$; $\sin\gamma$; $\cos\gamma$; $\tan\gamma$

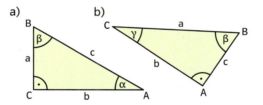

6 Drücke für die Figur auf dem Rand das angegebene Seitenverhältnis durch Sinus, Kosinus oder Tangens aus:
a) $\frac{h}{p}$ b) $\frac{p}{a}$ c) $\frac{h}{b}$ d) $\frac{q}{b}$ e) $\frac{a}{c}$

7 Drücke auf je drei Arten durch ein Seitenverhältnis aus:
a) $\sin\beta$ b) $\cos\beta$ c) $\cos\gamma$ d) $\tan\gamma$

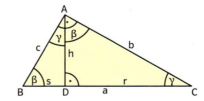

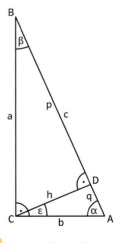

? *Warum gilt $\varepsilon = \beta$?*

Sinus. Kosinus. Tangens

Besondere Werte

Die Sinus-, Kosinus- und Tangenswerte hast du bisher mit dem Taschenrechner bestimmt. Für die Winkel 30°, 45° und 60° kannst du jedoch mithilfe geeigneter Dreiecke die Werte auch selbst berechnen.

Das 30°-, 60°-, 90°-Dreieck ist die Hälfte eines gleichseitigen Dreiecks.

Das 45°-, 45°-, 90°-Dreieck ist ein gleichschenklig-rechtwinkliges Dreieck.

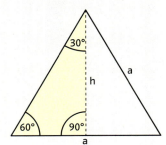
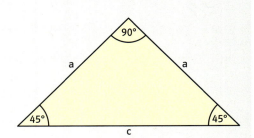

- Drücke die Höhe h bzw. die Hypotenuse c durch die Variable a aus.
- Bilde die Seitenverhältnisse für Sinus, Kosinus und Tangens für die Winkel 30°, 60° und 45°. Auf diese Weise erhältst du die besonderen Werte für Sinus, Kosinus und Tangens.
- Übertrage die Tabelle in dein Heft und fülle sie mit deinen gefundenen Werten aus.

Beachte dabei, dass im Nenner keine Wurzelwerte stehen sollen. Der Nenner wird durch Erweitern rational gemacht.

Beispiel: $\frac{1}{\sqrt{3}} = \frac{1 \cdot \sqrt{3}}{\sqrt{3} \cdot \sqrt{3}} = \frac{\sqrt{3}}{3} = \frac{1}{3} \cdot \sqrt{3}$

α	30°	45°	60°
sin α			
cos α			
tan α			

Nenner: irrational   rational

Es gibt noch weitere nützliche Beziehungen zwischen Sinus, Kosinus und Tangens.

$\sin \alpha = \cos(90° - \alpha)$ $\cos \alpha = \sin(90° - \alpha)$ $\tan \alpha = \frac{\sin \alpha}{\cos \alpha}$ $(\sin \alpha)^2 + (\cos \alpha)^2 = 1$

- Überprüfe mit den Werten deiner Tabelle diese Beziehungen.
- Zeige allgemein, dass die oben genannten Beziehungen für alle Winkel zwischen 0° und 90° gelten. Benutze dazu deinen Taschenrechner.
- Nina behauptet: „Eigentlich benötigt man nur die Sinuswerte." Hat Nina recht? Begründe.

Auch bei der nächsten Aufgabe ist deine Tabelle hilfreich.
- Drücke den Umfang u = a + b + c + d mithilfe der Größe e aus.

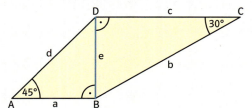
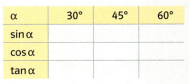

Beginne mit der Seite a:

$\frac{e}{a} = \tan 45°$

$e = a \cdot \tan 45°$

$e = a \cdot 1 = a$

2 Rechtwinklige Dreiecke berechnen

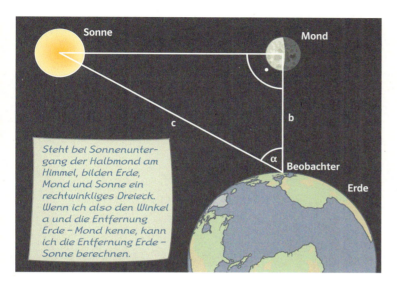

Steht bei Sonnenuntergang der Halbmond am Himmel, bilden Erde, Mond und Sonne ein rechtwinkliges Dreieck. Wenn ich also den Winkel α und die Entfernung Erde – Mond kenne, kann ich die Entfernung Erde – Sonne berechnen.

Dem vor etwa 2000 Jahre lebenden griechischen Astronom Aristarch wird das im Bild aufgeführte Zitat zugeschrieben.

→ Welcher Wert für den Winkel α ergibt sich aus den heute bekannten Entfernungen c = 150 Mio km und b = 384 000 km? Könntest du das Dreieck maßstäblich zeichnen?

→ Der Winkel α ist schwer zu messen. Aristarch erhielt 87°. Die Entfernung b kannte er recht genau. Welchen Wert errechnete er für c?

Im rechtwinkligen Dreieck gilt $\sin\alpha = \frac{a}{c}$. Aus je zwei der Größen α, a und c lässt sich die dritte berechnen. Allgemein braucht man für Berechnungen am rechtwinkligen Dreieck Sinus, Kosinus, Tangens und den Satz des Pythagoras.

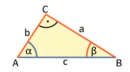

Im rechtwinkligen Dreieck lassen sich die fehlenden Seiten und Winkel berechnen, wenn folgende Seiten oder Winkel gegeben sind:
- die Hypotenuse und ein spitzer Winkel
- die zwei Katheten
- eine Kathete und ein spitzer Winkel
- die Hypotenuse und eine Kathete

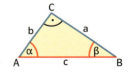

Bemerkung
Mit dem Taschenrechner ermittelte Werte sind meist zehnstellig. Da das Endergebnis nicht genauer sein kann als die gegebenen Größen, wird sinnvoll gerundet. Zur Vereinfachung schreiben wir statt des Zeichens „≈" das Gleichheitszeichen.

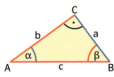

Beispiele
a) Gegeben: Hypotenuse und ein Winkel
c = 8,8 cm; α = 57,4°
Gesucht: a; b; β
Rechnung:
$\sin\alpha = \frac{a}{c} \quad | \cdot c$
a = c · sin α = 7,4 cm
b = c · cos α = 4,7 cm
β = 90° − 57,4° = 32,6°
Ergebnis:
a = 7,4 cm; b = 4,7 cm; β = 32,6°

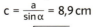

b) Gegeben: eine Kathete und ein Winkel
a = 5,3 cm; α = 36,5°
Gesucht: c; b; β
Rechnung:
$\sin\alpha = \frac{a}{c} \quad | \cdot c \quad | : \sin\alpha$
$c = \frac{a}{\sin\alpha} = 8{,}9$ cm
$b = \sqrt{c^2 - a^2} = 7{,}1$ cm
β = 90° − 36,5° = 53,5°
Ergebnis:
c = 8,9 cm; b = 7,1 cm; β = 53,5°

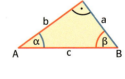

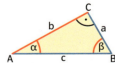

Rechtwinklige Dreiecke berechnen

c) Gegeben: zwei Katheten
a = 7,2 cm; b = 5,1 cm
Gesucht: α; β; c

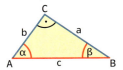

Rechnung:
$\tan\alpha = \frac{7{,}2\,\text{cm}}{5{,}1\,\text{cm}}$

α = 54,7°
β = 90° − 54,7° = 35,3°
$c = \sqrt{a^2 + b^2} = 8{,}8\,\text{cm}$
Ergebnis:
α = 54,7°; β = 35,3°; c = 8,8 cm

d) Gegeben: Hypotenuse und Kathete
c = 9,0 cm; a = 4,4 cm
Gesucht: α; β; b

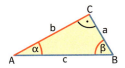

Rechnung:
$\sin\alpha = \frac{4{,}4\,\text{cm}}{9{,}0\,\text{cm}}$

α = 29,3°
β = 90° − 29,3° = 60,7°
$b = \sqrt{c^2 - a^2} = 7{,}9\,\text{cm}$
Ergebnis:
α = 29,3°; β = 60,7°; c = 7,9 cm

Aufgaben

1 Berechne die rot markierten Größen.

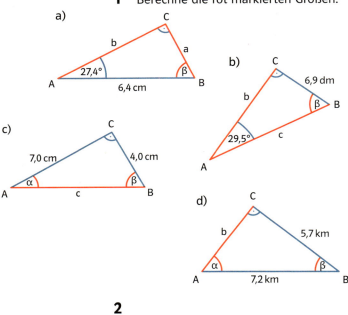

2

Wie weit sind Ahe bzw. Bergstein von Cens entfernt?

3 Berechne die grün markierten Größen.

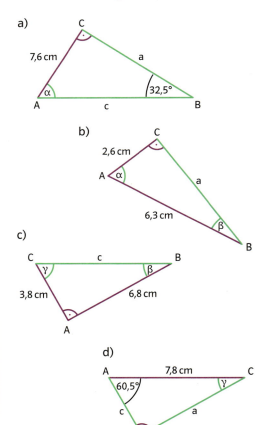

116   Rechtwinklige Dreiecke berechnen

4 Berechne die fehlenden Größen. Beginne mit einer Planfigur. (angegebene Seitenlängen in cm)

	a)	b)	c)	d)	e)	f)
a		7,8	6,5		1,0	
b		1,2				7,7
c	9,6		9,3	8,4		
α	34,0°				10,0°	
β				19,5°		76,5°

5 Berechne die fehlenden Größen der pythagoreischen Dreiecke. Die Katheten sind a und b, die Hypotenuse ist c.
a) a = 12 cm; b = 5 cm
b) a = 15 cm; c = 17 cm
c) b = 24 cm; c = 25 cm
d) a = 1360 cm; c = 1378 cm
e) c = 15641 cm; a = 15609 cm

6 Wie lang ist die Strecke x?

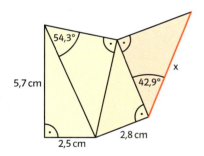

7 Berechne die fehlenden Größen.

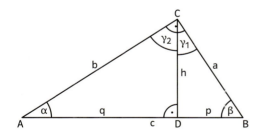

a) q = 2,5 cm; α = 35,0°
b) h = 6,2 cm; α = 75,0°
c) p = 5,8 cm; β = 31,2 °
d) p = 7,6 cm; α = 37,9°
e) h = 8,0 cm; p = 3,0 cm

8 Berechne die bezeichneten Winkel und Strecken. Achte auf ähnliche Dreiecke.

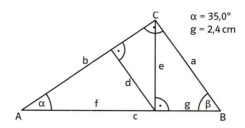

α = 35,0°
g = 2,4 cm

9 Berechne α, $\overline{BF}$ und $\overline{AE}$.

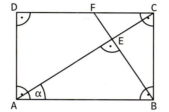

$\overline{BC}$ = 9,1 cm
$\overline{BE}$ = 7,6 cm

10 Bestimme die Länge x aus einer Gleichung. (alle Maße in cm)

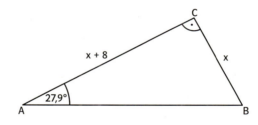

11 Berechne x und y. (alle Maße in cm)

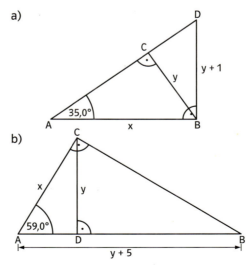

? Vera sagt: „Die Böschung vor unserem Haus hat 100% Steigung."
Carsten fragt: „Wohnt ihr an einer Klippe?"

Vorsicht Steigung!

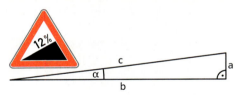

Die Steigung m einer Straße ist der Quotient aus dem Höhengewinn a und dem horizontal gemessenen Weg b. Es gilt

$$m = \frac{a}{b}.$$

Der Zusammenhang zwischen der Steigung und dem Steigungswinkel α ist also

$$m = \tan \alpha.$$

Die Steigung wird auch oft in % oder als Quotient angegeben.
Der horizontal gemessene Weg b ist der Grundriss des wahren Wegs c.

- Vergleiche das Verkehrszeichen mit der Schemazeichnung.
- Ergänze.
  α = 5°; m = □; m in % = □
  m = 16%; α = □; m = □/□
  m = 0,25; α = □; m = □/□
  m = $\frac{1}{3}$; m in % = □; α = □
- Berechne m für
  α = 10°; 20°; ...; 80°; 85°; 89°; 89,5°; 89,9°.
- Ist die Zuordnung von α zu m eine Proportionalität?
- Der Kartenausschnitt steht im Maßstab 1:100 000. Ermittle für die Straße von A (350 m über NN) nach B (1060 m über NN) die durchschnittliche Steigung und den durchschnittlichen Steigungswinkel.

Der Ort C liegt 672 m über NN. Wie groß ist die durchschnittliche Steigung auf einer Rundfahrt von A über B und C nach A?

! Suche Steigungsdreiecke mit ganzzahligen Seitenlängen.

12 An der Pass-Straße stehen Tafeln mit Höhenangaben. Frau Kluge liest am km-Zähler ihres Autos ab, dass sie von der 1050-m-Tafel bis zur 1700-m-Tafel 4900 m weit gefahren ist.
a) Wie groß ist die Steigung, wie groß ist der Steigungswinkel der Straße im Durchschnitt?
b) Wie lang ist der horizontal gemessene Weg?
c) Spielt es eine Rolle, dass die Straße Kurven hat?

13 Die Seilbahn hat zwei unterschiedlich steile Abschnitte.
Berechne die Steigungswinkel α und β.

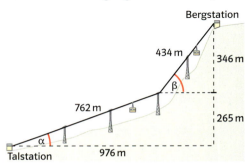

14 Berechne jeweils die Steigung m und den Steigungswinkel α der Geraden $g_1, \ldots, g_6$. Beachte, dass die Geradensteigungen auch negativ sein können.

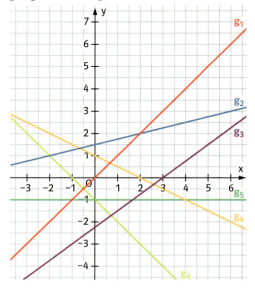

118 Rechtwinklige Dreiecke berechnen

15 Hohe Sendemasten werden durch Abspannseile gehalten. Man kann die Höhe des Masts mithilfe zweier Größen finden, die sich vom Boden aus messen lassen.

a) Wie hoch ist der Mast bis zum Befestigungspunkt des Seils? Wie hoch ist er insgesamt?
b) Wie lang sind die am weitesten nach oben führenden Seile?
c) In den USA gibt es etwa 600 m hohe Sendemaste. Wie lang sind ihre Seile?
d) Überlege, welcher Fehler entstehen kann, wenn man den Winkel und die Entfernung zwischen der Verankerung des Seils und dem Mastfuß aus einem Foto abliest.

16

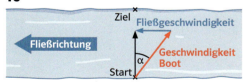

Der Fluss wird mit einem Boot überquert. Das Wasser fließt mit 15 km/h, das Boot erreicht eine Geschwindigkeit von 25 km/h (relativ zum Wasser). Mit welchem Winkel muss das Boot stromaufwärts gesteuert werden, damit es genau am gegenüberliegenden Ufer ankommt? Welche tatsächliche Geschwindigkeit erreicht das Boot? Spielt die Breite des Flusses eine Rolle?

17 Der Amazonas ist der größte Strom der Erde. Der Rhein ist dagegen recht klein.
a) Ein Reisender möchte die Breite des Amazonas messen. Am Rhein hat er mit einem einfachen Verfahren Erfolg. Welche Breite hat er dort berechnet? Warum könnte diese Messung am etwa 5 km breiten Amazonas schwierig werden?
b) Der Amazonas hat auf dem 4800 km langen Weg vom Eintritt in die Tiefebene bis zur Mündung ein Gefälle von 106 m. Wie groß ist der Winkel des Gefälles? Würde ein Ball hinunterrollen?

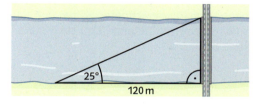 

18 Die Bugwelle von Schiffen hat immer einen Öffnungswinkel von etwa 40°.

 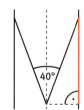

a) Ein Schiff fährt in der Mittellinie eines 160 m breiten Flusses. Um wie viel m, in Richtung des Flusses gerechnet, läuft der Auftreffpunkt der Bugwelle am Ufer dem Bug hinterher?
b) Der Auftreffpunkt der Bugwelle am linken Ufer liegt 50 m vor dem Auftreffpunkt am rechten Ufer. Wie weit ist die Fahrtlinie des Schiffs vom linken Ufer entfernt?
c) Bestätige deine Ergebnisse durch eine maßstäbliche Konstruktion.

Rechtwinklige Dreiecke berechnen

3 Trigonometrie in der Ebene

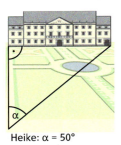
Heike: α = 50°

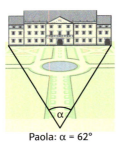
Paola: α = 62°

Irina: α = 60°

Heike, Paola und Irina haben erfahren, dass das Schloss 146 m breit ist. Sie überlegen, ob sie aus dem Sehwinkel α den Abstand des Wegs zum Schloss berechnen können.

→ Heike und Paola wählen günstige Stellen.

→ Irina meint: Es muss doch von jeder Stelle aus gehen!

In der Bilderfolge ist zu sehen, wie man aus einer Seite und den zwei anliegenden Winkeln schrittweise die fehlenden Größen eines allgemeinen Dreiecks berechnet. Die gegebenen und die berechneten Seiten und Winkel sind blau gefärbt, die noch unbekannten sind rot gefärbt. Der erste Schritt ist die Zerlegung des Dreiecks in zwei rechtwinklige Dreiecke.

(1)

(2)

(3)

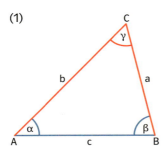
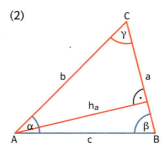
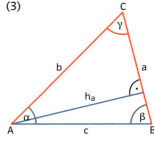

$\sin \beta = \dfrac{h_a}{c} \quad | \cdot c$

$h_a = c \cdot \sin \beta$

(4)

(5)

(6)

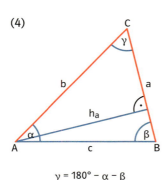
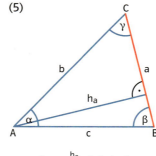
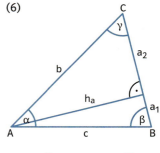

$\gamma = 180° - \alpha - \beta$

$\sin \gamma = \dfrac{h_a}{b} \quad | \cdot b \quad | : \sin \gamma$

$b = \dfrac{h_a}{\sin \gamma}$

$\cos \beta = \dfrac{a_1}{c} \quad | \cdot c \qquad \cos \gamma = \dfrac{a_2}{b} \quad | \cdot b$

$a_1 = c \cdot \cos \beta \qquad a_2 = b \cdot \cos \gamma$

$a = a_1 + a_2$

*Die Berechnung von Dreiecken heißt **Trigonometrie**.*

Mithilfe von Sinus, Kosinus und Tangens lassen sich aus geeigneten Stücken die fehlenden Stücke eines **allgemeinen Dreiecks** berechnen.
Der wichtigste Schritt ist die **Zerlegung** des Dreiecks **in zwei rechtwinklige Dreiecke**.

Bemerkung

Für den Flächeninhalt des Dreiecks gilt die
Formel $A = \frac{1}{2} c \cdot h_c$. Wegen $h_c = b \cdot \sin \alpha$
ergibt sich daraus $A = \frac{1}{2} bc \cdot \sin \alpha$.

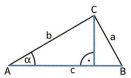

Diese Formel bedeutet: Der Flächeninhalt des Dreiecks ist das halbe Produkt aus zwei Seitenlängen und dem Sinus des eingeschlossenen Winkels.
Daher gelten auch die Formeln $A = \frac{1}{2} ab \cdot \sin \gamma$ und $A = \frac{1}{2} ac \cdot \sin \beta$.

Beispiel

Das Dreieck ABC ist gegeben durch zwei Seiten und den eingeschlossenen Winkel:
$a = 7{,}6$ cm; $b = 4{,}9$ cm; $\gamma = 65{,}0°$. Gesucht sind c, α und β.
Das Dreieck wird durch h_a zerlegt.

Schritt	Formel	Wert
1	$a_2 = b \cdot \cos \gamma$	$a_2 = 2{,}07$ cm
2	$h_a = b \cdot \sin \gamma$	$h_a = 4{,}44$ cm
3	$a_1 = a - a_2$	$a_1 = 5{,}53$ cm
4	$c = \sqrt{h_a^2 + a_1^2}$	$c = 7{,}09$ cm
5	$\sin \beta = \frac{h_a}{c}$	$\beta = 38{,}77°$
6	$\alpha = 180° - \beta - \gamma$	$\alpha = 76{,}23°$

Ergebnis: $c = 7{,}1$ cm; $\alpha = 76{,}2°$; $\beta = 38{,}8°$

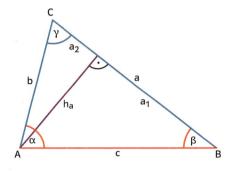

Je nachdem, wo und wie in der Rechnung gerundet wird, können kleine Unterschiede im Endergebnis entstehen.

*Die Rechnung wird genauer, wenn man mit einer **Reserveziffer** rechnet. Das Endergebnis wird dann nochmals gerundet.*

Aufgaben

1 Berechne die rot markierten Größen.

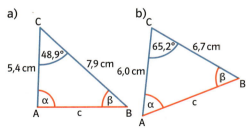

2 Berechne die rot markierten Größen.

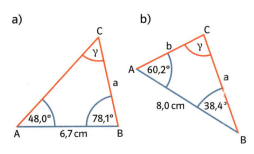

3 Die blau markierten Größen sind gegeben, die rot markierten sind gesucht. Eine Höhe hilft. Zur Kontrolle kannst du das Dreieck konstruieren.

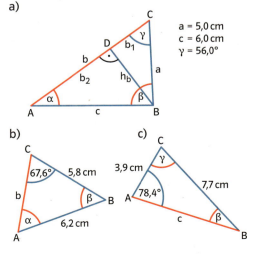

! *Tipp für alle Berechnungen:*
*Ist nur ein Winkel bekannt, so zerlege ihn **nicht**!*
*Ist nur eine Seite bekannt, so zerlege sie **nicht**!*

4 Welchen Flächeninhalt A hat △ABC?
a) a = 9,5 cm; b = 7,3 cm; γ = 55,7°
b) b = 6,7 cm; c = 5,6 cm; α = 70,0°
c) a = 8,2 cm; c = 4,9 cm; α = 42,5°;
   γ = 57,1°

5 Berechne die fehlenden Größen.
(Seitenlängen in cm; Planfigur!)

	a)	b)	c)	d)	e)
a	9,6	9,5		7,6	
b		7,2	3,6		7,5
c				5,5	6,0
α			67,5°		
β	25,0°			85,0°	65,7°
γ	75,0°	72,0°	42,4°		

6 Wie lang ist der Regattakurs?

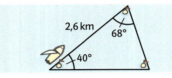

7 Von einem Schiff aus wird von den drei Punkten A, B und C ein Leuchtturm angepeilt.
a) Wie weit ist das Schiff in B vom Leuchtturm entfernt?
b) Wie lang ist der Teil $\overline{BC}$ seines Weges?

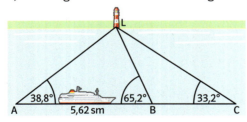

8 Der Ort C ist vom Ort A aus über B oder über D erreichbar.
a) Wie groß ist die Entfernung in Luftlinie?
b) Wie lang ist der Weg über D?

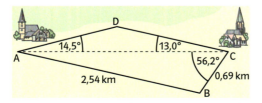

sin 147° = ???

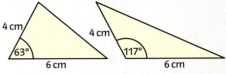

■ Berechne den Flächeninhalt der zwei Dreiecke mit der Formel $A = \frac{1}{2}bc\sin\alpha$. Was stellst du fest? Probiere auch mit denselben Seitenlängen und $\alpha_1 = 55{,}7°$; $\alpha_2 = 124{,}3°$.

■ Wie hängen α_1 und α_2 zusammen?

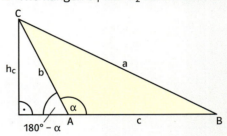

Das stumpfwinklige Dreieck ABC hat die Höhe $h_c = b \cdot \sin(180° - \alpha)$ und damit den Flächeninhalt
$A = \frac{1}{2}bc \cdot \sin(180° - \alpha)$.
Man kann A aber auch mit der Formel
$A = \frac{1}{2}bc \cdot \sin\alpha$ berechnen.
Wie muss demnach $\sin\alpha$ für stumpfe Winkel α festgelegt werden?

■ Berechne den Flächeninhalt von △ABC:
b = 9,0 cm; c = 7,2 cm; α = 147,0°
b = 10,0 cm; c = 5,0 cm; α = 120,0°
a = 4,2 cm; b = 8,4 cm; γ = 124,6°

■ „Je näher α bei 90° liegt, desto näher liegt sin α bei 1."
Wähle selbst Winkel α und prüfe diese Aussage nach. Erkläre sie an rechtwinkligen Dreiecken mit γ = 90°.
Welchen Wert wird man für sin 90° festlegen? Stelle ähnliche Überlegungen für sin 0° an.

■ Welche Formel entsteht, wenn man α = 90° in die Flächenformel einsetzt?

9 Der Turmhelm ist eine quadratische Pyramide. Wie viel m² Dachfläche sind einzudecken?

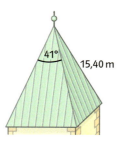

11 Das Gewächshaus wird verglast.

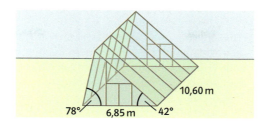

10 Die Giebelwand wird neu gestrichen. 1 l Farbe reicht für 5 m² und kostet 10,05 €.

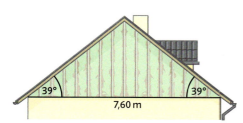

12 Der Dachraum soll ausgebaut werden. Raumteile unter 1,60 m Höhe werden durch Wandplatten abgetrennt.
Berechne
a) die Dachfläche.
b) die Giebelhöhe.
c) das Volumen des nutzbaren Raums.

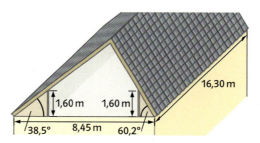

Polarkoordinaten

Innerhalb eines Koordinatensystems kann die Position eines Punktes angegeben werden.
- Gib die Position eines Punktes P an. Beschreibe, wie du vorgegangen bist.

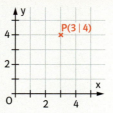

Bisher haben wir immer das **kartesische Koordinatensystem** benutzt.
Aber es gibt auch andere Möglichkeiten, die Lage eines Punktes anzugeben.
- Rechts siehst du die Möglichkeit, mit so genannten **Polarkoordinaten** die Position eines Punktes anzugeben. Beschreibe, wie man dabei vorgeht.
- Der Punkt P(3|4) hat die Polarkoordinaten P(5|53,1°). Beschreibe, wie man bei der Umrechnung vorgehen muss.
- Welche Polarkoordinaten haben die Punkte O(10|5), Q(1|9), und R(7|2)?
- Welche kartesischen Koordinaten haben die Punkte P(7|54°), Q(3|81°) und R(6|20°)?

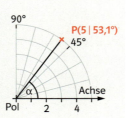

Trigonometrie in der Ebene

Vielecke zerlegen

Jedes Viereck oder Vieleck lässt sich in rechtwinklige Dreiecke zerlegen oder durch rechtwinklige Dreiecke zu einem Rechteck ergänzen. Manchmal sind zum Zerlegen oder Ergänzen auch Rechtecke oder Trapeze günstig. Zerlegungs- und Ergänzungslinien können **Senkrechte zu einer Seite**, **Parallelen zu einer Seite** und **Diagonalen** sein.

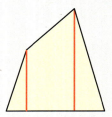 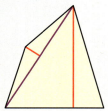 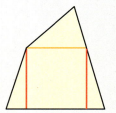 

Beispiel
Die Seiten a, b, d und die Winkel α und β des Vierecks ABCD sind gegeben.
Gesucht ist der Flächeninhalt A.
Das Viereck wird in ein rechtwinkliges Trapez und ein rechtwinkliges Dreieck zerlegt.

Schritt	Formel	Wert
1	$a_2 = b \cdot \cos\beta$	$a_2 = 3{,}07\,\text{cm}$
2	$e = b \cdot \sin\beta$	$e = 5{,}04\,\text{cm}$
3	$A_{EBC} = \frac{1}{2} a_2 \cdot e$	$A_{EBC} = 7{,}74\,\text{cm}^2$
4	$a_1 = a - a_2$	$a_1 = 4{,}93\,\text{cm}$
5	$A_{AECD} = \frac{1}{2}(d + e) \cdot a_1$	$A_{AECD} = 21{,}30\,\text{cm}^2$
6	$A = A_{EBC} + A_{AECD}$	$A = 29{,}04\,\text{cm}^2$

Ergebnis: $A = 29{,}0\,\text{cm}^2$

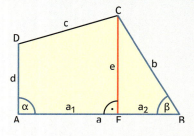

$a = 8{,}0\,\text{cm};\ b = 5{,}9\,\text{cm};\ d = 3{,}6\,\text{cm};$
$\alpha = 90°;\ \beta = 58{,}6°$

13 Berechne den Flächeninhalt A des Vierecks ABCD.

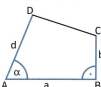

$a = 7{,}2\,\text{cm}$
$b = 3{,}6\,\text{cm}$
$d = 5{,}7\,\text{cm}$
$\alpha = 68{,}2°$
$\beta = 90°$

14 Berechne den Flächeninhalt A und den Umfang u des Vierecks ABCD. Löse durch Zerlegen und durch Ergänzen.

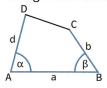

$a = 8{,}4\,\text{cm}$
$b = 5{,}0\,\text{cm}$
$d = 5{,}8\,\text{cm}$
$\alpha = 76{,}0°$
$\beta = 56{,}3°$

15 Berechne die fehlenden Seiten des Vierecks. Tipp: Ergänzen!

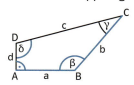

$a = 5{,}6\,\text{cm}$
$b = 7{,}0\,\text{cm}$
$\beta = 130{,}0°$
$\delta = 105{,}0°$

16 Bestimme den Winkel δ.

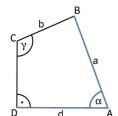

$a = 8\,\text{cm}$
$d = 5\,\text{cm}$
$\alpha = 70°$
$A = 25\,\text{cm}^2$

17 Aus einer Ackerfläche wurde ein Erholungswald.

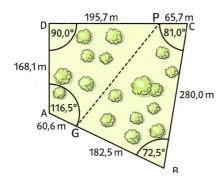

a) Welchen Flächeninhalt hat das Waldstück?
b) Wie lang ist der Weg vom Parkplatz P bis zum Grillplatz G?

18 Ein Baugrundstück wird geteilt.

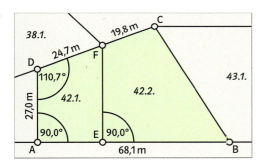

a) Wie lang ist die neue Grenze $\overline{EF}$?
b) Welchen Flächeninhalt haben die zwei Teile?

19 Berechne den Flächeninhalt des Eckgrundstücks. Benutze unterschiedliche Zerlegungen. Vergleiche die Ergebnisse.

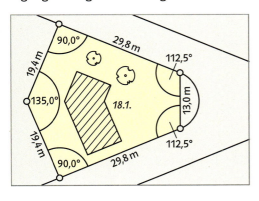

20 Berechne die Giebelfläche und die Dachfläche des Hauses.

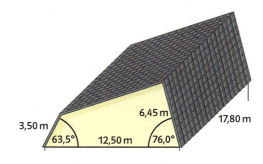

21 a) Wie lang ist der Steg?
b) Wie viel Prozent Steigung hat der Steg?

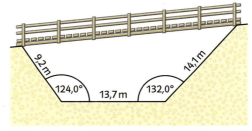

22 Eine Bahnstrecke liegt auf 320 m Länge in einem Einschnitt mit trapezförmigem Querschnitt. Sie wechselt dann auf einen 630 m langen Damm über.

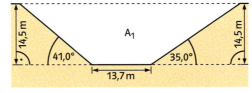

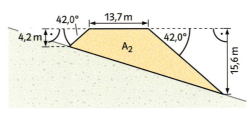

a) Berechne die Querschnittsflächen des Einschnitts und des Damms.
b) Kann der gesamte Erdaushub zum Aufschütten des Damms verwendet werden?

Vielecke zerlegen

Grundstücke vermessen

In der Praxis werden Grundstücke von einem einzigen Punkt aus vermessen. An einem Dreieck ist die Methode am leichtesten zu erklären.

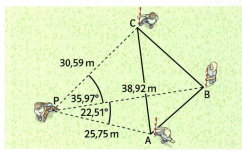

Das Messinstrument steht im Punkt P. Die Entfernungen zu den Eckpunkten A, B, und C werden durch die Laufzeit eines Signals bestimmt. Die Winkel werden auf einer Skala abgelesen. Der gesuchte Flächeninhalt wird aus drei Dreiecken mit Eckpunkt P berechnet.

$A_{ABC} = A_{PAB} + A_{PBC} - A_{PCA} =$
$\frac{1}{2} \cdot 25{,}75 \cdot 38{,}92 \cdot \sin 22{,}51° + \frac{1}{2} \cdot 38{,}92 \cdot 30{,}59 \cdot \sin 35{,}97° - \frac{1}{2} \cdot 25{,}75 \cdot 30{,}59 \cdot \sin(22{,}51° + 35{,}97°) = 205{,}75$

Damit ergibt sich $A_{ABC} = 205{,}75\,m^2$.

Mit einem Tabellenkalkulationsprogramm kannst du dir viel Arbeit sparen.
In dem Screen-Shot siehst du die Berechnung der oben abgebildeten Dreiecksfläche und einer Vierecksfläche. Der Befehl in der Zelle G4 entspricht der bekannten Flächenformel

$A = \frac{1}{2} \cdot \overline{PA} \cdot \overline{PB} \cdot \sin(\text{Winkel APB})$

G4			= 0,5*B4*B5*(SIN(PI()*D4/180))				
	A	B	C	D	E	F	G	H
1	Flächenberechnung für Dreiecke							
2								
3		Strecke	Winkel	Winkelmaß		Teilfläche	Flächengröße	Faktor
4	PA	25,75	APB	22,51		PAB	191,84	1
5	PB	38,92	BPC	35,97		PBC	349,65	1
6	PC	30,59	CPA	58,48		PCA	335,74	-1
7	PA	25,75						
8						gesuchte		
9						Fläche:	205,75	
10								
11								
12	Flächenberechnung für Vierecke							
13								
14		Strecke	Winkel	Winkelmaß		Teilfläche	Flächengröße	Faktor
15	PA	40,28	APB	25,80		PAB	657,15	1
16	PB	74,97	BPC	50,45		PBC	1267,71	1
17	PC	43,86	CPD	16,25		PCD	124,21	-1
18	PD	20,24	DPA	60,00		PDA	353,02	-1
19	PA	40,28						
20						gesuchte		
21						Fläche:	790,48	

Da das Programm die Eingabe des Winkels im so genannten Bogenmaß verlangt, muss von Winkelgrad in Bogenmaß umgerechnet werden. Die Formel dafür lautet:

α (im Bogenmaß) $= \dfrac{\pi \cdot \alpha \text{ (in Grad)}}{180°}$.

■ Erkläre den Befehl in Zelle G4.

■ Erkläre, welche Werte in den Spalten B, D und G stehen.
■ Welche Bedeutung hat die Spalte H?
■ Wie muss der Befehl in der Zelle G9 bzw. G21 lauten?

■ Nun kannst du schnell die rechts abgebildete Fläche berechnen. Achte dabei auf die korrekte Eingabe der Strecken und der Winkel.

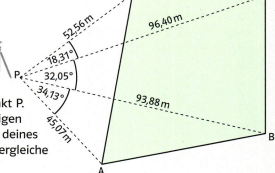

■ Zeichne auf ein Blatt ein beliebiges Viereck und einen Punkt P. Miss alle Strecken von P nach A, B, C und D und die zugehörigen Winkel. Berechne mit dem Kalkulationsprogramm die Fläche deines Vierecks. Bestimme die Flächengröße durch Zerlegung und vergleiche die beiden Ergebnisse. Begründe eventuelle Abweichungen.

In der Praxis erfolgt die Berechnung der Fläche über Koordinaten. Dabei wird jedem Eckpunkt mithilfe der gemessenen Strecken und Winkel eine x- und eine y-Koordinate zugeordnet. Die gesuchte Fläche wird dann mit einer geeigneten Formel berechnet.

4 Trigonometrie im Raum

Manche in Wirklichkeit rechten Winkel sehen im Schrägbild nicht wie rechte Winkel aus, und umgekehrt sind nicht alle rechten Winkel des Schrägbilds auch in Wirklichkeit rechte Winkel.
Im abgebildeten Würfel findest du viele Dreiecke aus Kanten und farbigen Strecken.
→ Suche nach rechtwinkligen Dreiecken.
→ Suche auch Dreiecke, die sicher nicht rechtwinklig sind.

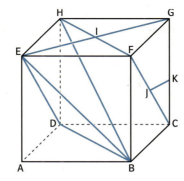

Um Strecken und Winkel in Körpern zu berechnen, muss man oft schräg liegende Dreiecke betrachten. Ihre Form kann von der wirklichen Form abweichen.

Im abgebildeten Quader ist △ ADH rechtwinklig. Auch △ ABH ist rechtwinklig, denn alle Strecken auf der linken Seitenfläche des Quaders stehen auf $\overline{AB}$ senkrecht. Man kann daher den Winkel β durch die Seitenlängen ausdrücken:

$d = \sqrt{a^2 + \overline{AH}^2}$
$ = \sqrt{a^2 + b^2 + c^2}$

$\cos β = \frac{a}{d}$

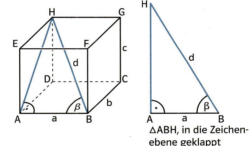

△ABH, in die Zeichenebene geklappt

> Sind Strecken und Winkel in Körpern zu berechnen, sucht man geeignete rechtwinklige Dreiecke. In diesen **Hilfsdreiecken** wird dann gerechnet. Es ist oft günstig, sie einzeln herauszuzeichnen.

Beispiel

Der Winkel φ zwischen der Grundfläche und einem Manteldreieck der quadratischen Pyramide wird berechnet.
Aus dem Stützdreieck BES ergibt sich die Seitenflächenhöhe h_S:

$h_S = \sqrt{s^2 - \left(\frac{a}{2}\right)^2} = 10{,}91\,\text{cm}$

Aus dem Stützdreieck MES ergibt sich

$\cos φ = \frac{\frac{a}{2}}{h_S}$

$φ = 62{,}7°$.

Der gesuchte Winkel beträgt 62,7°.

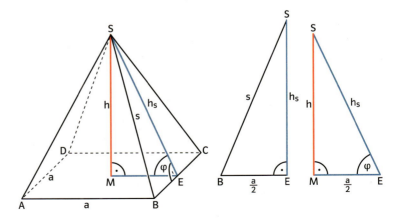

Grundkante a = 10 cm
Seitenkante s = 12 cm

Aufgaben

1 Zwischen welchen Strecken erkennst du rechte Winkel?
Die Punkte I, J und K sind Seitenmitten. Rechte Winkel zwischen zwei Quaderkanten brauchst du nicht zu nennen.

2 a) Gib die Seitenlängen und Winkel des Dreiecks im Quader an.
b) Wie viele Dreiecke im Quader gibt es, die zu dem gezeichneten Dreieck kongruent sind?
c) Zeichne den Quader und trage die Dreiecke BHE und ABH ein. Wie groß sind die Winkel dieser Dreiecke?
d) Miss zuhause ein quaderförmiges Zimmer aus. Gib die Winkel der drei möglichen Raumdreiecke an.
Ihr könnt auch den Klassenraum vermessen.

a = 8 cm
b = 10 cm
c = 6 cm

3 Berechne das Volumen der abgebildeten quadratischen Pyramiden.

a) b)

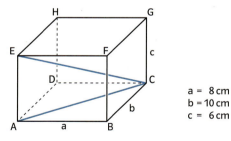

4 Berechne den Winkel φ und den Winkel α der Cheopspyramide.

$\overline{SM}$ = 146,6 m
$\overline{AB}$ = 230,3 m

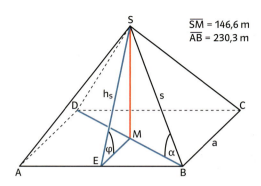

5 Die Mindestdachneigung gewährleistet, dass Regenwasser so schnell abläuft, dass es nicht ins Gebäude eindringen kann. In der Tabelle sind einige Mindestdachneigungen aufgeführt.

Schiefer	Ziegel	Kunststoff
25°	30°	15°

Wie hoch muss der Dachkegel eines kreisförmigen Turmes mit 15 m Durchmesser für die drei angegebenen Dachmaterialien mindestens sein?

Regelmäßige Vieleckpyramiden

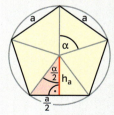

Bestimme die Größe der Grundfläche G in Abhängigkeit von a und α.
Tipp: Benutze trigonometrische Beziehungen.

■ Eine regelmäßige achtseitige Pyramide hat die Grundkantenlänge a = 6 cm und eine Höhe h = 15 cm. Bestimme das Volumen.

■ Vergleiche das Volumen einer zwölfseitigen regelmäßigen Pyramide mit der Grundkantenlänge a = 5 cm und der Höhe h = 10 cm mit dem eines Kegels gleicher Höhe und einem Grundflächenumfang von 60 cm.

5 Die Sinusfunktion

Es gibt Riesenräder in allen Größen, manche haben einen Durchmesser von über 100 m. Je nach Position und Drehrichtung bewegen sich die Gondeln in verschiedene Richtungen. Das abgebildete Riesenrad dreht sich gegen den Uhrzeigersinn. Eine Umdrehung dauert 60 s.

→ In welcher Position bewegt sich eine Gondel nach rechts aufwärts, nach links abwärts?
→ Wo steht die markierte Gondel nach 15 s, 30 s, 45 s, 60 s und 90 s?

Ein rechtwinkliges Dreieck mit der Hypotenuse 1 hat die Katheten $\cos\alpha$ und $\sin\alpha$. Die Figur rechts zeigt: Der Punkt P auf dem Viertelkreis mit dem Radius 1 und dem Koordinatenursprung als Mittelpunkt hat die Koordinaten $x = \cos\alpha$ und $y = \sin\alpha$. Dieser Zusammenhang gilt nicht nur für den Viertelkreis im 1. Quadranten, sondern auch für den ganzen Kreis.

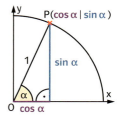

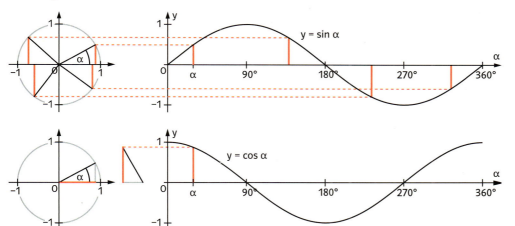

> Ein Kreis mit dem Radius 1 heißt **Einheitskreis**. Auf dem Einheitskreis liegt der Punkt P in der Ausgangsposition (1 | 0). Er umläuft den Kreis entgegen dem Uhrzeigersinn.
> Die Funktion, die dem Drehwinkel α
>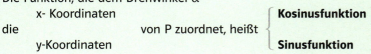

Bemerkung
Zum Zeichnen der Funktion wird in der Regel die Einheit auf den Koordinatenachsen so gewählt, dass das Intervall [0°; 60°] auf der α-Achse ebenso lang ist wie eine Einheit auf der y-Achse.

Beispiele

a) Ein Punkt läuft von (1|0) aus einmal in 30 s um den Einheitskreis. Seine Koordinaten nach t = 12 s werden berechnet. Zu t = 12 s gehört der Winkel $\alpha = \frac{12}{30} \cdot 360° = 144°$. Damit ergeben sich die Koordinaten x = cos 144° = –0,81 und y = sin 144° = 0,59.

b)

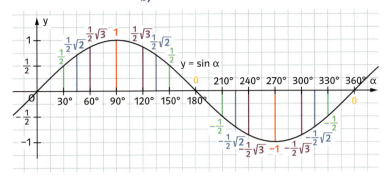

Der Graph der Sinusfunktion wird mit der Einheit 2 cm auf der y-Achse gezeichnet. Das Intervall [0°; 360°] erhält damit die Länge 12 cm. Eine gute Zeichnung entsteht schon mithilfe der besonderen Werte. Dabei werden die Näherungen $\frac{1}{2}\sqrt{2} \approx 0{,}71$ und $\frac{1}{2}\sqrt{3} \approx 0{,}87$ benutzt. Noch genauer wird die Zeichnung, wenn die Werte in Schritten von 15° bestimmt werden.

Aufgaben

1 Zeichne die Sinuskurve mit der Einheit
a) 1 cm,   b) 3 cm.

2 In welchem Quadranten sind sowohl Sinus als auch Kosinus negativ?

3 Der Punkt mit den Koordinaten (cos 35° | sin 35°) wird an der x-Achse bzw. an der y-Achse gespiegelt. Welcher Winkel gehört zum gespiegelten Punkt?

4 Löse mithilfe des Taschenrechners. Gib auch die zweite Lösung an.
a) sin α = 0,2   b) cos α = 0,3
c) sin α = 0,9   d) cos α = 0,7
e) cos α = –0,25   f) sin α = –0,8

5 Je zwei der angegebenen Winkel ergeben denselben Wert. Nenne die zusammengehörigen Winkel. Das kannst du auch ohne Taschenrechner.
a) Für die Werte der Sinusfunktion:
50°   160°   250°   100°   20°   310°   190°
200°   230°   130°   340°   80°   350°   290°
b) Für die Werte der Kosinusfunktion:
220°   200°   60°   250°   10°   140°   160°
350°   190°   300°   210°   110°   150°   170°

6 Gib die Lösung im Intervall [0°; 360°].
a) $\sin \alpha = \frac{1}{2}\sqrt{3}$
b) $\cos \alpha = -\frac{1}{2}\sqrt{3}$

Sinus- und Kosinuswerte

Mit einem DGS-System kann man gut verfolgen, wie sich die Koordinaten eines Punktes auf dem Einheitskreis mit dem Winkel ändern.

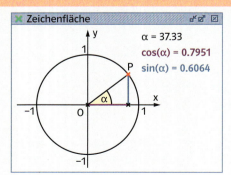

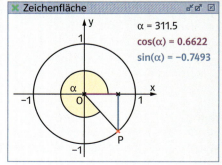

7 Der „Singapore Flyer" ist zurzeit mit 165 m Durchmesser das größte Riesenrad der Welt. Für eine Umdrehung benötigt es 60 Minuten.
a) In welcher Höhe über dem Boden befindet sich ein Fahrgast nach 10 min, 20 min, 40 min?
b) Um wie viel Meter steigt die Gondel in den ersten 15 Minuten alle 5 Minuten?

8 Zeige mithilfe des Einheitskreises.
a) $\sin(180° - \alpha) = \sin\alpha$
b) $\sin(180° + \alpha) = -\sin\alpha$
c) $\sin(360° - \alpha) = -\sin\alpha$

9 Um wie viel Winkelgrad muss die Sinuskurve verschoben werden, damit sie mit der Kosinuskurve zusammenfällt?

Periodizität

Ein Riesenrad dreht sich in der Regel mehrmals. Auch kann es sich statt links herum auch rechts herum drehen. Alle Koordinaten für den Stand der Gondel wiederholen sich nach einer vollen Umdrehung. Der zugehörige Winkel wird über 360° hinaus weiter gezählt bzw. unter 0° negativ gezählt. Entsprechend werden die Sinus- und die Kosinuskurve durch Verschieben um 360° nach rechts und links fortgesetzt. Dadurch entstehen **periodische Kurven**.

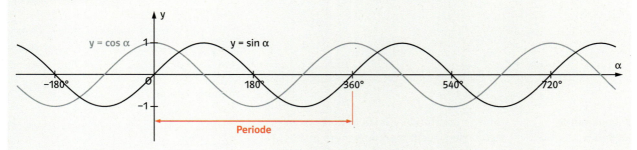

Für alle Winkel und alle natürlichen Zahlen n gilt dann: $\sin(\alpha \pm n \cdot 360°) = \sin\alpha$
$\cos(\alpha \pm n \cdot 360°) = \cos\alpha$

Beispiele
$\sin 420° = \sin(60° + 1 \cdot 360°) = \sin 60° = \frac{1}{2}\sqrt{3}$
$\cos(-60°) = \cos(-60° + 1 \cdot 360°) = \cos 300° = \frac{1}{2}$

■ Berechne die Koordinaten des Punktes P mit der Ausgangslage (1|0) nach einer Drehung um den Winkel 390°; 420°; −45°; −540°; 810°; 1110°; −1240°.

■ Auf der sich drehenden Kreisscheibe ist ein Stab befestigt, der von der Lampe beschienen wird. Dadurch wirft der Stab auf der dahinterstehenden Leinwand einen Schatten, der auf und ab wandert. Mache Aussagen über die Geschwindigkeit, mit der sich der Schatten bewegt. Skizziere in einem Geschwindigkeit-Zeit-Diagramm die Schattengeschwindigkeit. Beginne in der Mitte mit einer Aufwärtsbewegung des Schattens. Vergleiche deine Graphen mit dem Graphen der Sinusfunktion.
Aus der Physik kennst du das Federpendel. Welche Gemeinsamkeit gibt es mit der Bewegung des Schattens?

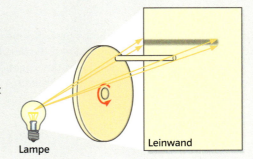

Die Sinusfunktion

Zusammenfassung

Sinus, Kosinus, Tangens

Im rechtwinkligen Dreieck gilt

$\sin\alpha = \dfrac{\text{Gegenkathete von }\alpha}{\text{Hypotenuse}}$; also $\sin\alpha = \dfrac{a}{c}$

$\cos\alpha = \dfrac{\text{Ankathete von }\alpha}{\text{Hypotenuse}}$; also $\cos\alpha = \dfrac{b}{c}$

$\tan\alpha = \dfrac{\text{Gegenkathete von }\alpha}{\text{Ankathete von }\alpha}$; also $\tan\alpha = \dfrac{a}{b}$

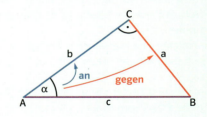

allgemeine Dreiecke berechnen

Mithilfe von Sinus, Kosinus und Tangens lassen sich aus geeigneten Stücken die fehlenden Stücke eines allgemeinen Dreiecks berechnen.
Der wichtigste Schritt ist die Zerlegung des Dreiecks in zwei rechtwinklige Teildreiecke.

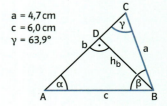

Schritt	Formel	Wert
1	$h_b = a \cdot \sin\gamma$	$h_b = 4{,}22\,\text{cm}$
2	$\sin\alpha = \dfrac{h_b}{c}$	$\alpha = 44{,}70°$
…	…	…

Ergebnis: $\alpha = 44{,}7°$; …

Trigonometrie im Raum

Sind Strecken und Winkel in Körpern zu berechnen, sucht man geeignete rechtwinklige Dreiecke. In diesen **Hilfsdreiecken** wird dann gerechnet. Es ist oft günstig, sie einzeln herauszuzeichnen.

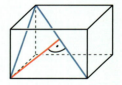

Einheitskreis

Ein Punkt auf dem Einheitskreis hat die Koordinaten $x = \cos\alpha$ und $y = \sin\alpha$.

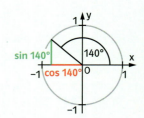

Sinusfunktion Kosinusfunktion

Die Sinus- bzw. Kosinusfunktion ordnet jedem Winkel α die Vertikal- bzw. Horizontalauslenkung des zugehörigen Punktes auf dem Einheitskreis zu.

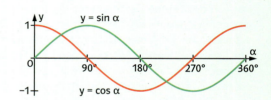

Üben • Anwenden • Nachdenken

1 Berechne die fehlenden Größen des Dreiecks ABC.
Wie immer hilft eine Planfigur.
a) b = 5,1 cm; β = 39,5°; γ = 90°
b) a = 7,8 cm; b = 4,9 cm; γ = 57,6°
c) c = 8,1 cm; α = 23,4°; β = 110,5°
d) b = 7,2 cm; c = 6,1 cm; β = 67,2°
e) a = 5,4 cm; α = 37,6°; β = 52,4°

2 a) Konstruiere und berechne.
a = 5,3 cm; b = 8,2 cm; α = 30,0°
b) Was stellst du fest, wenn du △ ABC mit a = 5,3 cm; b = 8,2 cm; α = 70,0° zu konstruieren versuchst?
Versuche auch, die fehlenden Größen zu berechnen.

3 Berechne im Dreieck ABC die Seite c aus A = 30,0 cm²; b = 8,2 cm; α = 67,0°.

4 a) Berechne den Flächeninhalt A eines Dreiecks mit b = 5 cm; c = 7 cm; α = 30°.
b) Gib ein anderes Dreieck mit gleichen Werten von b, c und A an.

5 a) Berechne den Flächeninhalt A des Trapezes ABCD in Abhängigkeit von e.
b) Wie groß muss e sein, damit sich für A der Wert 121 cm² ergibt?

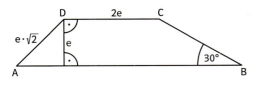

6 Drücke die Streckenlänge x durch e aus.

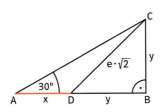

7 Berechne die Seiten und Winkel der Dreiecke in den Quadern am Rand.

8 Ein Parallelogramm hat die Seitenlängen a = 10,0 cm und b = 5,0 cm. Sein Flächeninhalt A_P wird dem Flächeninhalt A_R eines Rechtecks mit ebenso langen Seiten verglichen.
a) Wie groß ist der Parallelogrammwinkel α, wenn A_P 50 % von A_R beträgt?
b) Um wie viel Prozent ist A_R größer als A_P, wenn α = 45° gilt?
c) Wie viel Prozent von A_R ist A_P für α = 1°?

9 Berechne den Flächeninhalt A des Vierecks ABCD.

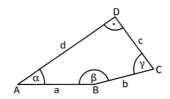

b = 4,1 cm; c = 4,4 cm; d = 8,0 cm; β = 165,3°

Ein günstiger Kauf?

Familie Raith hat ein Gartengrundstück gekauft. Es soll, so sagt der Verkäufer, etwa 650 m² groß sein.
Aus dem Lageplan misst Trixi Raith drei Größen ab. Sie prüft nach, ob der angegebene Flächeninhalt stimmt. Sie kommt auf etwa 950 m² und wundert sich, dass der Verkäufer 300 m² Fläche verschenkt hat.

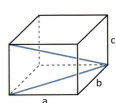
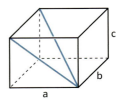
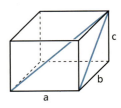

a = 8 cm
b = 10 cm
c = 6 cm

10 Drehstühle haben vier oder fünf Beine. Warum ist bei gleicher Beinlänge und Sitzhöhe ein fünfbeiniger Stuhl standsicherer als ein vierbeiniger?
Überlege dazu, über welche Linien ein Stuhl kippen kann. Welches Verhältnis ist also als Maß für die Standsicherheit geeignet? Berechne dieses Maß für Stühle mit vier und fünf Beinen, zum Vergleich auch noch für Stühle mit drei und sechs Beinen.

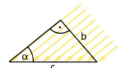

11 Wenn die Sonne hoch am Himmel steht, verteilt sich ihre Strahlungsenergie auf eine kleinere Fläche als wenn sie flach über dem Horizont steht. Die Energie, die auf eine horizontale Fläche auftrifft, verringert sich also mit dem Faktor $\frac{b}{c}$.
a) Auf wie viel Prozent verringert sich die Strahlungsintensität beim Einfallswinkel $\alpha = 60°$; $45°$; $30°$; $15°$; $10°$?
b) Ein Solarmodul muss günstig zum Einfallswinkel stehen. Wie sollte man also den Neigungswinkel β wählen, um zu gegebenem α eine möglichst hohe Energieausbeute zu bekommen?

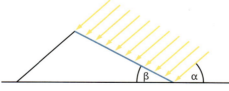

c) Für Düsseldorf gelten um 12 Uhr MEZ folgende Werte:

Datum	21.3.	21.6.	21.9.	21.12.
α	39°	62°	39°	15°

Erkläre, warum häufig für β Werte um 35° gewählt werden.

12 Jede Messung ist ungenau.
a) Untersuche, wie sich ein Winkelfehler von 0,5° bei verschiedenen Winkeln α und Entfernungen c auswirkt.

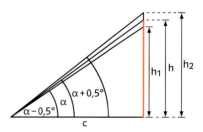

Beispiel: c = 80 m

α	20,0°	30,0°	...	60,0°	...
h_1 in m	28,3			135,8	
h in m	29,1				
h_2 in m	29,9	47,1			

b) Wie wirkt sich ein Längenfehler von 0,05 m aus? Wähle erst einen Winkel und dann unterschiedliche Entfernungen.

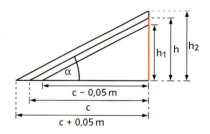

c) Der Winkelfehler beträgt ±1°, der Längenfehler ±0,50 m. Zwischen welchen Grenzen liegt die Höhe des Masts bis zum Endpunkt des Abspannseils?

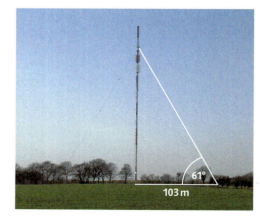

13 Die Schnittpunkte A, B, C der drei Geraden g, h, i können ein Dreieck bilden. Berechne Seiten, Winkel und Flächeninhalt.
a) g: $7x - 5y = 9$
   h: $x + 4y = 39$
   i: $8x - y = 15$
b) g: $x - 2y = 0$
   h: $y + \frac{2}{3}x = 2$
   i: $3x - y = 0$

14 Gib den Umfang u des Vierecks ABCD in Abhängigkeit von e an, ohne gerundete Werte zu benutzen.

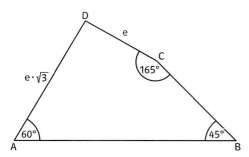

15 a) Berechne die Seiten des Quaders mit f = 17,0 cm; φ = 63,9°; ψ = 44,9° und M: Seitenmitte.
b) Wie groß wären φ und ψ, wenn der Quader ein Würfel wäre? Die Länge von f spielt dabei keine Rolle mehr.

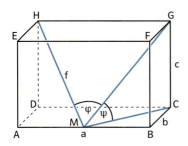

16 Quadratische Pyramiden mit der Grundfläche a^2 sollen unterschiedliche Neigungswinkel α zwischen Grundfläche und Seitenfläche haben.
Stelle eine Formel für das Volumen in Abhängigkeit vom Neigungswinkel α auf und berechne mit dieser Formel das Volumen für α = 30°, 45° und 60°, wenn die Kantenlänge a = 10 cm beträgt.

17 Der Mantel eines Kegels bildet mit der Grundfläche einen Neigungswinkel α = 70°. Welches Volumen hat der Kegel bei einer Körperhöhe h = 6,6 cm?

18 a) Mathis behauptet:
sin 50° + sin 140° + sin 220° + sin 310° = 0
Wie kommt er darauf. Prüfe rechnerisch nach.
b) Suche vier Winkel mit
$\sin \alpha_1 + \sin \alpha_2 + \sin \alpha_3 + \sin \alpha_4 = 0$
Wie sieht es mit dem Kosinus aus?

19 Zeichne die Sinus- und Kosinusfunktion mit der Einheit 2 cm und beantworte folgende Fragen.
a) Für welche Winkel hat die Sinus- und Kosinusfunktion
– denselben Wert?
– einen entgegengesetzten Wert?
b) In welchem Intervall sind die Werte der Sinusfunktion
– größer als die der Kosinusfunktion?
– kleiner als die der Kosinusfunktion?
c) In welchem Intervall
– steigt die Sinusfunktion?
– fällt die Sinusfunktion?
– steigen Sinus- und Kosinusfunktion?

20 Ein Punkt umläuft den Einheitskreis entgegen dem Uhrzeigersinn von (1|0) aus einmal in 15 s. Berechne seine Lage für
a) t = 5 s   b) t = 1 s   c) t = 10 s

21 Berechne die Koordinaten des Punktes P_1 und P_2 erst in der gezeichneten Lage, dann eine Vierteldrehung weiter.

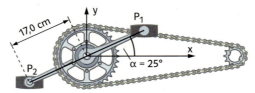

22 Berechne die Koordinaten der Eckpunkte für das regelmäßige Sechseck.
a) in Lage 1   b) in Lage 2

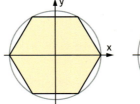

Arbeit sparen mit dem Sinussatz

*Karl Friedrich Gauß
1777–1855*

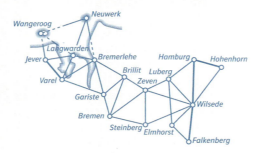

Als Karl Friedrich Gauß 1816 das Königreich Hannover vermessen sollte, überzog er das Land mit einem Dreiecksnetz (trigonometrisches Netz). Diese neue Art der Landvermessung nannte man Triangulation. Sie bildet noch heute die Grundlage der Landvermessung.
Da man damals Winkel viel genauer messen konnte als Strecken, vermaß Gauß nur eine Strecke sehr genau und in Folge nur noch die Winkel.

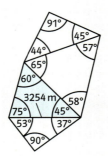

■ Berechnet für das schraffierte Dreieck die beiden fehlenden Seiten.
■ Beschreibt, wie ihr vorgehen würdet, um die restlichen fehlenden Seiten des trigonometrischen Netzes zu berechnen. Fällt euch eine Regelmäßigkeit auf?
■ Formuliert die Regel, wie man vorgehen muss, um aus einer Seite und den beiden anliegenden Winkeln eine weitere Dreieckseite zu bestimmen.

Aufgaben zur Dreiecksberechnung löst man oft nach dem gleichen Muster. Man sucht eine geeignete Höhe, berechnet diese mithilfe eines der beiden Teildreiecke und steigt dann um ins andere Teildreieck. Man kann Arbeit sparen, wenn man diese Berechnung allgemein durchführt und zukünftig nur noch in die erhaltene Lösung einsetzt.

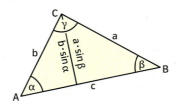

Für h_c gilt $h_c = b \cdot \sin\alpha$ und
$h_c = a \cdot \sin\beta$, also $b \cdot \sin\alpha = a \cdot \sin\beta$
Ebenso erhält man für h_a und h_b
$b \cdot \sin\gamma = c \cdot \sin\beta$
$c \cdot \sin\alpha = a \cdot \sin\beta$

Besser kann man sich diese Aussagen merken, wenn man sie umformt:
$$\frac{a}{\sin\alpha} = \frac{b}{\sin\beta} = \frac{c}{\sin\gamma}$$
und in Worten unabhängig von den Bezeichnungen formuliert:
Zwei Seiten verhalten sich wie die Sinuswerte ihrer gegenüberliegenden Winkel.
Man nennt diese Beziehung **Sinussatz**.

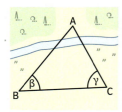

■ Zeigt, dass der Sinussatz auch in einem rechtwinkligen und in einem stumpfwinkligen Dreieck gilt.

■ Berechnet mit dem Sinussatz die fehlenden Seiten des oben abgebildeten trigonometrischen Netzes.

■ Wegen des Flusses können die Entfernungen $\overline{AB}$ und $\overline{AC}$ nicht gemessen werden.
$\overline{BC} = 2{,}4\,\text{km}$; $\beta = 46°$; $\gamma = 79°$.

Rückspiegel

1 Berechne die fehlenden Größen im Dreieck ABC mit
a) c = 8,0 cm; α = 34,7°; γ = 90°.
b) b = 7,5 cm; β = 62,4°; γ = 90°.

2 Eine Leiter ist 4,50 m lang.
a) Sie lehnt unter einem Winkel von 65° an einer Hauswand. Wie hoch reicht sie?
b) Anstellwinkel von mehr als 80° sind gefährlich, weil die Leiter nach hinten kippen kann. Kann die Leiter gefahrlos 4,35 m hoch reichen?

3 Das Viereck ABCD ist gegeben durch a = 8,0 cm; b = 6,1 cm; d = 3,2 cm; α = 90°; β = 80,5°.
a) Zerlege es in rechtwinklige Dreiecke.
b) Ergänze es durch rechtwinklige Dreiecke zu einem Rechteck.
c) Berechne den Flächeninhalt A.

4 Drücke den Umfang u und den Flächeninhalt A der Figur durch e aus.

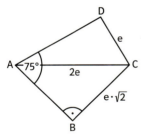

5 Berechne die Seiten und Winkel des Dreiecks BCE im Quader.

a = 6,5 cm;
b = 8,4 cm;
c = 4,3 cm

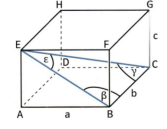

6 Ein Schwungrad mit r = 60 cm dreht sich einmal pro Sekunde. Bestimme die Lage eines Punktes P mit der Anfangslage (r | 0).
a) t = 0,5 s   b) t = 0,2 s   c) t = 0,75 s

---

1 Berechne die fehlenden Größen im Dreieck ABC mit
a) b = 4,9 cm; c = 6,7 cm; α = 74,1°.
b) a = 4,7 cm; b = 8,2 cm; β = 106,7°.

2 Ein Höhenunterschied von 3,40 m soll durch eine rollstuhlgerechte Rampe zugänglich gemacht werden. Der Steigungswinkel beträgt 5°.
a) Wie lang wird der Weg auf der Rampe?
b) Nach je 6 m Weg muss ein 1,50 m langer ebener Absatz eingerichtet werden.

3 Das Viereck ABCD ist gegeben durch a = 8,3 cm; b = 4,9 cm; d = 5,6 cm; α = 53,3°; β = 145,1°.
Berechne den Flächeninhalt A und den Umfang u des Vierecks.
Du kannst den Lösungsweg selbst wählen.

4 Drücke den Umfang u und den Flächeninhalt A der Figur durch e aus.

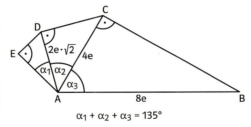

$\alpha_1 + \alpha_2 + \alpha_3 = 135°$

5 Berechne die Seiten und Winkel des Dreiecks MGH im Quader.

a = 6,5 cm;
b = 8,4 cm;
c = 4,3 cm
M: Seitenmitte

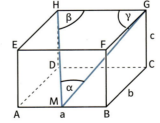

6 Ein Karussell mit 18 m Durchmesser dreht sich einmal in vier Sekunden. Bestimme den Standort eines Wagens mit der Ausgangslage (r | 0).
a) t = 2 s   b) t = 3,4 s   c) t = 4,5 s

• Prüfungstraining

Du hast jetzt den gesamten Stoff der Realschule im Fach Mathematik gelernt und stehst kurz vor der Abschlussprüfung. Mit den Aufgaben in diesem Kapitel kannst du dich gut auf die Prüfung vorbereiten.

Tipps für die Zeit bis zur Prüfung

- Beginne frühzeitig mit der Vorbereitung auf die Prüfung, so kannst du zusätzlichen Stress vermeiden.
- Erstelle einen Lern- und Zeitplan für die letzten Wochen vor der Prüfung, mit dem du den gesamten Stoff wiederholst.
- Bilde mit anderen eine Lerngruppe, um gegenseitig Fragen stellen und Aufgaben erklären zu können.
- Am Tag vor der Prüfung solltest du nicht mehr lernen. Stelle alle Materialien und Hilfsmittel (Bleistifte, Farben, Füller, Taschenrechner, Geodreieck, Schablonen, Zirkel, ...) sorgfältig zusammen.

Tipps für die schriftliche Prüfung

- Beginne die Prüfung ohne Hektik, konzentriere dich auf deine Aufgaben und arbeite während der gesamten Zeit in einem dir angemessenen Tempo.
- Lies alle Aufgaben gewissenhaft durch. Wähle eine Aufgabe aus, mit der du beginnen möchtest, weil du weißt, dass du sie lösen kannst.
- Gib nicht sofort auf, wenn du bei einer Aufgabe Schwierigkeiten bekommst.
  Beiße dich aber auch nicht zu lange an einem Problem fest, wechsle dann lieber zur nächsten Aufgabe.
- Gönne dir nach einer erledigten Aufgabe eine kleine Pause zum Entspannen und konzentriere dich dann voll auf die nächste Aufgabe.
- Bei manchen Aufgaben hilft dir eine Skizze, ein Diagramm oder eine Tabelle weiter.
- Überprüfe die Ergebnisse, die du gefunden hast, und überlege, ob sie auch sinnvoll sind.

Aufgabe

In einem Behälter befinden sich 5 schwarze, 4 gelbe und 3 rote Kugeln.
Lena zieht gleichzeitig zwei Kugeln.

Mit welcher Wahrscheinlichkeit zieht sie zwei verschiedenfarbige Kugeln?

Lösung:

Das gleichzeitige Ziehen bedeutet Ziehen ohne Zurücklegen.

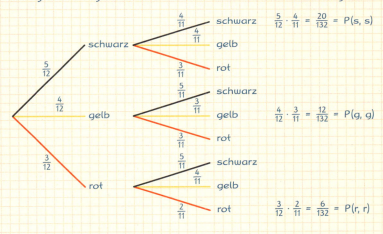

Die Wahrscheinlichkeit, zwei verschiedenfarbige Kugeln zu ziehen, kann über das Gegenereignis bestimmt werden.

$P(\text{gleichfarbige Kugeln}) = P(s, s) + P(g, g) + P(r, r)$
$= \frac{20}{132} + \frac{12}{132} + \frac{6}{132}$
$= \frac{38}{132} = \frac{19}{66}$

$P(\text{verschiedenfarbige Kugeln}) = 1 - P(\text{gleichfarbige Kugeln})$
$= 1 - \frac{19}{66}$

$P(\text{verschiedenfarbige Kugeln}) = \frac{47}{66}$

Ergebnis: Die Wahrscheinlichkeit, verschiedenfarbige Kugeln zu ziehen, beträgt $\frac{47}{66}$.

Arithmetik/Algebra

$x + b = ay$

P 1 Fasse so weit wie möglich zusammen.
a) $1{,}5m - 3{,}4n + 6{,}7m + 12{,}9n$
b) $19xy - 8ab - 15xy + 27ab$
c) $-\frac{2}{3}r + \frac{1}{2}s - \frac{5}{6}r - \frac{1}{3}s$
d) $\frac{3}{4}ab - 2cd - \frac{2}{5}ab + \frac{1}{6}cd$

P 2 Löse die Klammern auf und vereinfache.
a) $-34x + (17x - 28y) + (16x - 42y)$
b) $(17 - 9a) + (-10b + 12 - 5a)$
c) $-12m - (8n - 16m) - (20m - 15n)$
d) $-(3{,}4y - 6{,}8z) + (-5{,}1x + 9{,}2y) - 0{,}7z$

P 3 Schreibe ohne Klammern und fasse zusammen.
a) $7(12v - 17w) - 11(9v + 13w)$
b) $8x(-13 + y) - 14x + 6(x - 7)$
c) $15m(2m - 6n) + (4n - 8m) \cdot (-3n)$
d) $-11st + 4s(3t - 4) - (9st - 20s)5$

P 4 Drücke die Summen der Kantenlängen eines jeden Körpes mit einem möglichst einfachen Term aus.
a)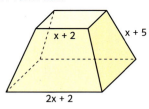
b)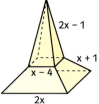

P 5 Verwandle in eine Summe.
a) $(0{,}3x - 1{,}2)(1{,}8y + 5)$
b) $(7a + 2{,}5b)(0{,}6a - 5b)$
c) $(3{,}8r - 4{,}5)(0{,}1 - 2{,}7r)$
d) $(-0{,}2ab + 1{,}3a)(a^2 - 0{,}2b)$

P 6 Fußwege kreuzen sich im Stadtpark.
Gib den Anteil der Rasenfläche in einem Term an.
Berechne die jeweilige Grünfläche in m² , wenn $a = 75\,m$, $b = 32\,m$, $x = 1{,}50\,m$ und $y = 1\,m$.
a)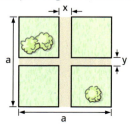
b)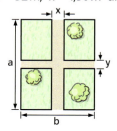

P 7 Verwandle Summen in Produkte und Produkte in Summen.
a) $(12x + 9y)^2$
b) $(x - 1{,}2y)^2$
c) $m^2 + 14mn + 49n^2$
d) $16t^2 - 12rt + 2{,}25r^2$
e) $4{,}41a^2 - 1{,}69b^2$
f) $(3v + 5w)(3v - 5w)$
g) $(0{,}7r - 2{,}3s)^2$
h) $(-1{,}5a - 4b)^2$

P 8 Fülle die Lücken aus.
a) $a^2 + 16a + 64 = (a + \square)^2$
b) $100 - 196z^2 = (10 - \square)(10 + \square)$
c) $25s^2 + 30st + \square = (5s + \square)^2$
d) $m^2 - 1{,}2m + \square = (m - \square)^2$

P 9 Faktorisiere. Klammere zunächst einen Faktor aus.
a) $45x^2 - 80y^2$
b) $18x^2 + 48xy + 32y^2$
c) $0{,}5a^2 + 10ax + 50x^2$
d) $3mx^2 + 12mxy + 12my^2$

Arithmetik/Algebra

P 10 Gib die Lösung an und überprüfe.
a) $5x + 40 - x = 26 + 7x + 32$
b) $2{,}1 + 3{,}6x + 4{,}3 - 0{,}8x - 17{,}6 = 0$
c) $2x + 9 - (9x + 21) = -5x - 16$
d) $12 + (27 - 2x) - (18 + 4x) = 54$

P 11 Löse die Gleichung.
a) $8 - 3(5 - 4x) = 5 - 3x$
b) $(4x + 8)(15 - 3x) = -6x(2x - 7)$
c) $(x + 7)^2 - (x - 5)^2 = 15x - 21$
d) $(y + 3)^2 - 3(y + 12) = (y + 3)(y - 3)$

P 12 Die Gleichung $5(3x - \square) = 5x + 5$ ist unvollständig.
a) Welche Zahl musst du für die Leerstelle einsetzen, damit die Gleichung die Lösung 3 hat?
b) Ersetze die Leerstelle so, dass die Lösung der Gleichung 4; 5 oder 6 ist. Findest du einen einfachen Lösungsweg?

P 13 a) Julia ist heute 5-mal so alt wie sie vor 12 Jahren war.
b) In 5 Jahren wird Laura 5-mal so alt sein, wie sie vor 11 Jahren war.
c) Katrins Tante ist heute 4-mal so alt wie Katrin und 8-mal so alt wie Katrin vor 6 Jahren war.

P 14 Verlängert man eine Seite eines Quadrats um 1,6 dm und verkürzt die andere um 0,8 dm, entsteht ein Rechteck, dessen Flächeninhalt um 48 cm² größer ist als der des Quadrats.

P 15 Die Kantenlängen eines Würfels werden um 3 cm verlängert. Damit nimmt die Oberfläche um 342 cm² zu. Berechne die Kantenlänge des ursprünglichen Würfels.

P 16 a) Bei der Herstellung einer Fassadenfarbe werden die Farben Rot und Weiß im Verhältnis 2:7 gemischt. Eine Farbmischung enthält 22,75 kg weiße Farbe.
b) In welchem Mischungsverhältnis stehen die Farben Weiß und Blau bei einer anderen Fassadenfarbe, wenn für eine Gesamtmenge von 40,25 kg Farbe 11,5 kg blaue Farbe verwendet werden?

P 17 Stelle die Umfangsformel für das Rechteck $u = 2(a + b)$ nach a und nach b um. Berechne mithilfe einer umgestellten Formel die fehlende Seitenlänge des Rechtecks.

u	120 cm	74 cm	11,4 cm	38,2 dm
a	54 cm	10,5 cm		
b			24 mm	57 cm

P 18 Zur Berechnung der Füllhöhe c eines quaderförmigen Beckens wird die Volumenformel $V = a \cdot b \cdot c$ nach c aufgelöst.
Das Becken hat eine rechteckige Grundfläche mit $a = 50$ cm und $b = 25$ cm. Berechne die Höhe c für folgende Wassermengen.
a) 21 875 cm³
b) 25 l
c) 5 dm³
d) 0,075 m³

P 19 a) Stelle die Volumenformel des Zylinders $V = \pi r^2 h$ nach h und r um.
b) Das Volumen einer quadratischen Pyramide wird mit der Formel $V = \frac{a^2 \cdot h}{3}$ berechnet. Löse die Formel nach a und h auf.
c) Berechne den Radius einer Kugel mit dem Volumen 1523,6 cm³.

Arithmetik/Algebra

$x + b = ay$

P 20 Berechne die fehlenden Größen.

	a)	b)	c)	d)	e)	f)
Kapital	2780 €	1570 €	6000 €		15 600 €	6350 €
Zinssatz	3,8 %			2,5 %	4,5 %	5,2 %
Zinsen		47,10 €	157,50 €	10 €	146,25 €	66,04 €
Zeit	112 Tage	180 Tage	$\frac{3}{4}$ Jahr	4 Monate		

P 21 Löse das Gleichungssystem zeichnerisch und überprüfe deine Lösung durch Rechnung.
$y = \frac{1}{2}x - 4$
$y = -1,5x + 2$

P 22 Löse das Gleichungssystem.
Überlege dir vorher, welches Verfahren am besten geeignet ist.
a) $6x + 8y = 2$ b) $-3x + 4y = -15$ c) $3y - 4x = -9$ d) $6x + 3 = 9y$
    $2x - 3y = 12$ $-15x + 4y = 21$ $y + x = -3$ $12x - 15y = 0$

P 23 Achte auf die Klammern.
a) $2(x - 2y) + x = 2(2 - 3y)$ b) $2(x - 3y) - (5x - 2y) = 10$
    $\frac{1}{2}x - 2y = 3$ $7y - 5(3x + 4y) = 85$

P 24 Wie viele Lösungen hat das lineare Gleichungssystem?
a) $x + y = 5$ b) $2y + 10 = 4x$ c) $2x - y - 4 = 0$ d) $2y = 4x - 6$
    $2x + 2y = 10$ $3 + 3y = 6x$ $3x + y - 1 = 0$ $6x - 3y = -1,5$

P 25 Frau Bauer kauft Äpfel und Orangen und bezahlt dafür 15,93 €. Insgesamt wiegt das Obst 7 kg. Die Äpfel kosten 1,99 € pro kg. Die Orangen 2,49 €.

P 26 Zwei Mädchen und drei Jungen teilen 200 € untereinander auf. Beide Mädchen erhalten den gleichen Geldbetrag. Jeder Junge erhält doppelt so viel.

P 27 Ein Rechteck hat einen Umfang von 112 cm. Die eine Seite ist um 8 cm länger als die andere Seite. Wie groß ist der Flächeninhalt des Rechtecks?

P 28 Berechne mit dem Taschenrechner.
a) $3^{-3} \cdot 9^0$ b) $-5^2 \cdot 2^5 - 5^2$ c) $4 + 3 \cdot 4^2 - 3$
d) $(-4)^{-2} \cdot (-6^2) + 1,8$ e) $(-3)^{-3} \cdot (-4,5^2) - \frac{1}{4}$ f) $7^{-3} : 35^{-2} - \frac{4}{7}$

P 29 a) Schreibe die Zehnerpotenzen aus.
10^{12}; 10^5; 10^1; 10^0; 10^{-3}; 10^{-6}
b) Wandle die ausgeschriebenen Zahlen in Zehnerpotenzen um.
10 000; 100 000 000; 0,0001; 0,000 000 01; 0,01

P 30 Wandle in die wissenschaftliche Schreibweise um.
a) 1851,49   b) 45 932,644   c) 345 000 000   d) 9000,0832
e) 0,000 000 6   f) 0,000 000 071   g) 0,000 047 8   h) 0,000 005 023

P 31 Fülle die Lücken.
a) $\sqrt{19\square} = 14$
b) $\sqrt{6\square5} = \square5$
c) $\sqrt{\frac{\square}{36}} = \frac{5}{6}$
d) $\sqrt{\frac{256}{\square}} = \frac{16}{21}$

Arithmetik/Algebra

$x + b = ay$

P 32 Der aus Würfeln zusammengesetzte Körper hat ein Volumen von 1715 cm³. Bestimme die Kantenlänge a eines Würfels und die Oberfläche des zusammengesetzten Körpers.

P 33 Löse die Gleichung.
a) $x^2 = 0{,}64$
b) $x^2 + 145 = 506$
c) $15x^2 = 240$
d) $8x^2 + 12 = 300$
e) $-3x^2 + 84 = -321 + 2x^2$
f) $12x^2 - 87 = -4x^2 + 109$

P 34 Löse die Gleichung durch quadratische Ergänzung.
a) $x^2 - 12x = -32$
b) $x^2 + 3x - 10 = 0$
c) $x^2 + 14x - 36 = -21$
d) $x^2 - 1{,}6x + 9{,}5 = 12{,}1$

P 35 Löse mit der Formel.
a) $x^2 + 12x + 20 = 0$
b) $x^2 + 3x = 28$
c) $2x^2 - 5x - 12 = 0$
d) $8x^2 - 8{,}5x + 9 = 3x^2 + 12$

P 36 Löse zuerst die Klammern auf.
a) $3x(x - 1) - (x^2 - 5x + 9) = x^2 + 6$
b) $(3x + 2)^2 - (2x - 1)^2 = (1 - x)(3x - 1) + 12$

P 37 Löse die Gleichung.
a) $\frac{x(x + 1)}{5} - \frac{x - 1}{2} = 1$
b) $\frac{x - 6}{6} - \frac{7x - 8}{3} = \frac{1}{2}x^2$

P 38 Wie heißen die Zahlen?
a) Das Produkt zweier aufeinander folgender ganzer Zahlen ist 306.
b) Zwei Zahlen unterscheiden sich um 11. Die Summe ihrer Quadrate beträgt 541.

P 39 Wenn man eine Zahl um 5 vermindert und quadriert, muss man 12 addieren, um 7 zu erhalten. Zeige mithilfe einer quadratischen Gleichung, dass es diese Zahl nicht gibt.

P 40 Der Flächeninhalt eines Dreiecks beträgt 44 cm². Die Höhe ist um 3 cm länger als die Grundseite.

P 41 Das Trapez besitzt einen Flächeninhalt von 77 cm². Berechne die fehlende Länge a.

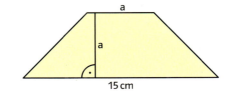

Funktionen

P 1 Eine Regentonne ist 100 cm hoch. Um 14:00 Uhr beginnt es zu regnen.
a) Mache ein paar Aussagen über den Verlauf des Regens und über den Wasserstand in der Regentonne.
b) Nach dem Regen scheint wieder die Sonne. Das Wasser wird jetzt zum Gießen benutzt. Stelle den Wasserstand im Laufe einiger Tage grafisch dar.

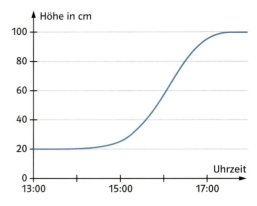

P 2 Zeichne die Geraden der Funktionsgleichungen
a) $f(x) = 2x$ b) $f(x) = -1{,}5x$ c) $f(x) = 0{,}5x + 2$ d) $f(x) = -2x - 3$

P 3 Zeichne zwei parallele Geraden und gib deren Gleichungen an.

P 4 Bestimme die Funktionsgleichungen.

a)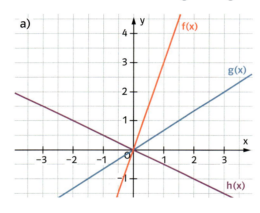

b)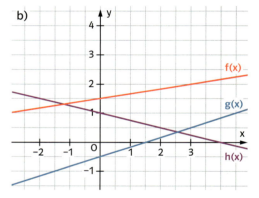

P 5 Bestimme die Schnittpunkte mit der y-Achse.
a) $f(x) = 2x - 3$ b) $f(x) = -1{,}5x + 4$ c) $f(x) = -0{,}25x - 4{,}5$

P 6 Bestimme die Schnittpunkte mit der x-Achse (Nullstellen).
a) $f(x) = 5x - 2$ b) $f(x) = -x + 4$ c) $f(x) = -3x - 5$

P 7 Gib die Gleichung der Geraden an, die durch den Punkt P(0|0) geht und die Steigung m besitzt.
a) $m = 2$ b) $m = -3$ c) $m = \frac{1}{5}$ d) $m = 1$

P 8 Gib die Gleichung der Geraden an, die durch den Punkt P(4|6) verläuft und die Steigung m besitzt.
a) $m = 4$ b) $m = -1$ c) $m = \frac{2}{3}$ d) $m = -0{,}75$

P 9 Eine Gerade g verläuft durch die beiden Punkte P(-1|-2) und Q(5|1), eine zweite Gerade h durch die Punkte R(-1|3) und T(3|-1).
Bestimme die Gleichungen der beiden Geraden und die Koordinaten ihres Schnittpunkts.

P 10 Ein Dreieck hat die Eckpunkte A(−4|−5), B(6|5) und C(2|7). Bestimme die Gleichungen der drei Geraden, auf denen die Eckpunkte liegen.

Funktionen

P 11 a) Bestimme die Gleichungen der beiden Parallelenscharen, mit deren Hilfe man das abgebildete Muster zeichnen kann.
b) Ändere die Gleichungen für ein anderes Muster.

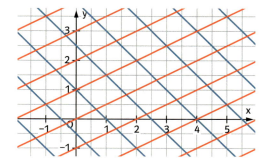

P 12 Welches Schaubild gehört zu welcher Funktionsgleichung?
a) $f(x) = 3x^2$
b) $f(x) = \frac{1}{2}x^2 - 3$
c) $f(x) = -x^2 + 2$
d) $f(x) = -2x^2 + 3$
e) $f(x) = -\frac{1}{3}x^2 + 3$

P 13 Bestimme Lage des Scheitelpunkts und Form der Parabel im Vergleich zur Normalparabel.
a) $f(x) = x^2 - 5$
b) $f(x) = 3x^2$
c) $f(x) = -0{,}5x^2 + 2$
d) $f(x) = (x-3)^2$
e) $f(x) = (x+1{,}5)^2$
f) $f(x) = 0{,}2(x+3)^2 - 5$

P 14 Eine Parabel hat die Gleichung $f(x) = -x^2 + c$. Sie schneidet die x-Achse in den Punkten $P_1(3|0)$ und $P_2(-3|0)$.
a) Bestimme die Funktionsgleichung der Parabel.
b) Wo liegt der Scheitelpunkt der Parabel?

P 15 Besitzt die Parabel einen tiefsten oder einen höchsten Punkt? Bestimme dessen Koordinaten.
a) $f(x) = x^2 - 8x + 2$
b) $f(x) = -x^2 - \frac{3}{4}$
c) $f(x) = (x-4)(x+4)$

P 16 Bestimme die Nullstellen der Funktion.
a) $f(x) = x^2 - 16$
b) $f(x) = x^2 + 6x + 5$
c) $f(x) = x^2 - 7x + 10$

Funktionen

P 17 Alle Funktionsgleichungen der Parabelschar haben die Form $f(x) = (x - d)^2 + c$.
Bestimme die Funktionsgleichungen der Parabeln.

P 18 Zeichne die Graphen der Funktionen mit $f_1(x) = 3^x$ und $f_2(x) = 3^{-x}$ im Intervall [−5 bis 5]. Welcher Zusammenhang besteht zwischen f_1 und f_2?

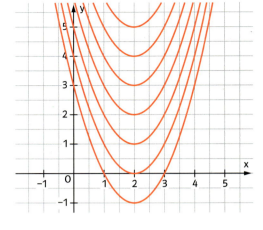

P 19 a) Zeichne die Graphen der Funktionen mit den Gleichungen
$f_1(x) = 1,2^x$ $f_4(x) = 3^x$
$f_2(x) = 1,2^x + 3$ $f_5(x) = 2 \cdot 3^x$
$f_3(x) = 1,2^x - 3$ $f_6(x) = -2 \cdot 3^x$
b) Wie unterscheiden sich die Graphen von f_1, f_2 und f_3 bzw. die Graphen von f_4, f_5 und f_6? Begründe.

P 20 Bestimme die Funktionsgleichungen der abgebildeten Exponentialfunktionen und der linearen Funktionen.

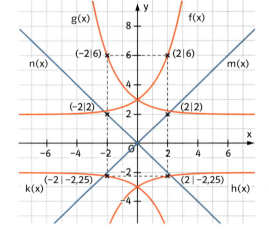

P 21 Das Gaswerk G-Nord berechnet für eine Kilowattstunde Gas 5 ct. Der Grundpreis beträgt pro Jahr 100 €. Das Gaswerk West-Gas bietet die Kilowattstunde Gas für 4 ct an, bei einem Grundpreis von 150 €.
a) Welche Art Funktion liegt vor?
b) Erstelle die Funktionsgleichungen und zeichne die dazugehörenden Graphen.
c) Familie Maas hat einen Jahresverbrauch von 27 000 kWh. Für welches Gaswerk soll sie sich entscheiden?
d) Das Gaswerk G-Nord kündigt eine Preiserhöhung pro Kilowattstunde um 10 % an, West-Gas um 15 %. Soll Familie Maas den Anbieter wechseln?

P 22 Herr Kaiser erhält als Vertreter von seiner Firma ein Festgehalt von 2100 €. Von seinem Umsatz erhält er eine Provision von 5 %.
a) Bestimme die Funktionsgleichung und zeichne den Graphen.
b) Entnimm aus dem Schaubild, welchen Umsatz Herr Kaiser machen muss, um 3000 € im Monat zu verdienen.

P 23 In einem Behälter befinden sich 224 Liter Wasser. Durch Verdunstung verringert sich der Wasserstand täglich um 1,4 Liter.
a) Wie lautet die Funktionsgleichung?
b) Zeichne den Graphen der Funktion.
c) Mithilfe des Schaubilds kann man die Zeitdauer bestimmen, die es braucht, damit der Behälter halb leer bzw. ganz leer ist.
d) Welche Bedingung muss erfüllt sein, damit die Abnahme einer Funktion entspricht?

Funktionen

P 24 Die Bewegungen der Züge im Schienennetz der Deutschen Bahn werden in Bildfahrplänen dargestellt. Die Abbildung zeigt eine vereinfachte Darstellung eines bestimmten Streckenabschnitts.
a) Mit welcher Durchschnittsgeschwindigkeit fahren die Züge von Münster nach Havixbeck und umgekehrt?
b) Bestimme die Funktionsgleichungen.
c) Wie lange benötigen die Züge bis zum nächsten Haltepunkt Billerbeck an, wenn die Entfernung 9 km beträgt?

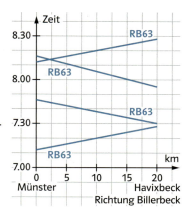

P 25 In der Fahrschule lernt man die Formel $s = \left(\frac{v}{10}\right)^2$ für die Berechnung des Bremswegs. Die Geschwindigkeit wird in km/h angegeben. Man erhält dann den Bremsweg in m.
a) Erstelle ein Diagramm, anhand dessen man erkennen kann, wie der Bremsweg in Abhängigkeit von der Geschwindigkeit wächst.
b) Begründe, dass es sich um quadratisches Wachstum handelt.

P 26 Eine Wassermelone wiegt 0,150 kg. Bis zur Reife verdoppelt sich in jeder Woche das Gewicht.
a) Welche Art Wachstum liegt vor?
b) Stelle das Wachstum in einem Schaubild dar.
c) Wie viel wiegt die Melone nach 5 Wochen?
d) Wie viel hat sie 2 Wochen vorher gewogen?
e) Nach wie viel Wochen wiegt die Melone 10 kg?

P 27 Ein Geldbetrag von 500 € wird zur Geburt eines Kindes zu 6 % fest angelegt.
a) Wie lautet die Funktionsgleichung für die Kapitalentwicklung? Zeichne den Graphen.
b) Entnimm aus dem Schaubild, wann sich das Kapital verdoppelt hat.
c) Wie hoch ist das Kapital nach 15 Jahren? Nach 18 Jahren soll der Führerschein damit bezahlt werden, der 2000 € kosten wird. Das Kapital wird um ca. 500 € erhöht.

P 28 In der Medizin wird radioaktives Jod-131 benutzt. Jeden Tag zerfallen jeweils 8 % des noch vorhandenen Jods.
a) Fülle die Tabelle aus. Gib die Ergebnisse mit 2 Stellen nach dem Komma an. Du kannst die Werte mithilfe einer Funktionsgleichung berechnen.

Anzahl der Tage	0	1	2	3	4	5	7	10	15
Jodmasse in mg	5,00								

b) Stelle die Werte in einem Schaubild dar. Achte auf geeignete Einheiten.
c) Entnimm aus dem Schaubild die Halbwertszeit von Jod-131.

Geometrie

P 1 Bestimme die fehlenden Winkelgrößen.

a)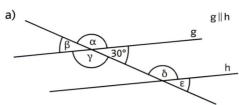

b)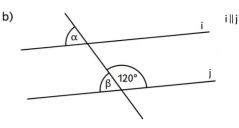

c)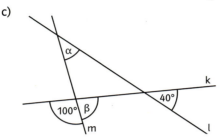

P 2 Konstruiere das Dreieck aus den gegebenen Angaben. Bestimme alle Winkelmaße, den Umfang und den Flächeninhalt des Dreiecks.

a) $a = 5\,\text{cm}$
$b = 3\,\text{cm}$
$c = 6{,}5\,\text{cm}$

b) $\alpha = 46°$
$c = 7{,}3\,\text{cm}$
$\beta = 59°$

c) $\gamma = 115°$
$a = 6{,}3\,\text{cm}$
$b = 4{,}8\,\text{cm}$

d) $a = 9{,}3\,\text{cm}$
$\gamma = 24°$
$\alpha = 96°$

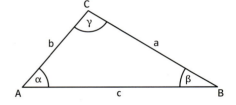

P 3 Berechne die Höhe h bzw. Breite d.

a)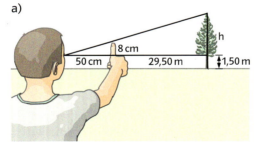

b)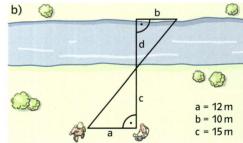

$a = 12\,\text{m}$
$b = 10\,\text{m}$
$c = 15\,\text{m}$

P 4 In einem gleichschenkligen Dreieck sind jeweils zwei Angaben bekannt. Berechne die fehlenden Längen.

a) $c = 9\,\text{cm}$
$s = 6\,\text{cm}$

b) $s = 5\,\text{dm}$
$h = 3\,\text{dm}$

c) $h = 0{,}40\,\text{km}$
$c = 0{,}35\,\text{km}$

d) $\beta = 60°$
$s = 80\,\text{mm}$

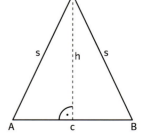

P 5 Der Fußpunkt einer 3,20 m langen Leiter steht 1,10 m von einem Kirschbaum entfernt. In welcher Höhe lehnt die Leiter am Baumstamm?

Geometrie

P 6 Der Maibaum ist insgesamt 8,00 m hoch. Welchen Durchmesser muss die runde Tanzfläche mindestens haben?

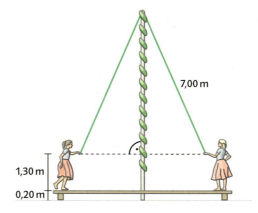

P 7 Berechne Umfang und Flächeninhalt der Figur.
$a = 5\,cm;\ b = 8\,cm$

a)   b)   c)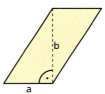

P 8 Berechne Umfang und Flächeninhalt der Spielflächen.

a) 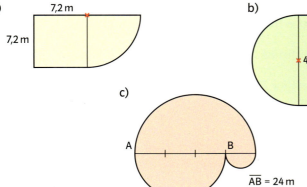   b)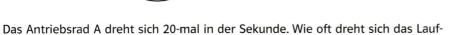

c)

P 9 Das Antriebsrad A dreht sich 20-mal in der Sekunde. Wie oft dreht sich das Laufrad B in dieser Zeit (in einer Minute, in einer Stunde)?

a)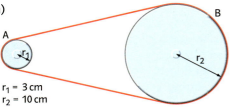
$r_1 = 3\,cm$
$r_2 = 10\,cm$

b)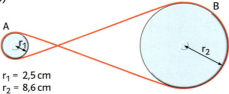
$r_1 = 2,5\,cm$
$r_2 = 8,6\,cm$

Prüfungstraining

Geometrie

P 10 Eine runde Windmühle mit dem Radius von 2,40 m ist von einem Blumenbeet mit einem Umfang von 22,80 m umgeben. Wie groß ist die zu bepflanzende Fläche ungefähr?

P 11 Ein Swimmingpool ist 10 m lang, 6 m breit und überall gleichmäßig 3 m tief.
a) Wie viel Liter Wasser passen hinein, wenn er randvoll gefüllt ist?
b) Nach welcher Zeit ist ein Achtel des Wassers abgepumpt, wenn die Pumpe 16 Liter pro Minute schafft?
c) Zeichne den Swimmingpool maßstabsgerecht als Schrägbild. Gib den Maßstab an.

P 12 Zur Verpackung von Bonbons benutzt eine Firma Pappkartons.

A) 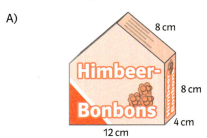 B)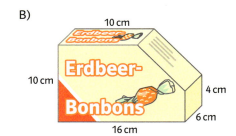

a) Zeichne das Netz der Verpackung.
b) Welche Oberfläche und welches Volumen besitzt die Verpackung?
c) Wie viel Pappe wird bei 16 % Verschnitt benötigt?

P 13 Ein Deich muss auf einer Länge von 28 m Länge erneuert werden.
a) Wie viel Erde muss bestellt werden?
b) Wie groß ist die Fläche des Deiches, die später von den Schafen abgegrast werden kann?
c) Zeichne das Schrägbild des Deichstücks in geeignetem Maßstab.

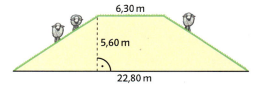

P 14 Berechne den Blechbedarf für 250 zylinderförmige, verschlossene Dosen.
a) $r = 12$ cm   b) $r = 0,2$ m   c) $d = 50$ mm   d) $d = 0,06$ dm
   $h = 18$ cm $h = 85$ cm $h = 3,2$ cm $h = 0,4$ cm

P 15 Ein Marmorkegel ist 16,5 cm hoch und besitzt eine kreisförmige Grundfläche mit einem Durchmesser von 12,0 cm. Ein Kubikzentimeter Marmor wiegt zwischen 2,62 g und 2,84 g.
a) Wie schwer ist der Kegel minimal bzw. maximal?
b) Wie groß ist die zu schleifende Oberfläche?

P 16 Eine quadratische Pyramide besitzt eine Kantenlänge a von 30 cm und eine Seitenkantenlänge s von 28 cm. Berechne das Volumen und die Oberfläche der Pyramide.

P 17 Beim Poolbillard werden 15 farbige und eine weiße Kugel gespielt. Jede Kugel besitzt einen Durchmesser von 57,2 mm.
a) Wie groß ist das Volumen und die Oberfläche einer Kugel?
b) Wie viel Prozent Luft ist in einer quadratischen Packung, in die alle Poolbillardkugeln exakt hineinpassen?

P 18 Die Karte zeigt die Grenzlinie der Stadt Dortmund. Schätze die Gesamtfläche ab.

Geometrie

P 19 a) Schätze die Maße dieses Felsens in Indien ab und berechne daraus sein ungefähres Volumen.
b) Wie schwer ist er, wenn ein Kubikmeter Sandstein etwa 2,6 t wiegt? Vergleiche dein Ergebnis mit einem Auto (ca. 1200 kg).

P 20 Ein quaderförmiges Aquarium mit den Bodenmaßen 8 dm mal 4,5 dm ist 40 cm hoch. Petra lässt 80 Liter Wasser hineinlaufen.
a) Wie hoch ist das Aquarium nun gefüllt?
b) Wie viel fehlt noch bis zur kompletten Füllung?
c) Petra legt zur Dekoration drei Steinwürfel mit 4, 5 und 6 cm Kantenlänge auf den Aquarienboden. Um wie viele Millimeter steigt das Wasser? Schätze zunächst.

P 21 Sechs zylindrische Kerzen mit einer Höhe von 20 cm und einem Durchmesser von 2 cm sollen zusammen in Seidenpapier eingewickelt werden. Oben und unten bleibt die Verpackung offen. Wie groß muss dieses Papier mindestens sein? Finde drei Möglichkeiten. Fertige zunächst eine Skizze an.

P 22 Ein Rundwanderweg führt durch einen Wald. Lukas geht mit einer Geschwindigkeit von durchschnittlich 5 km/h. Annika joggt und ist 8 km/h schneller als Lukas.
a) Wie lange benötigen sie etwa für die Strecke.
b) Johanna fährt mit dem Rad. Sie kommt nach 28 Minuten am Startpunkt an. Wie schnell fuhr sie?

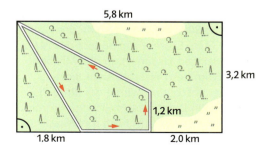

Geometrie

P 23 In einem Hotel in Berlin können Besucher seit Dezember 2003 das weltweit größte zylindrische Aquarium, den AquaDom, mit einer Höhe von 14,04 m und einem Durchmesser von 11,08 m besuchen. Durch ihn fährt ein doppelstöckiger Aufzug in einem Glaszylinder mit etwa 4,60 m Durchmesser. Die Scheibe des Aquariums besteht aus 22 cm dickem Acrylglas.
Wie viel Liter Salzwasser passen in das Meerwasseraquarium für 2600 Fische?

P 24 In die Nische eines Dachgiebels soll in einem Schrank in 1,10 m Höhe ein Boden aus Glas eingebracht werden.
Wie breit muss diese Glasplatte sein?

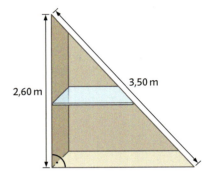

P 25 Ein Cocktailglas ist bis zur halben Glashöhe gefüllt.
a) Wie verändert sich der Inhalt des Glases, wenn es bis zum Rand gefüllt wird?
b) Wie verändert es sich, wenn sich die Höhe halbiert?
c) Erstelle einen Graphen mit dem man das Volumen bei unterschiedlichen Füllhöhen ablesen kann. Analysiere das Ergebnis. Was stellst du fest?

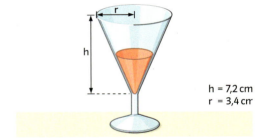

h = 7,2 cm
r = 3,4 cm

P 26
Eine Zeitung schreibt:
„Im März 2007 hat man mithilfe der Raumsonde ‚Mars Express' am Südpol des Mars einen riesigen Eispanzer aus 1,6 Millionen Kubikkilometern Wassereis entdeckt. Wenn er abschmilzt, würde der ‚Rote Planet', dessen Durchmesser 6794 km beträgt, rings herum über 11 m hoch mit Wasser bedeckt."

Große Zahlen! – Aber stimmen sie auch? Überprüfe die Aussagen des Zeitungsartikels mithilfe deines Taschenrechners.

P 27 Die mysteriösen grau-blauen Steine von Stonehenge in Südengland stehen in einem mit einem Erdwall begrenzten Kreis, dessen Durchmesser 115 m beträgt.
a) Wie groß ist die innere Fläche und der Umfang des alten Kultplatzes?
b) Was fällt bei der Länge des Umfangs auf?

Geometrie

P 28 Bestimme das Volumen und die Oberfläche der Holzbauklötze.

a) $a = 8{,}6$ cm
$b = 3{,}2$ cm
$c = 8{,}0$ cm

b) $a = 2{,}0$ cm
$b = 6{,}8$ cm
$c = 8{,}0$ cm

c) $a = 8{,}0$ cm
$b = 5{,}0$ cm
$c = 6{,}8$ cm

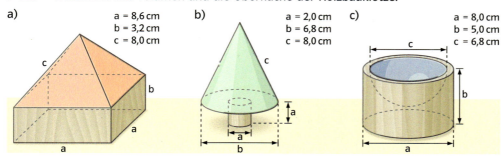

P 29 Familie Sowa will Laminat für ihre Wohnung kaufen. 1 m² kostet 15,90 €. In Bad und Flur sollen neue Fliesen gelegt werden. Eine Fliese misst 20 cm mal 20 cm. Eine Packung beinhaltet 5 Fliesen und kostet 6,90 €. Wie hoch sind die gesamten Materialkosten?

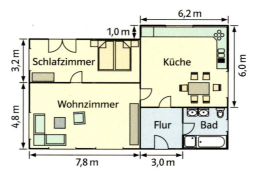

P 30 Die größte Pizza der Welt wurde 1990 in Südafrika gebacken. Sie besaß einen Durchmesser von 37,4 m und ein Gewicht von 12,19 t. Eine Tiefkühlpizza aus dem Supermarkt hat einen Durchmesser von 28 cm und wiegt etwa 500 g.
Wie schwer ist jeweils ein Stück in der Größe von 1 dm²? Vergleiche die Ergebnisse miteinander.

Zufall

P 1 Die drei Glücksräder haben zwar unterschiedliche Aufteilungen, die Felder eines Glücksrades sind jedoch gleich groß.
a) Wie groß ist die Wahrscheinlichkeit für jedes Glücksrad die Zahl 2 zu treffen?
b) Mit welcher Wahrscheinlichkeit erscheint beim grünen Glücksrad eine ungerade Zahl?
c) Jedes Glücksrad wird 120-mal gedreht. Wie oft kann man dann jeweils ein geradzahliges Ergebnis erwarten?

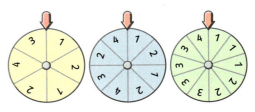

P 2 Ein Glücksrad ist in 60 gleich große Felder geteilt. 20 Felder sind blau, 24 Felder sind grün, 12 Felder sind rot. Der Rest hat die Farbe gelb. Das Glücksrad wird zweimal gedreht. Bestimme die Wahrscheinlichkeiten.
a) P (zweimal rot)
b) P (einmal blau, einmal gelb)
c) P (mindestens einmal blau)
d) P (höchstens einmal rot aber kein gelb)

P 3 Aus dem Behälter mit 14 Kugeln wird gezogen.
a) Wie groß ist die Wahrscheinlichkeit, mit dem ersten Zug eine rote Kugel zu ziehen?
b) Es wird zweimal hintereinander gezogen. Die erste Kugel wird nach dem Ziehen wieder zurückgelegt.
Mit welcher Wahrscheinlichkeit werden zwei gelbe Kugel gezogen?
c) Mit welcher Wahrscheinlichkeit werden zwei gelbe Kugeln gezogen, wenn die erste gezogenen Kugel nicht wieder zurückgelegt wird?

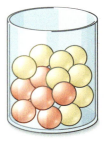

P 4 Auf einem Parkplatz eines Autohändlers stehen vom gleichen Modell fünf silberne, drei schwarze und zwei rote Fahrzeuge. Alle Fahrzeugschlüssel wurden irrtümlich in eine Schachtel gelegt. Ein Kunde interessiert sich für zwei Fahrzeuge. Der Auszubildende greift wahllos zwei Schlüssel heraus.
a) Wie groß ist die Wahrscheinlichkeit, nur Schlüssel von gleichfarbigen Autos zu nehmen?
b) Wie groß ist die Wahrscheinlichkeit, den Schlüssel von genau einem silberfarbigen Fahrzeug herauszunehmen?

P 5 Eine Streichholzschachtel blieb beim Werfen mit folgenden Häufigkeiten auf den bezeichneten Flächen liegen.

Grundflächen G	Reibeflächen R	Seitenflächen S
408	81	11

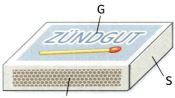

a) Mathis wirft eine Streichholzschachtel 50-mal. Wie häufig landet die Schachtel vermutlich auf einer der Reibeflächen R?
b) Nina wirft zwei Schachteln gleichzeitig. Wie groß ist die Wahrscheinlichkeit, dass die Schachteln nicht auf einer der Grundflächen G liegen bleiben?
c) Eine Schachtel wird zweimal hintereinander geworfen. Mit welcher Wahrscheinlichkeit bleibt sie nur einmal auf einer der Reibeflächen R liegen?

P 6 Beide Kreisel sind jeweils in sechs gleich große Felder eingeteilt. Zuerst wird Kreisel (1), dann Kreisel (2) gedreht. Bestimme die Wahrscheinlichkeit.
a) P (kein Kreisel liegt auf einer geraden Zahl)
b) P (die Summe der beiden Zahlen ist größer als 12)
c) P (das Produkt der beiden Zahlen ist durch drei teilbar)

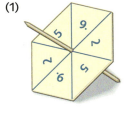
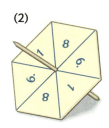

P 7 Beim Werfen auf den Basketballkorb trifft Alexandra mit einer Wahrscheinlichkeit von 30%, Katja mit 60%.
a) Wie groß ist die Wahrscheinlichkeit, dass Alexandra bei zwei Würfen jeweils trifft?
b) Wie hoch ist die Wahrscheinlichkeit, dass Katja bei zwei Würfen überhaupt nicht trifft?
c) Alexandra und Katja werfen je einmal. Mit welcher Wahrscheinlichkeit werden zwei Treffer erzielt?

P 8 Das Glücksrad hat folgende Mittelpunktswinkel:
weiß   54°
gelb   162°
rot   108°
blau   36°
Das Rad wird zweimal hintereinander gedreht. Mit welcher Wahrscheinlichkeit bleibt es auf zwei unterschiedliche Farben stehen?

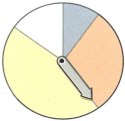

P 9 Bei einem Schulfest wird eine Tombola veranstaltet. Unter den insgesamt 500 Losen gibt es als Hauptpreis ein Fahrrad und außerdem 100 Kleinpreise. Die übrigen Lose sind Nieten. Frau Schmidt zieht zwei Lose.
a) Mit welcher Wahrscheinlichkeit hat Frau Schmidt mindestens einen Gewinn, jedoch nicht das Fahrrad?
b) Wie groß ist die Wahrscheinlichkeit, zwei Preise zu ziehen?
c) Wie groß ist die Wahrscheinlichkeit, genau einen Preis zu erhalten?

P 10 Mit einem Gewinnspiel sollen Gelder für einen guten Zweck eingenommen werden. In einem Gefäß befinden sich zehn blaue, sechs rote und vier gelbe Kugeln. Die Teilnehmer ziehen zwei Kugeln mit einem Griff.
a) Folgende Gewinnvarianten werden diskutiert.
(1) Es gibt einen Gewinn, wenn beide Kugeln gleichfarbig sind.
(2) Es gibt einen Gewinn, wenn je eine Kugel rot und eine Kugel gelb ist.
(3) Es gibt einen Gewinn, wenn nur eine der beiden Kugeln gelb ist.
Mit welcher Variante wird wohl am meisten Geld für den guten Zweck eingenommen?
b) Gibt es eine andere Variante mit der das meiste Geld eingenommen werden kann?

P 11 Bei einer Unterhaltungssendung kann man ein Auto gewinnen. Die Kandidatin oder der Kandidat muss sich zunächst für eines von drei Toren entscheiden. Wurde das Tor mit dem Auto gewählt, so muss noch eine Münze geworfen werden. Fällt „Zahl", so hat man das Auto gewonnen.
a) Bestimme mit einem Baumdiagramm die Wahrscheinlichkeit, das Auto zu gewinnen.
b) Gib einen einstufigen Zufallsversuch an, mit dem dieses Spiel simuliert werden kann.

Statistik

Diagramme

P 1 Die Tabelle zeigt die durchschnittlichen monatlichen Ausbildungsvergütungen im Jahre 2005.
a) Zeichne ein Säulendiagramm, in dem alle Daten gemeinsam dargestellt werden.
b) Weshalb ist ein Kreisdiagramm ungeeignet?
c) In welchem Beruf tritt die größte Differenz auf, in welchem die kleinste? Vergleiche auch prozentual.

Ausbildungsberuf	West	Ost
Industriemechaniker/in	741 €	683 €
Einzelhandelskaufmann/-frau	669 €	602 €
Kfz-Mechatroniker/in	564 €	436 €
Bürokauffrau/-mann	562 €	455 €
Arzthelfer/in	522 €	448 €
Bäcker/in	457 €	351 €
Friseur/in	415 €	260 €

P 2 Beschreibe einen zum vorgegebenen Diagramm passenden Sachverhalt. Die Zeitachse ist bereits markiert.

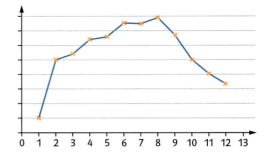

P 3 Die Tabelle zeigt die Energieträger Deutschlands im Jahr 2005.
a) Stelle die Daten in einem Balkendiagramm dar.
b) Berechne die prozentualen Anteile.
c) Zeichne ein Kreisdiagramm.

Energieträger	Mrd. kWh
Braunkohle	155
Kernenergie	163
Steinkohle	134
Erdgas	70
Mineralölprodukte	11,5
Wasserkraft	28
Windkraft, übrige Energieträger	31

P 4 Das Diagramm zeigt die Anteile der einzelnen Energieträger am weltweiten Verbrauch von 116,8 Gigawattstunden im Jahr 2001.

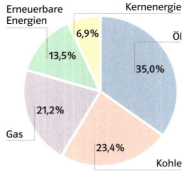
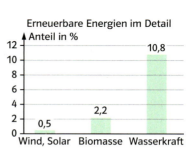

a) Berechne die Anteile der Energieträger in Gigawattstunden.
b) Die erneuerbaren Energien haben einen Anteil von 13,5 %. Wandle das Säulendiagramm in ein Kreisdiagramm um.

Diagramme lesen – aber richtig

Statistik (1)

P 5 Ein Milchhof hat vor 5 Jahren ein neues Milchprodukt auf den Markt gebracht. Bis heute haben sich die Umsätze des ersten Jahres verdoppelt. Deshalb wurde die Milchflasche für den aktuellen Umsatz mit doppeltem Radius und doppelt so hoch gezeichnet. Was meinst du zu dieser Darstellung?

P 6 Die Apfelsano GmbH wirbt für ihr Fruchtsaftgetränk „Fruchtissimo", das dreimal so viel Vitamin C enthält wie der Vorgänger „Calippo", mit der Darstellung einer aufgeschnittenen Orange. Was ist an dieser Darstellung falsch? Zeichne zwei Apfelsinenscheiben, die das Verhältnis des Vitamin-C-Gehaltes richtig wiedergeben.

P 7 Unser Hausmüll beträgt jährlich pro Person etwa 333 kg. In der Grafik ist die Zusammensetzung des Hausmülls in einem Bilddiagramm abgebildet.
a) Was meinst du zu dieser Darstellung?
b) Stelle die Prozentangaben in einem Säulendiagramm dar.

P 8 Das Bruttosozialprodukt betrug im Jahre 2006 in Luxemburg 71 400 US-$, in den USA 43 800 US-$ und in Deutschland 31 900 US-$. Eine Zeitschrift stellt diesen Zusammenhang in einem Diagramm dar.
a) Welchen Eindruck erweckt diese falsche Darstellung? Begründe.
b) Zeichne drei Quadrate bzw. drei Quader derart, dass sie die Daten im richtigen Verhältnis wiedergeben.

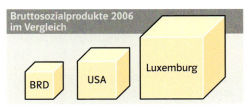

P 9 Eine Lebensmittelfirma stellt ihre Umsätze aus den vorangegangenen zehn Jahren in einem Diagramm dar.
a) Welcher Eindruck wird durch das Diagramm erzeugt?
b) Zeichne ein vollständiges Diagramm und vergleiche die Wirkung.

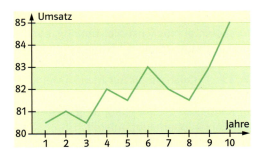

Prüfungstraining

Statistik

P 10 Eine Verbraucherinitiative untersucht fünf verschiedene Weingummiprodukte auf ihren prozentualen Zuckergehalt.
a) Ist der Zuckergehalt der einzelnen Produkte tatsächlich so sehr unterschiedlich? Berechne dazu für jedes Produkt die Prozentwerte einer 500-g-Packung.
b) Stelle die Prozentwerte in einem Säulendiagramm dar.

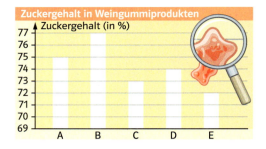

P 11 Die beiden unten stehenden Säulendiagramme zeigen die Geburtenrate in Deutschland von 1955 bis 2005 im Abstand von zehn Jahren.
a) Welche unterschiedlichen Eindrücke vermitteln die beiden Diagramme?
b) Welche Vor- bzw. Nachteile haben sie?

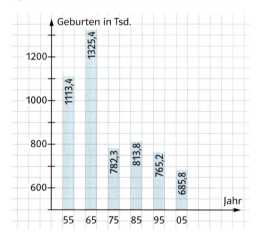
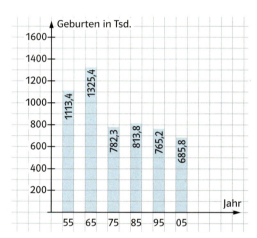

P 12 Die nachfolgende Tabelle gibt die Gewinne eines Unternehmens in Mio. Euro an.

2000	2001	2002	2003	2004	2005	2006	2007	2008	2009
2,0	1,7	1,8	2,2	1,6	1,9	2,3	2,1	2,6	2,9

a) Stelle die Gewinnentwicklung in einem Säulendiagramm dar.
b) Versuche durch geeignete Auswahl der Jahrgänge, ein möglichst günstiges Bild der Gewinnentwicklung in einem Diagramm zu vermitteln.
c) Wähle unterschiedliche grafische Darstellungen derart, dass die Gesamtentwicklung einmal möglichst gleichmäßig, ein anderes Mal turbulent erscheint.

P 13 „Cola enthält nur halb so viel Koffein wie Kaffee."
a) Kann man diese Behauptung aufgrund der Zahlen überhaupt aufstellen?
b) Überprüfe die Grafik.

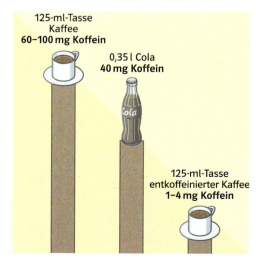

P 14 a) Die beiden Diagramme erwecken falsche Eindrücke.

Statistik

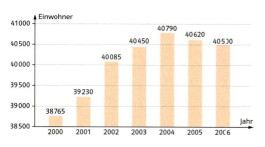

b) Zeichne beide Diagramme so, dass die vollständigen Säulenhöhen zu sehen sind.

Boxplots

P 15 Die Liste zeigt die monatlichen Bruttolohnaufwendungen einer Reinigungsfirma.
a) Bestimme den Mittelwert und den Zentralwert.
b) Wie viel Prozent der Mitarbeiter und Mitarbeiterinnen haben einen monatlichen Verdienst über dem Mittelwert bzw. über dem Zentralwert.
c) Erstelle ein Diagramm. Welche Diagrammart eignet sich gut, welche weniger?
d) Im Monat August werden noch 15 Ferienarbeiter mit einem Bruttoverdienst von 750 € eingestellt. Wie verändert sich dadurch der Mittelwert, wie der Zentralwert?
e) Zeichne für den Monat August einen Boxplot.

Geschäftsführer
6200 €

Bürokauffrau
3100 €

6 Putzkräfte
zu je 2200 €

11 Minijobkräfte
zu je 500 €

P 16 Die Jahrgangsstufen 8 und 10 wurden über ihre Fernsehgewohnheiten befragt. Die Auswertung brachte folgendes Ergebnis. Angegeben ist die Fernsehzeit pro Woche in Stunden.
a) Beschreibe die Unterschiede der beiden Klassenstufen.
b) Überprüfe folgende Aussagen. Korrigiere sie gegebenenfalls.

Kennwert	Klasse 8	Klasse 10
Minimum	5	0
unteres Quartil	8	5
Zentralwert	9,5	12
Mittelwert	12,4	16,2
oberes Quartil	15	17
Maximum	50	100

- 50 % der Zehntklässler liegen in ihren Fernsehgewohnheiten näher beieinander als die Achtklässler.
- Die Daten der Zehntklässler sind weiter gestreut als die der Achtklässler.
- Ein Viertel der Achtklässler sieht durchschnittlich eine Stunde pro Tag fern.

Statistik

P 17 Geben Mädchen mehr Geld aus als Jungen? Eine Umfrage brachte folgendes Ergebnis (Angaben in Euro pro Monat).

Jenny	75	Moni	84	Sina	35	Mia	95
Carolin	65	Laura	56	Anna	55	Lena	70
Eronita	50	Albina	100	Meli	40	Katrin	80

Alex	90	Mike	42	Jan	30	Timo	78
Josip	45	Sven	15	Max	80	Antonio	62
David	52	Otto	125	Nino	48	Miro	55

a) Ermittle die Kennwerte zunächst getrennt nach Geschlecht, dann für die gesamte Stichprobe.
b) Streiche sowohl bei den Mädchen als auch bei den Jungen den größten und den kleinsten Wert. Welche prozentuale Veränderung ergibt sich dann für den Mittelwert bzw. den Zentralwert.
c) Teile die Umfragewerte in folgende Klassen ein und erstelle ein geeignetes Diagramm:
0 € – 19 €; 20 € – 49 €; 50 € – 74 €; 75 € – 100 €; mehr als 100 €.

P 18 Mit den beiden Boxplots sollen die Testergebnisse von zwei Motorreihen miteinander verglichen werden. Es wurde die Lebensdauer in Stunden gemessen.

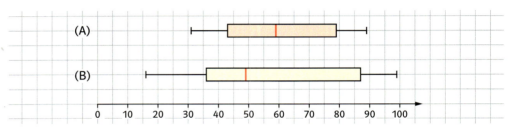

Welche Reihe hat den zuverlässigeren Motor? Begründe deine Entscheidung.

P 19 Die Tabelle zeigt die Anzahl der Verletzten bei Verkehrsunfällen in Deutschland.

	Fahrräder	Mofas	Mopeds	Motorräder	Pkw	Busse
1997	71 988	6644	11 152	41 226	308 184	4742
1998	67 677	6867	11 931	38 711	311 221	4564
1999	75 034	7326	12 113	42 818	319 994	5202
2000	72 738	7178	12 038	40 167	309 496	5068
2001	71 079	6914	11 819	37 699	306 427	5019
2002	70 163	6801	11 070	37 366	291 977	4817
2003	75 659	6955	11 249	38 339	272 965	4910
2004	73 162	6601	11 158	34 453	259 605	4978

a) Bestimme für jede Fahrzeugart Minimum, Maximum, Mittelwert und Zentralwert.
b) Um wie viel Prozent liegt das Minimum bzw. das Maximum bei jeder Fahrzeugart unter bzw. über dem Mittelwert?
c) Erstelle für das Jahr 1997 und 2004 ein Streifendiagramm. Was fällt dir auf?
d) Prüfe folgende Aussagen:
• Die Anzahl der Verletzten hat seit dem Jahr 1999 jährlich abgenommen.
• Im Jahr 1999 gab es die meisten Verletzten.
• Die Anzahl aller Verletzten bei Zweiradunfällen im Jahr 1997 weicht um weniger als 1% von der Anzahl der Verletzten im Jahr 2004 ab.

P 20 In der Tabelle ist die Anzahl der Zugverspätungen vom Kölner Hbf innerhalb eines Monats vermerkt.

Statistik

Min.	0	1–2	3–5	6–10	11–15
Nah	1639	4737	2541	988	348
Fern	1034	2651	1374	469	393

Min.	16–20	21–25	26–30	31–40	41–50
Nah	250	152	109	47	20
Fern	167	77	38	51	39

Min.	51–60	61–90	91–120	über 120
Nah	14	10	1	2
Fern	27	45	49	9

a) Du sollst als Vertreter des Fahrgastverbandes „pro Bahn" an einem Streitgespräch teilnehmen. Du sollst darlegen, dass die Bahn sehr unpünktlich ist. Werte die Statistik so aus, dass deine Verärgerung über die Unpünktlichkeit nachvollziehbar ist. Bestimme dazu Kennwerte und fertige Diagramme an. Fasse gegebenenfalls mehrere Spalten der Häufigkeitsliste zusammen.

b) Du sollst als Vertreter der Bahn am Streitgespräch teilnehmen. Deshalb möchtest du darlegen, dass die Bahn doch relativ pünktlich ist. Werte die Statistik dahingehend aus. Bestimme dazu Kennwerte und fertige Diagramme an. Fasse ggf. mehrere Spalten der Häufigkeitsliste zusammen. Lass gegebenenfalls die Ausreißer weg.

Lösungen des Basiswissens

Basiswissen | Flächenberechnungen, Seite 8

1
a = 6 cm; h_c = 4,8 cm; u = 24 cm

2
A = 31,2 cm²; u = 28,0 cm

3
a) A = 21,5 cm²; u = 35,7 cm
b) A = 60,7 cm²; u = 45,7 cm

4
a) r = 6,8 cm; A_S = 15,3 cm²
b) r = 6,6 cm; b = 23,0 cm

Basiswissen | Oberfläche und Volumen, Seite 9

1
c = 9,1 cm

2
V = 172 cm³
O = 237,9 cm²

3
V = 11 · 4 · 15 cm³ = 660 cm³
O = (14 · 15 + 2 · 5 · 15 + 8 · 15 + 2 · 11 · 4) cm²
  = (210 + 150 + 120 + 88) cm² = 568 cm²

4

	a)	b)	c)	d)
r	3,6 m	5,2 dm	**3,4 dm**	0,42 dm
h	0,95 m	**14,7 dm**	18,2 dm	**6,1 cm**
M	21,5 m²	480 dm²	388,8 dm²	161,0 cm²
O	102,9 m²	650,2 dm²	461,4 dm²	271,8 cm²
V	38,7 m³	1248,7 dm³	0,656 dm³	338,0 cm³

5
V = π · 9² · 27 − 5² · 27 = 6195,7 cm³
O = 2π · 9 · 27 + 2π · 9² − 2 · 5² + 4 · 5 · 27 = 2525,8 cm²

Basiswissen | Terme, Seite 10

1
a) $8x^2 + 32xy - 56xz$
b) $27a^2b - 6ab^2 - 33abc$
c) $-5m - 5n$
d) $35qs - 7rs + 7s^2$

2
a) 4y(7x + 4z)
b) 5m(7n − 8)
c) 18v(−2v + 3w)
d) 12ax(1 − 5x)
e) $7(r - 2t - 6r^2)$
f) 3ab(2 − 5a + 3b)
g) 16xyz(2xy − 3y − 5z)

3
a) 31c − 68d
b) $7x^2 - 24x + 9$
c) $-70a^2 - 77ab - 5b^2$

4
a) 15y − 15z − xy + xz
b) $44r^2 - 16r - 11rs + 4s$
c) $21a^2 + 29ab - 12b^2$
d) $-1,2c^2 + 4,6cd - 3d^2$
e) $2,5x + x^2y + 10y + 4xy^2$
f) $0,3e^2 - 3,05ef + 0,5f^2$

5
a) $s^2 - 12st + 36t^2$
b) $16x^2 + 40xy + 25y^2$
c) $2,25m^2 - 9mn + 9n^2$
d) $49r^2 - 16s^2$
e) $x^2 - 0,4xy + 0,04y^2$

6
a) $(6m + 11n)^2 = 36m^2 + 132mn + 121n^2$
b) $(3 - 5t)^2 = 9 - 30t + 25t^2$
c) $(2u + v)^2 = 4u^2 + 4uv + v^2$
d) $121p^2 - 22pq + q^2 = (11p - q)^2$ oder
$p^2 - 22pq + 121q^2 = (p - 11q)^2$ oder
$1 - 22pq + 121p^2q^2 = (1 - 11pq)^2$

7
a) $(5p + 6q)^2$
b) $(2c - 13d)^2$
c) (9s + 11t)(9s − 11t)
d) $(x - 0,5)^2$

8
a) $3(2x + 3)^2$
b) 2(6a − 8b)(6a + 8b)
c) $9w(2u + v)^2$
d) $2m(x - 4y)^2$

Basiswissen | Gleichungen lösen, Seite 11

1
a) $x = -4$ b) $x = 4$ c) $x = 7$ d) $x = 2$

2
a) $x = 2$ b) $x = 5{,}5$ c) $x = -0{,}25$ d) $x = -7$

3
a) $x = 5$ b) 11

4
a) $x = 36$ b) $x = 2$ c) $x = -5$ d) $x = -3$

5
a) $x = 4$ b) $x = 20$ c) $x = 2{,}6$ d) $x = -16$

6
$(x + 15)^2 = x^2 + 555$
Die Zahlen heißen 11 und 26.

7
a) $x = 7\,\text{cm}$ b) $x = 9\,\text{cm}$

Basiswissen | Lineare Funktionen, Seite 12

1
a)

x	−5	−4	−3	−2	−1	0	1
f(x)	−4,5	−3	−1,5	0	1,5	3	4,5

b)

x	−1	0	1	2	3	4	5
f(x)	−4,5	−3	−1,5	0	1,5	3	4,5

c)

x	−1	0	1	2	3	4	5
f(x)	4,5	3	1,5	0	−1,5	−3	−4,5

d)

x	−5	−4	−3	−2	−1	0	1
f(x)	4,5	3	1,5	0	−1,5	−3	−4,5

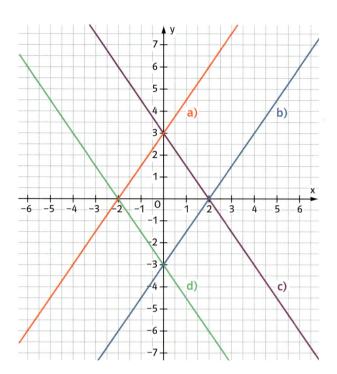

2
a) $f(x) = x + 4$

x	−2	−1	0	1	2	**3**	4
f(x)	2	3	4	5	**6**	**7**	**8**

b) $f(x) = 2x - 1$

x	3	2	1	0	−1	**−2**	**−3**
f(x)	5	3	1	−1	**−3**	**−5**	**−7**

3
g_1: $f(x) = \frac{1}{3}x + 1$ $\quad g_2$: $f(x) = \frac{7}{4}x + 3{,}5$
g_3: $f(x) = -2x + 2$ $\quad g_4$: $f(x) = -\frac{2}{3}x + 2$
g_5: $f(x) = -x - 0{,}5$

4

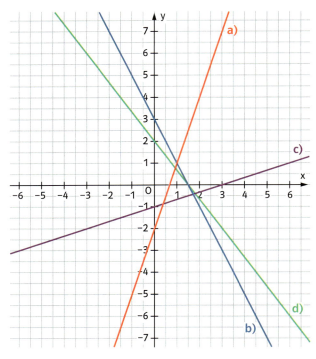

5
Term: 5x + 30

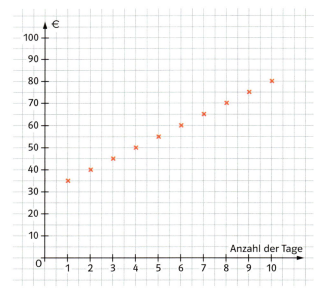

6
a) B_1 hat zu Beginn eine Füllhöhe von 60 cm. Die Füllhöhe nimmt pro Stunde um 10 cm ab, sodass der Behälter nach 6 Stunden leer ist.
B_2 hat zu Beginn eine Füllhöhe von 100 cm. Die Füllhöhe nimmt pro Stunde um 25 cm ab. Der Behälter ist nach 4 Stunden leer.
B_3 hat zu Beginn eine Füllhöhe von 10 cm. Pro Stunde nimmt die Füllhöhe um 20 cm zu. Nach 3,5 Stunden ist der Behälter voll.
b) B_1: −10x + 60; B_2: −25x + 100
B_3: 20x + 10, für $0 \leq x \leq 3{,}5$ und 80 für $x \geq 3{,}5$

Basiswissen | Lineare Gleichungssysteme, Seite 13

1
a) L = {(1; 5)}

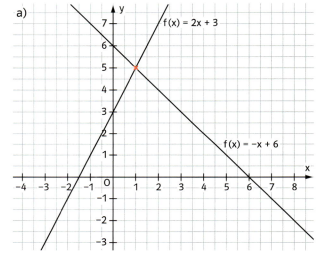

b) L = {(2; 1)}

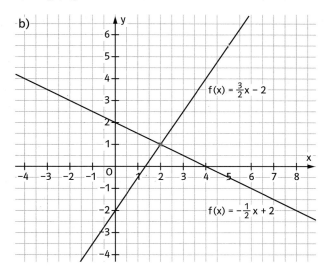

2
a) $f(x) = -x - 7$
   $f(x) = -x + 3$
Keine Lösung, Geraden sind parallel.
b) $f(x) = -2x + 5$
   $f(x) = -x + 4$
Genau eine Lösung, Geraden schneiden sich in einem Punkt.
c) $f(x) = -x + 5$
   $f(x) = -x + 5$
Unendlich viele Lösungen, zu den zwei Gleichungen gehört dieselbe Gerade.
d) $f(x) = 2x + 3$
   $f(x) = -2x + 1$
Genau eine Lösung, Geraden schneiden sich in einem Punkt.

3
a) L = {(1; 2)} b) L = {(4,5; 4)} c) L = {(3; 3)} d) L = {(8; 13)}

4
Eine Flasche Saft kostet 1,50 €, eine Flasche Limonade 0,70 €.

Basiswissen | Potenzen, Seite 14

1
a) 0,008 b) $\frac{1}{8}$ c) -8
d) -16 e) 16 f) $\frac{1}{16}$
g) -1 h) $-0,00001$ i) $\frac{1}{100000}$

2
a) 16 b) 24 c) $2^7 = 128$
d) 0 e) $16 - 8 = 8$ f) $2^1 = 2$
g) $2^6 = 64$ h) $2^6 = 64$ i) $2^8 = 256$

3
Es gibt insgesamt 3^3 blaue Teilkörper, jeder dieser Teilkörper besteht aus $2 \cdot 3 \cdot 4$ kleinen Würfeln. Also gibt es insgesamt $3^3 \cdot (2 \cdot 3 \cdot 4) = 2 \cdot 3^4 \cdot 4 = 2^3 + 3^4 = 648$ kleine Würfel.

4
a) a^5 b) b^{12} c) cd^5
d) x^2 e) $6x^{10}$ f) y^4
g) $6a^4$ h) $5a^2$ i) $2(a^2 + a^3)$
j) $6x^9$ k) $5x^5$ $= 2a^2(1 + a)$

5
a) a^{3n} b) $6b^{2x+1}$ c) c^{2y+1}
d) a^{2n} e) $6e^4$ f) m^{3a-1}

6
a) $(xy)^3$ b) $(2a)^4$ c) $3(ab)^5$
d) $\left(\frac{x}{y}\right)^7$ e) $3^3 = 27$ f) $2\left(\frac{e}{g}\right)^3$

7
a) $8a^3$ b) $9b^4$ c) c^4d^8
d) $4x^6$ e) $\frac{x^6}{9}$ f) $\frac{125}{x^3}$

8
a) $a^5 + a^3$ b) $6b^4 - 8b^3$
c) $x^4 - 1$ d) $x^6 + 2x^3y^3 + y^6$

9
a) $\frac{1}{a^3}$ b) $\frac{1}{b}$ c) $\frac{2}{c^2}$
d) $\frac{1}{ab}$ e) $\frac{x}{4}$ f) $\frac{1}{y^5}$

Basiswissen | Wurzeln, Seite 15

1
a) 12
b) 1,8
c) 0,3
d) 7x
e) $11y^2$
f) $2ab^2$
g) $\frac{4}{7}$
h) $\frac{13x}{15}$
i) $\frac{1}{32y^2}$
j) 3y
k) 2x
l) $0,3z^2$

2
a) 6x
b) 9a
c) 0,6
d) 360xy
e) 30ab
f) $\frac{6x}{y}$
g) 24xy
h) $\frac{8x}{3y}$

3
a) $10\sqrt{2}$
b) $\sqrt{7} + \sqrt{11}$
c) $\sqrt{3} + 4\sqrt{5}$
d) $\sqrt{5a} - \sqrt{3a}$
e) $3x\sqrt{y} - 3y\sqrt{x}$

4
a) $2\sqrt{5}$
b) $5\sqrt{3}$
c) $12\sqrt{2}$
d) $4a\sqrt{3b}$
e) $11x\sqrt{3xy}$
f) $6x^2y\sqrt{7xy}$
g) $\frac{7\sqrt{2x}}{16}$
h) $\frac{7x\sqrt{3}}{22y}$
i) $\frac{4x\sqrt{2z}}{11}$

5
a) $\frac{2\sqrt{5}}{5}$
b) $\frac{\sqrt{7}}{7}$
c) $\frac{\sqrt{2}}{3}$
d) $\sqrt{x}$
e) $\frac{\sqrt{7a}}{2}$
f) $\sqrt{3x} - \sqrt{x}$

6
a) 6x
b) 1
c) 9xyz
d) 2ab
e) $\frac{14x}{15}$
f) $\frac{3}{10}$

7
a) $2\sqrt{2}$
b) 0
c) $12x\sqrt{5y}$
d) $2a\sqrt{3ab}$

8
a) Jeder Würfel hat 6 Seitenflächen. Es sind 5 Würfel. Die innen liegenden Flächen müssen abgezogen werden, so bleiben 22 Seitenflächen.
792 : 22 = 36 cm²
Kantenlänge $a = \sqrt{36} = 6$ cm
$V_{Würfel} = a^3 = 216$ cm³; $V_{Körper} = 1080$ cm³
b) 10 Würfel mit 36 Außenflächen:
$a \approx 4,69$ cm; $V_{Körper} \approx 1031,9$ cm³

Basiswissen | Ähnlichkeit, Seite 16

1
Mögliche Lösungsdreiecke
$A_1B_1C_1$ mit $A_1(7|4)$; $B_1(13|6)$; $C_1(9|10)$
$A_2B_2C_2$ mit $A_2(11|2)$; $B_2(14|3)$; $C_2(12|5)$
Die Dreiecke $A_1B_1C_1$ und $A_2B_2C_2$ können auch anders liegen.

2
a) $\overline{SB'} = 7,2$ cm
b) $\overline{AB} = 2,2$ cm

3
$\frac{a_1}{b_1} = 1,75$; $\frac{a_2}{b_2} \approx 1,73$; $\frac{a_3}{b_3} = 1,75$
Die Rechtecke R_1 und R_3 sind zueinander ähnlich, das Rechteck R_2 ist zu R_1 und R_3 nicht ähnlich.

4
a) $A = \frac{1}{2} \cdot 6 \cdot 5$ cm² = 15 cm²; $k = \frac{7,2}{6} = 1,2$;
$A_1 = k^2 \cdot A = 21,6$ cm²
b) $A_2 = 2A$; $k^2 = 2$; $k = \sqrt{2}$; $c_2 = k \cdot c = 8,5$ cm; $h_{c2} = 7,1$ cm

Basiswissen | Satz des Pythagoras, Seite 17

1
a) x = 4,0 cm + 9,4 cm = 13,4 cm
b) x = 11,4 cm − 6,5 cm = 4,9 cm

2
u = 43,4 cm; h = 17,0 cm; A = 71,4 cm²

3
$\overline{AB} = \sqrt{12^2 + \left(\frac{a}{6}\right)^2} = \sqrt{148}$
$\overline{BC} = \sqrt{12^2 + 6^2} = \sqrt{180}$
$\overline{CD} = 12\sqrt{2} = \sqrt{288}$
$\overline{DA} = \sqrt{12^2 + \left(\frac{a}{3}\right)^2} = \sqrt{160}$
$\overline{ABCDA} = 55,2$ cm

4
$h_s = \sqrt{36 + 9} = 6,7$ cm
$\frac{d}{2} = 4,2$ cm
$s = \sqrt{4,2^2 + 6^2} = 7,3$
s = 7,3 cm

5
Balkenlänge x = 7,4 + 2,8 + 2,8 + 1,2 + 2,9 + 2,7 + 2,4 + 3,0 + 1,2 = 26,4
Die Gesamtlänge der Balken im Fachwerk beträgt 26,4 m.

Basiswissen | Prozent- und Zinsrechnen, Seite 18

1
Beim zweiten Angebot ist der Rabatt höher, nämlich 33,4 %, beim ersten sind es 25,1 %.

2
Nach Abzug kostet die Jacke 165,75 €. Das sind 29,25 € Rabatt.

3
a) Vorher kostete er 90 €.
b) um 4,8 % (genauer 4,76 %)
c) um 21 %

4
a) 30 € (21 €; 25,50 €)   b) 811,25 € (567,88 €; 689,56 €)
c) 1240 € (868 €; 1054 €)   d) 10,73 € (7,51 €; 9,12)

5
a) Tim hatte mit 2,5 % den höheren Zinssatz (Tanja 2,25 %).
b) für 1200 €

6
a) Er muss 4,41 € Zinsen bezahlen.
b) Er würde 3,59 € Zinsen bekommen.

Basiswissen | Daten, Seite 19

1
Rangliste:
2; 5; 6; 8; 11; 11; 12; 12; 12; 14; 16; 16; 17; 17; 18; 18; 19; 19; 20; 20; 21; 22; 23; 23; 24; 25; 26

n = 27		6,75	13,5	20,25	
Platz	1.	7.	14.	21.	27.
Quartil	Min = 2	q_u = 12	z = 17	q_o = 21	Max = 26

Quartilabstand: 21 − 12 = 9
Spannweite: 26 − 2 = 24
Boxplot:

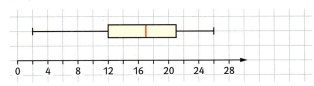

2

	Min	q_u	z	q_o	Max	q	w
a)	15	20	24	30	36	10	21
b)	5	8	12	15	28	7	23

Boxplot:

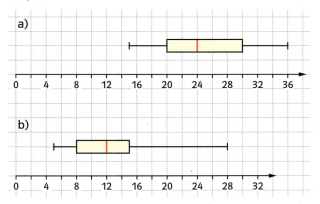

3

n = 22		5,5	11	16,5	
Platz	1.	6.	11./12.	17.	22.
Quartil	Min = 0	q_u = 1	z = 3,5	q_o = 9	Max = 31

Quartilabstand: 9 − 1 = 8
Spannweite: 31 − 0 = 31
Boxplot:

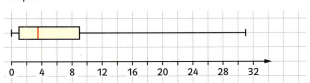

Basiswissen Wahrscheinlichkeit, Seite 20–21

1
Lostrommel – ein Los ziehen
Würfel – einmal würfeln
Kartenspiel – eine Karte ziehen
Glücksrad – einmal drehen
Münze – einmal werfen

2
a) P(Wappen) = $\frac{1}{2}$ > P(Drei würfeln) = $\frac{1}{6}$
b) P(kurzes Streichholz ziehen) = $\frac{1}{4}$ > P(rote Kugel ziehen) = $\frac{1}{5}$

3
a) P(Apfelgeschmack) = $\frac{4}{20}$ = $\frac{1}{5}$ = 20 %
b) P(Zitronen- oder Orangengeschmack) = $\frac{11}{20}$ = 55 %
c) P(andere Geschmacksrichtung) = $\frac{5}{20}$ = $\frac{1}{4}$ = 25 %

4

a) P(eine bestimmte Zahl) = $\frac{1}{37} \approx 2{,}7\,\%$

b) P(eine von drei Zahlen) = $\frac{3}{37} \approx 8{,}1\,\%$

c) P(eine Zahl von 1 bis 18) = $\frac{18}{37} \approx 48{,}6\,\%$

5

a) Die Wahrscheinlichkeit, dass ein unbekannter Spender die geeignete Blutgruppe hat, beträgt für die Blutgruppe A 50 %, B 18 %, AB 6 %, 0 100 %.

b) Die Wahrscheinlichkeit, dass für einen unbekannten Empfänger die richtige Blutgruppe vorliegt, beträgt bei A 82 %, B 50 %, AB 100 %, 0 38 %.

6

Relative Häufigkeit für Gelb: 100 % − 54,8 % − 32,4 % = 12,8 %
12,8 % von 1250 = 160 Die Farbe Gelb kam 160-mal vor.

7

a) Man muss mindestens 401 Lose kaufen.

b) P(mindestens ein Gewinn) = $\frac{100}{500} \cdot \frac{99}{499} + \frac{100}{500} \cdot \frac{400}{499} \cdot 2$
$= \frac{89\,900}{249\,500} = \frac{899}{2495} \approx 36{,}0\,\%$

8

P(unbrauchbares Paar) = 1 − P(brauchbares Paar) = $1 - \frac{3}{4} \cdot \frac{3}{4}$
$= 1 - \frac{9}{16} = \frac{7}{16} = 43{,}75\,\%$

9

P(auf keine Fallgrube treten) = $\frac{5}{8} \cdot \frac{4}{7} = \frac{20}{56} \approx 35{,}7\,\%$

10

a) Anzahl der Ergebnisse: $5 \cdot 5 = 25$

b)

Sau: $0{,}65 \cdot 0{,}65 = 0{,}4225 = 42{,}25\,\%$

Suhle: $0{,}25 \cdot 0{,}25 = 0{,}0625 = 6{,}25\,\%$

Haxe: $0{,}07 \cdot 0{,}07 = 0{,}0049 = 0{,}49\,\%$

Backe: $0{,}01 \cdot 0{,}01 = 0{,}0001 = 0{,}01\,\%$

Schnauze: $0{,}02 \cdot 0{,}02 = 0{,}0004 = 0{,}04\,\%$

P (beide Schweinchen gleiche Lage) = 49,04 %

c) P(einmal Haxe, einmal Suhle) = $0{,}07 \cdot 0{,}25 \cdot 2 = 0{,}035$
$= 3{,}5\,\%$

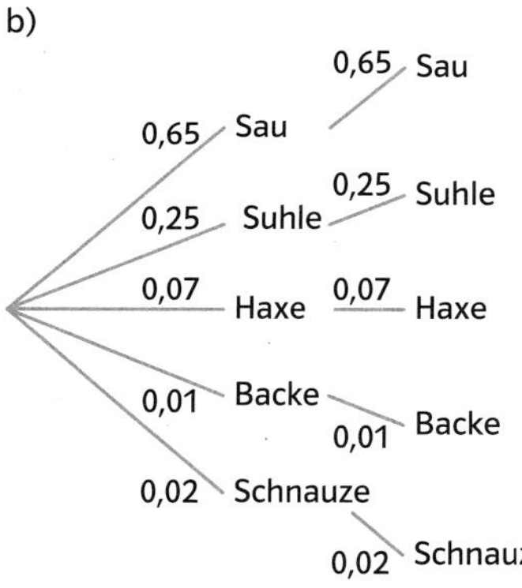

Lösungen der Rückspiegel

Rückspiegel, Seite 41, links

1
a) $x_1 = 6$; $x_2 = -6$ b) $x_1 = 11$; $x_2 = -11$
c) $x_1 = 20$; $x_2 = -20$ d) $x_1 = 3$; $x_2 = -3$
e) $x_1 = 10$; $x_2 = -10$ f) $x_1 = 7$; $x_2 = -7$

2
a) $x^2 + 8x + 16 = 33 + 16$ $x_1 = 3$; $x_2 = -11$
b) $x^2 - 14x + 49 = 15 + 49$ $x_1 = 15$; $x_2 = -1$
c) $x^2 - 10x + 25 = 231 + 25$ $x_1 = 21$; $x_2 = -11$

3
a) $x_1 = 8$; $x_2 = -3$
b) $x_1 = 5$; $x_2 = -9$
c) $x_1 = 2$; $x_2 = -4$
d) $x_1 = \sqrt{3} \approx 1{,}73$; $x_2 = -\sqrt{3} \approx -1{,}73$
e) $x_1 = x_2 = \frac{1}{3}$

4
Höhe nach 10 Sekunden: $h(10) = 90 \cdot 10 + 2{,}2 - 5 \cdot 10^2$
                        $h(10) = 402{,}2\,m$
Auftreffen auf Boden $h(t) = 90t + 2{,}2 - 5t^2 = 0$
                        $t^2 - 18t - 0{,}44 = 0$
                        $t_1 \approx 18{,}02\,s$; $t_2 \approx 0{,}02\,s$
Sinnvoll ist nur die Lösung $t_1 \approx 18{,}02\,s$.

5
$n(n + 7) = 144$; $n = 9$
Die zweite Lösung $n = -16$ ist keine natürliche Zahl.

6
Es gibt 2 Lösungen:
Für $x = 1$: $u_{Quadrat} = 16\,m$
           $u_{Rechteck} = 26\,m$
Für $x = 5$: $u_{Quadrat} = 32\,m$
           $u_{Rechteck} = 34\,m$

Rückspiegel, Seite 41, rechts

1
a) $x_1 = 0{,}1$; $x_2 = -0{,}1$ b) $x_1 = 0{,}6$; $x_2 = -0{,}6$
c) $x_1 = 18$; $x_2 = -18$ d) $x_1 = \frac{8}{9}$; $x_2 = -\frac{8}{9}$

2
a) $x_1 = 4$; $x_2 = 1{,}5$ b) $x_1 = 2{,}5$; $x_2 = -1{,}5$
c) $x_1 = 8$; $x_2 = 4$

3
a) $x_1 = 5$; $x_2 = -2$ b) $x_1 = 27$; $x_2 = -1$
c) $x_1 = 3$; $x_2 = 2$

4
$v = 180\,\frac{km}{h} = \frac{180\,000\,m}{3600\,s} = 50\,\frac{m}{s}$
$h = -\frac{5}{v^2}x^2 + h_a$
Auftreffen auf dem Boden: $h = 0$; $-\frac{5}{v^2}x^2 + h_a = 0$
                                   $-\frac{5}{50^2}x^2 + 500 = 0$
                                         $x^2 = 250\,000$
                         $x_1 = 500$; $x_2 = -500$
Sinnvoll ist nur die Lösung $x_1 = 500\,m$.

5
a) Die natürliche Zahl heißt 5.
$(x - 1)(x + 2) = 28$
b) Die gesuchte Zahl heißt 4.
$(x - 3) + \frac{1}{x - 3} = 2$

6
Die Streifen sind 1,15 m breit. Möglicher Ansatz:
$3 \cdot x + 6 \cdot x - x^2 = 0{,}5 \cdot 3 \cdot 6$

Rückspiegel, Seite 63, links

1
a) $S(0|-5)$ b) $S(0|0)$ c) $S(3|0)$ d) $S(-1|-4)$

2
A $f(x) = (x + 3)^2 - 2{,}5$ B $f(x) = (x + 1)^2 - 1{,}5$
C $f(x) = (x - 1)^2 - 3$ E $f(x) = (x - 1{,}5)^2 + 1{,}5$
D $f(x) = (x + 1{,}5)^2 + 2{,}5$

3
$P(4|1)$ liegt auf $f(x) = (x - 3)^2$
$Q(2|4{,}5)$ liegt auf $g(x) = x^2 + 0{,}5$
$S(-1|-3)$ liegt auf $h(x) = (x + 1)^2 - 3$
$R(0|2)$ liegt auf $k(x) = x^2 - 2x + 2$

4
a) $x_1 = x_2 = 3$
b) $x_1 = 4{,}5$; $x_2 = 0{,}5$
c) Die Funktion besitzt keine Nullstellen.
d) $x_1 = -5$; $x_2 = -1$

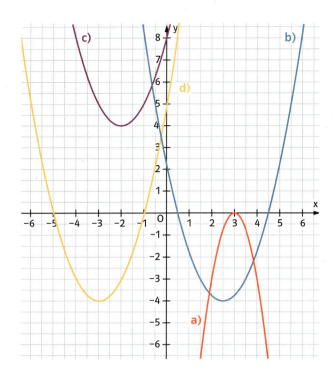
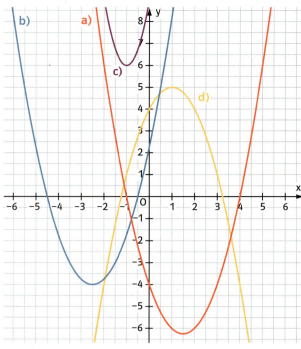

5
h = 72 m; w = 800; y = a · x²
Einsetzen:
72 = a · 400²; a = 0,00045; y = 0,00045 x²

Rückspiegel, Seite 63, rechts

1
a) S(−2|1) b) S(3|−2)
c) S(2,5|1,25) d) (−4,5|−20,25)

2
A f(x) = (x + 1)² − 4   B f(x) = (x − 3)² − 1
C f(x) = (x − 2)² − 3   D f(x) = −$\frac{1}{2}$x² + 2

3
P_3 liegt auf p_1; P_1 liegt auf p_2;
P_4 liegt auf p_3; P_2 liegt auf p_4

4
a) x_1 = 4; x_2 = −1
b) x_1 = −$\frac{1}{2}$; x_2 = −$\frac{9}{2}$
c) Die Funktion besitzt keine Nullstellen.
d) x_1 = √5 + 1 ≈ 3,24; x_2 = −√5 + 1 ≈ −1,24

5
Scheitel der Flugkurve S(0|28)
a) 0 = −x² + 28; $x_{1,2}$ = √28 ≈ 5,3 m
Etwa 5,3 m vom Felsrand entfernt.
b) Der Scheitel liegt 28 m über der Wasserfläche. Der Springer springt demnach zuerst 1 m in die Höhe.

Rückspiegel, Seite 89, links

1
a) M = 140 cm²; O = 240 cm²; V = 163,3 cm³
b) M = 1,6 m²; O = 2,3 m²; V = 0,2 m³

2
a) O = 329,0 cm²; V = 374,4 cm³
b) O ≈ 33,7 dm³; V ≈ 8,0 dm³

3
V ≈ 97 157,8 m³; M ≈ 9656,3 m² ≈ 0,97 ha

4
a) O = 104,1 dm²; V = 38,9 dm³
b) O = 10,9 m²; V = 1,8 m³

5
$V_{Pralinen}$ ≈ 329,3 cm³ V_{Quader} ≈ 725,2 cm³
In der Verpackung sind etwa 54,6 % Luft.

6
a) $M = 60e^2$; $O = 96e^2$; $V = 48e^3$
b) $M = 540e^2$; $O = 864e^2$; $V = 1296e^3$

Rückspiegel, Seite 89, rechts

1
$h_s = 5{,}0\,\text{cm}$; $h = 4{,}8\,\text{cm}$; $V = 14{,}4\,\text{cm}^3$

2
a) $O = 203{,}8\,\text{cm}^2$ \qquad b) $V \approx 313{,}24\,\text{cm}^3$

3
$V \approx 107\,303{,}6\,\text{m}^3$; $M \approx 10\,265{,}3\,\text{m}^2 \approx 1{,}03\,\text{ha}$;
Steigung $\approx 1{,}306 = 130{,}6\,\%$

4
$O = 429{,}4\,\text{cm}^2$

5
a) $V_{\text{Tennisbälle}} \approx 575{,}17\,\text{cm}^3$, $V_{\text{Zylinder}} \approx 862{,}76\,\text{cm}^3$;
Luft: $287{,}59\,\text{cm}^3 = 33{,}3\,\%$
Ein Drittel des Zylinders ist mit Luft gefüllt.
b) $V_{\text{Tischtennis-Bälle}} \approx 100{,}53\,\text{cm}^3$; $V_{\text{Quader}} = 192\,\text{cm}^3$;
Luft: $91{,}47\,\text{cm}^3 = 47{,}6\,\%$
Fast die Hälfte des Quaders ist mit Luft gefüllt.

6
a) $O = \pi e^2(1 + \sqrt{10})$ \qquad b) $O = 18e^2(\sqrt{3} + \sqrt{11})$
$V = \pi e^3$ \qquad\qquad\qquad $V = 36e^3\sqrt{2}$

Rückspiegel, Seite 109, links

1
a) $q = 1{,}05$ \quad b) $q = 1{,}28$ \quad c) $q = 2{,}23$ \quad d) $q = 0{,}83$
e) $p = 4\,\%$ \quad f) $p = -20\,\%$ \quad g) $p = 12\,\%$ \quad h) $p = -1{,}5\,\%$

2
a) $2566{,}74\,€$ \qquad b) $243{,}75\,€$ \qquad c) $7{,}6615$ Mio. Einwohner

3
a) 2000: -25 Mio. t; $p\% = -2{,}9\,\%$
 2002: $6{,}5$ Mio. t; $p\% = 0{,}8\,\%$
 2004: $-6{,}7$ Mio. t; $p\% = -0{,}8\,\%$
b) absolutes Wachstum: $-4{,}2$ Mio. t
prozentuales Wachstum: $-0{,}5\,\%$

4

a) 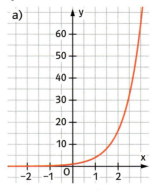 b)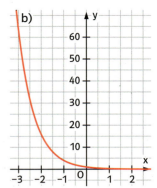

c) 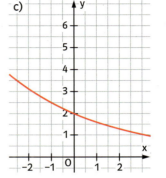 d)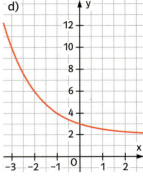

5
a) $p\% = 8\,\%$; $q = 1{,}08$ \qquad b) $p\% = -15\,\%$; $q = 0{,}85$
c) $p\% = 45\,\%$; $q = 1{,}45$ \qquad d) $p\% = -94{,}8\,\%$; $q = 0{,}052$

6
$p\% = 8\,\%$

7
Nach 12 Jahren; nach 9 Jahren

Rückspiegel, Seite 109, rechts

1
a) $q = 1{,}053$ \quad b) $q = 1{,}384$ \quad c) $q = 4{,}12$ \quad d) $q = 0{,}844$
e) $p = 105\,\%$ \quad f) $p = -4\,\%$ \quad g) $p = 112{,}5\,\%$ \quad h) $p = -65{,}5\,\%$

2
a) alte Größe = 3450; neue Größe = 4312
 $p\% = 25\,\%$; $q = 1{,}25$
b) alte Größe = 2320; neue Größe = 2124
 $p\% = -8{,}4\,\%$; $q = 0{,}916$
c) $p\% = -32\,\%$; $q = 0{,}68$

Lösungen der Rückspiegel

3
a) 2025: T − 14 Mio.; p % = T − 1,9 %
   2050: T − 64 Mio.; p % = T − 8,7 %
b) 2025: T − 0,778 Mio. pro Jahr; p % = − 0,1 %
   2050: T − 1,488 Mio. pro Jahr; p % = − 0,2 %

4

a)
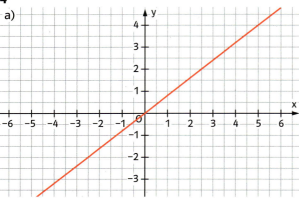

b)
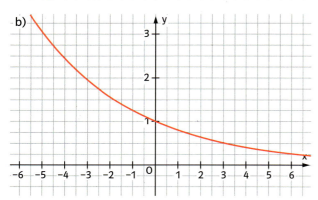

c)
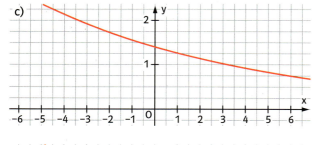

d)
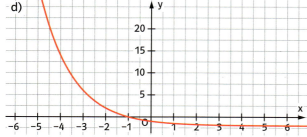

e)
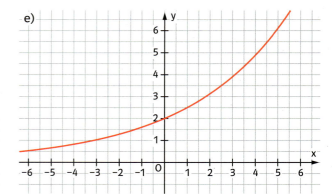

f)
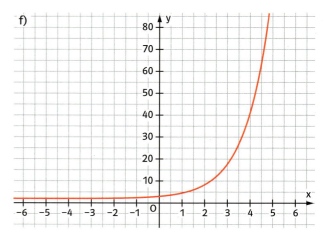

5
2,4 %

6
in der 5. Woche

7
842 €

Rückspiegel, Seite 137, links

1
a) $\beta = 55{,}3°$; $a = 4{,}6$ cm; $b = 6{,}6$ cm
b) $\alpha = 27{,}6°$; $c = 8{,}5$ cm; $a = 3{,}9$ cm

2
a) Höhe: $h = 4{,}50 \cdot \sin 65° = 4{,}08$. Die Leiter reicht 4,08 m hoch.
b) Erster Lösungsweg: $4{,}50 \cdot \sin 80° = 4{,}43$
Beim Anstellwinkel 80° reicht die Leiter 4,43 m hoch. Die Höhe 4,35 m ist also ohne Gefahr möglich.
Zweiter Lösungsweg: Der Anstellwinkel α bei 4,35 m Höhe ergibt sich aus $\sin \alpha = \frac{4{,}35}{4{,}50}$ und beträgt 75,2°. Da er kleiner ist als 80°, ist die Höhe 4,35 m zulässig.

a) 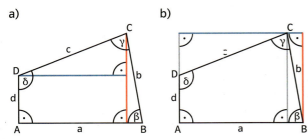 b)

3
Es ist günstig, das Viereck durch die Teilungslinie $\overline{DE}$ zu zerlegen und zugleich durch das Dreieck BFC zu ergänzen. Die Teilungslinie $\overline{GC}$ wird nur für die Berechnung von c benutzt.
A = 34,6 cm²; u = 27,9 cm

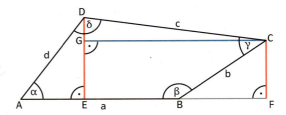

Zu a) und b): Wegen des rechten Winkels bei A sind die Parallelen zur Seite $\overline{AB}$ zugleich auch Senkrechte zur Seite $\overline{AD}$ und umgekehrt.
c) A = 35,2 cm²

4
$\sin\alpha_1 = \frac{\sqrt{2}e}{2e} = \frac{1}{2}\sqrt{2}$; $\alpha_1 = 45°$; $\overline{AB} = 2e \cdot \cos 45° = e\sqrt{2}$
$\alpha_2 = 75° - 45° = 30°$; $\overline{AD} = 2e \cdot \cos 30° = e \cdot \sqrt{3}$
$u = e \cdot (1 + 2\sqrt{2} + \sqrt{3})$

4
$\sin\beta = \frac{4e}{8e} = \frac{1}{2}$; $\beta = 30°$; $\alpha_3 = 60°$
$\overline{BC} = \frac{1}{2}\sqrt{3} \cdot 8e = 4e\sqrt{3}$
$\cos\alpha_2 = \frac{2e\sqrt{2}}{4e} = \frac{1}{2}\sqrt{2}$; $\alpha_2 = 45°$
$\overline{CD} = 2e\sqrt{2}$
$\alpha_1 = 135° - \alpha_2 - \alpha_3 = 30°$
$\overline{DE} = \overline{AD} \cdot \sin\alpha_1 = e\sqrt{2}$
$\overline{AE} = \overline{AD} \cdot \cos\alpha_1 = 2\sqrt{2} \cdot \frac{1}{2}e \cdot \sqrt{3} = e \cdot \sqrt{6}$
$u = e \cdot (8 + 3\sqrt{2} + 4\sqrt{3} + \sqrt{6})$
$A = A_{\triangle ABC} + A_{\triangle ACD} + A_{\triangle ADE}$
$= \frac{1}{2}e^2 \cdot (4\sqrt{3} \cdot 4 + 2\sqrt{2} \cdot 2\sqrt{2} + \sqrt{6} \cdot \sqrt{2})$
$= \frac{1}{2}e^2 \cdot (16\sqrt{3} + 8 + 2\sqrt{3})$
$= e^2 \cdot (4 + 9\sqrt{3})$

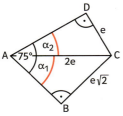

$A = \frac{1}{2}(\sqrt{2}e)^2 + \frac{1}{2}\sqrt{3}e \cdot e = \left(1 + \frac{1}{2}\sqrt{3}\right)e^2$

5
$\overline{EB} = 7,8$ cm; $\overline{BC} = 8,4$ cm; $\overline{EC} = 11,5$ cm; $\beta = 90°$
$\varepsilon = 47,1°$; $\gamma = 42,9°$

5
Das Dreieck MGH ist gleichschenklig.
$\overline{GH} = a = 6,5$ cm; $\overline{MH} = 10,0$ cm; $\overline{MG} = 10,0$ cm
$\beta = 71,0°$; $\gamma = 71,0°$; $\alpha = 37,9°$

6
a) $x = r \cdot \cos 180° = -r$ $\quad$ P(−r|0) oder P(−60 cm|0 cm)
$\quad y = r \cdot \sin 180° = 0$
b) $x = r \cdot \cos 72° = 0{,}309 \cdot r$ $\quad$ P(0,309 r|0,951 r) oder
$\quad y = r \cdot \sin 72° = 0{,}951 \cdot r$ $\quad$ P(18,54 cm|57,06 cm)
c) $x = r \cdot \cos 270° = 0$ $\quad$ P(0|−r) oder P(0 cm|−60 cm)
$\quad y = r \cdot \sin 270° = -r$

6
a) $x = r \cdot \cos 180° = -r$ $\quad$ P(−r|0) oder P(−9 m|0 m)
$\quad y = r \cdot \sin 180° = 0$
b) $x = r \cdot \cos 306° = 0{,}588 \cdot r$ $\quad$ P(0,588 r|−0,809 r) oder
$\quad y = r \cdot \sin 306° = -0{,}809 \cdot r$ $\quad$ P(5,29 m|−7,28 m)
c) $x = r \cdot \cos 405° = 0{,}707 \cdot r$ $\quad$ P(0,707 r|0,707 r) oder
$\quad y = r \cdot \sin 405° = 0{,}707 \cdot r$ $\quad$ P(6,36 m|6,36 m)

Rückspiegel, Seite 137, rechts

1
a) a = 7,1 cm; $\beta = 41,3°$; $\gamma = 64,6°$
b) c = 5,5 cm; $\alpha = 33,3°$; $\gamma = 40,0°$

2
a) Für die Länge l der Rampe gilt: $l = \frac{3{,}40}{\sin 5°} = 39{,}0$
Die Rampe ist etwa 39 m lang.
b) Nach 6 m; 12 m; … ; 36 m ist je ein Absatz nötig. Die Rampe verlängert sich dadurch um 9 m auf 48 m.

Lösungen der Rückspiegel

Lösungen des Prüfungstrainings

Arithmetik/Algebra, Seite 140

P 1
a) $8{,}2m + 9{,}5n$
b) $4xy + 19ab$
c) $-1\frac{1}{2}r + \frac{1}{6}s$
d) $\frac{7}{20}ab - 1\frac{5}{6}cd$

P 2
a) $-x - 70y$
b) $29 - 14a - 10b$
c) $-16m + 7n$
d) $-5{,}1x + 5{,}8y + 6{,}1z$

P 3
a) $-15v - 262w$
b) $-112x + 8xy - 42$
c) $30m^2 - 66mn - 12n^2$
d) $-44st + 84s$

P 4
a) $16x + 36$
b) $24x - 16$

P 5
a) $+0{,}54xy + 1{,}5x - 2{,}16y - 6$
b) $4{,}2a^2 - 33{,}5ab - 12{,}5b^2$
c) $-10{,}26r^2 + 12{,}53r - 0{,}45$
d) $1{,}3a^3 - 0{,}2a^3b - 0{,}04ab^2 - 0{,}26ab$

P 6
a) $(a-y)(a-x) = a^2 - ax - ay + xy$
$A = 5439\,m^2$
b) $(a-y)(b-x) = ab - ax - by + xy$
$A = 2257\,m^2$

P 7
a) $(12x + 9y)^2 = 144x^2 + 216xy + 81y^2$
b) $(x - 1{,}2y)^2 = x^2 - 2{,}4xy + 1{,}44y^2$
c) $m^2 + 14mn + 49n^2 = (m + 7n)^2$
d) $16t^2 - 12rt + 2{,}25r^2 = (4t - 1{,}5r)^2$
e) $4{,}41a^2 - 1{,}69b^2 = (2{,}1a - 1{,}3b)(2{,}1a + 1{,}3b)$
f) $(3v + 5w)(3v - 5w) = 9v^2 - 25w^2$
g) $(0{,}7r - 2{,}3s)^2 = 0{,}49r^2 - 3{,}22rs + 5{,}29s^2$
h) $(-1{,}5a - 4b)^2 = 2{,}25a^2 + 12ab + 16b^2$

P 8
a) $a^2 + 16a + 64 = (a + 8)^2$
b) $100 - 196z^2 = (10 - 14z)(10 + 14z)$
c) $25s^2 + 30st + 9t^2 = (5s + 3t)^2$
d) $m^2 - 1{,}2m + 0{,}36 = (m - 0{,}6)^2$

P 9
a) $45x^2 - 80y^2 = 5(9x^2 - 16y^2) = 5(3x + 4y)(3x - 4y)$
b) $18x^2 + 48xy + 32y^2 = 2(9x^2 + 24xy + 16y^2) = 2(3x + 4y)^2$
c) $0{,}5a^2 + 10ax + 50x^2 = 0{,}5(a^2 + 20ax + 100x^2)$
$= 0{,}5(a + 10x)^2$
d) $3mx^2 + 12mxy + 12my^2 = 3m(x^2 + 4xy + 4y^2)$
$= 3m(x + 2y)^2$

P 10
a) $x = -6$
b) $x = 4$
c) $x = 2$
d) $x = -5{,}5$

P 11
a) $x = 0{,}8$
b) $x = 20$
c) $x = -5$
d) $y = 6$

P 12
a) 5
b) $x = 4$; Gleichung $5(3x - 7) = 5x + 5$
$x = 5$; Gleichung $5(3x - 9) = 5x + 5$
$x = 6$; Gleichung $5(3x - 11) = 5x + 5$
Nach Umformung der Gleichung ergibt sich: ☐ $= 2x - 1$. Die gesuchte Zahl ist also das Doppelte von x minus 1.

P 13
a) Julia ist 15 Jahre alt.
b) Laura ist 15 Jahre alt.
c) Katrin ist 12 Jahre alt.

P 14
$x^2 + 48 = (x + 16)(x - 8)$
Die Seitenlänge des Quadrats beträgt 22 cm.

P 15
$6(x + 3)^2 = 6x^2 + 342$
Die Kantenlänge des ursprünglichen Würfels beträgt 8 cm.

P 16
a) $2 : 7 = x : 22{,}75$
Die Farbmischung enthält 6,5 kg rote Farbe.
b) $11{,}5 : 28{,}75 = 1 : x$
Die Farben Weiß und Blau stehen im Mischungsverhältnis $2 : 5$.

P 17
$a = \frac{u}{2} - b$ $\qquad\qquad$ $b = \frac{u}{2} - a$

u	120 cm	74 cm	11,4 cm	38,2 dm
a	54 cm	10,5 cm	3,3 cm	13,4 dm
b	6 cm	26,5 cm	24 mm	57 cm

P 18
$c = \frac{V}{a \cdot b}$
a) c = 17,5 cm   b) c = 20 cm   c) c = 4 cm   d) c = 60 cm

P 19
a) $h = \frac{V}{\pi \cdot r^2}$ $r = \sqrt{\frac{V}{\pi \cdot h}}$

b) $h = \frac{3 \cdot V}{a^2}$ $a = \sqrt{\frac{3 \cdot V}{h}}$

c) $r = \sqrt[3]{\frac{3 \cdot V}{4 \cdot \pi}}$

$r = \sqrt[3]{\frac{3 \cdot 1523{,}6}{4 \cdot \pi}} \approx 7{,}1$ cm

P 20
a) Z = 32,87 €   b) p% = 6%
c) p% = 3,5%   d) K = 1200 €
e) t = 75 Tage   f) t = 72 Tage

P 21
L = {(3; −2,5)}

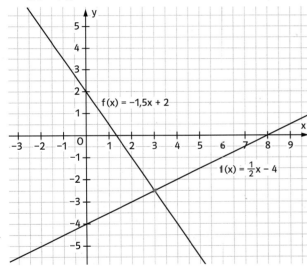

P 22
a) L = {(3; −2)}   b) L = {(−3; −6)}
c) L = {(0; −3)}   d) L = {(2,5; 2)}

P 23
a) L = {(2; −1)}   b) L = {(5; −10)}

P 24
a) unendlich viele Lösungen
b) keine Lösung
c) genau eine Lösung
d) keine Lösung

P 25
Frau Bauer kauft 3 kg Äpfel und 4 kg Orangen.

P 26
Die beiden Mädchen erhalten je 25 €, die drei Jungen erhalten je 50 €.

P 27
Die Seiten des Rechtecks sind 24 cm breit und 32 cm lang.
Der Flächeninhalt des Rechtecks beträgt 768 cm².

P 28
a) $0{,}0\overline{37}$ b) −825   c) 49
d) −0,45   e) 0,5   f) 3

P 29
a) 1 000 000 000 000
100 000
10
1
0,001
0,000 001

b) 10^4; 10^8; 10^{-4}; 10^{-8}; 10^{-2}

P 30
a) $1{,}85149 \cdot 10^3$ b) $4{,}5932644 \cdot 10^4$
c) $3{,}45 \cdot 10^8$ d) $9{,}0000832 \cdot 10^3$
e) $6 \cdot 10^{-7}$ f) $7{,}1 \cdot 10^{-8}$
g) $4{,}78 \cdot 10^{-5}$ h) $5{,}023 \cdot 10^{-6}$

P 31
a) $\sqrt{196} = 14$ b) $\sqrt{625} = 25$
c) $\sqrt{\frac{25}{36}} = \frac{5}{6}$ d) $\sqrt{\frac{256}{441}} = \frac{16}{21}$

P 32
Die Würfelkante a ist 7 cm lang.
Die Oberfläche des zusammengesetzten Körpers beträgt 1078 cm².

P 33
a) $x_1 = 0{,}8$; $x_2 = -0{,}8$ b) $x_1 = 19$; $x_2 = -19$
c) $x_1 = 4$; $x_2 = -4$ d) $x_1 = 6$; $x_2 = -6$
e) $x_1 = 9$; $x_2 = -9$ f) $x_1 = 3{,}5$; $x_2 = -3{,}5$

P 34
a) $x_1 = 4$; $x_2 = 8$ b) $x_1 = 2$; $x_2 = -5$
c) $x_1 = 1$; $x_2 = -15$ d) $x_1 = 2{,}6$; $x_2 = -1$

P 35
a) $x_1 = -2$; $x_2 = -10$ b) $x_1 = 4$; $x_2 = -7$
c) $x_1 = 4$; $x_2 = -1{,}5$ d) $x_1 = -0{,}3$; $x_2 = 2$

P 36
a) $x^2 + 2x - 15 = 0$ L = {3; −5}
b) $x^2 + 1{,}5x - 1 = 0$ L = {0,5; −2}

P 37
a) $x^2 - 1{,}5x - 2{,}5 = 0$ \qquad $L = \{2{,}5; -1\}$
b) $x^2 + \frac{13}{3}x - \frac{10}{3} = 0$ \qquad $L = \{\frac{2}{3}; -5\}$

P 38
a) $x(x+1) = 306;\ x_1 = 17;\ x_2 = -18$
Die zwei aufeinander folgenden ganzen Zahlen sind 17 und 18 und die Zahlen −18 und −17.
b) $x^2 + (x+11)^2 = 541;\ x_1 = 10;\ x_2 = -21$
Die gesuchten Zahlen sind 10 und 21 und die beiden Zahlen −21 und −10.

P 39
$(x-5)^2 + 12 = 7$
$\{(x-5)^2 = -5\}$

P 40
$\frac{x(x+3)}{2} = 44$
$x_1 = 8;\ x_2 = -11$
Die Höhe des Dreiecks ist 11 cm und die Grundseite 8 cm lang.

P 41
$\frac{a+15}{2} \cdot a = 77$
$a^2 + 15a - 154 = 0;\ x_1 = 7;\ x_2 = -22$
Die Länge a beträgt 7 cm.

Funktionen, Seite 144

P 1
a) Es beginnt um 14.00 Uhr leicht zu regnen. Der Regen wird immer stärker und lässt ab 16.00 Uhr wieder nach. Kurz nach 17.00 Uhr ist das Fass voll. Man kann nicht feststellen, wann es zu regnen aufgehört hat, da das Fass überläuft.
Vor dem Regen war die Wasserhöhe 20 cm. Innerhalb von zwei Stunden füllte sich das Fass.
b)

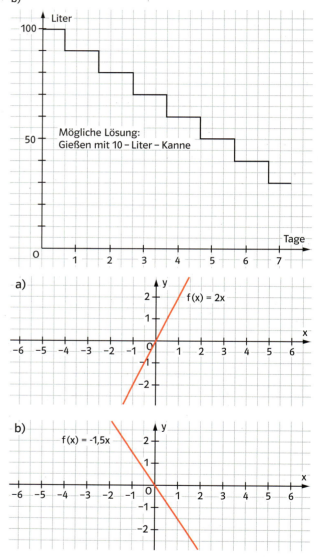

c)
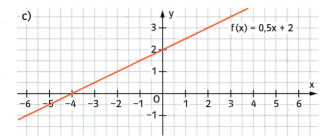

d)
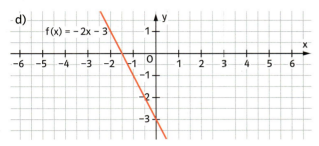

P 3
Individuelle Lösung. Beide Gleichungen haben dieselbe Steigung m.

P 4
a) $f(x) = 3x$ $g(x) = \frac{2}{3}x$ $h(x) = -0,5x$
b) $f(x) = \frac{1}{6}x + 1,5$ $g(x) = \frac{1}{3}x - 0,5$ $h(x) = -0,25x + 1$

P 5
a) $P(0|-3)$ b) $P(0|4)$ c) $P(0|-4,5)$

P 6
a) $P(0,4|0)$ b) $P(4|0)$ c) $P\left(-\frac{5}{3}\middle|0\right)$

P 7
a) $f(x) = 2x$ b) $f(x) = -3x$ c) $f(x) = \frac{1}{5}x$ d) $f(x) = x$

P 8
a) $f(x) = 4x - 10$
b) $f(x) = -x + 10$
c) $f(x) = \frac{2}{3}x + \frac{10}{3}$
d) $f(x) = -0,75x + 9$

P 9
$h(x) = -x + 2$ $g(x) = 0,5x - 1,5$ $P\left(\frac{7}{3}\middle|-\frac{1}{3}\right)$

P 10
$f(x) = 2x + 3$; $g(x) = x - 1$; $h(x) = -0,5x + 8$

P 11
a) $f(x) = 0,5x + b$ (b = ganze Zahl)
$g(x) = -x + b$ (b = 1 und ±1,5)
b) individuelle Lösung

P 12
a) C   b) A   c) –   d) B   e) D

P 13
a) $S(0|-5)$, verschobene Normalparabel
b) $S(0|0)$, schlanker
c) $S(0|2)$, breiter und verschoben, nach unten geöffnet
d) $S(3|0)$, verschoben
e) $S(-1,5|0)$, verschoben
f) $S(-3|-5)$, breiter und verschoben

P 14
$f(x) = -x^2 + 9$; $S(0|9)$

P 15
a) $P(4|-14)$; tiefster Punkt
b) $P\left(0\middle|-\frac{3}{4}\right)$; höchster Punkt
c) $P(0|-16)$; tiefster Punkt

P 16
a) $P_1(4|0)$; $P_2(-4|0)$ b) $P_1(-5|0)$; $P_2(-1|0)$
c) $P_1(5|0)$; $P_2(2|0)$

P 17
$f(x) = (x-2)^2 + c$ $c = -1; 0; 1; 2; 3; 4; 5$

P 18
Die beiden Graphen sind an der y-Achse gespiegelt.

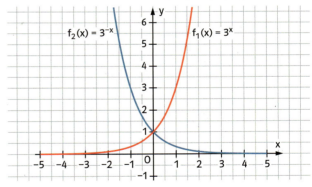

P 19
a)
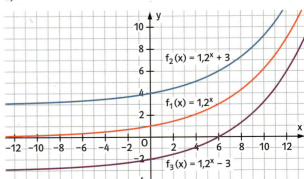

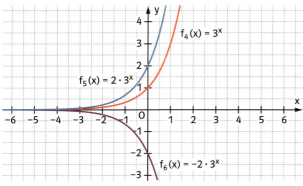

b) Der Graph von f_1 wird verschoben. Der Graph von f_5 ist steiler als der Graph von f_4. Der Graph von f_5 wird an der x-Achse gespiegelt.

P 20
$f(x) = 2^x + 2$
$g(x) = 0,5^x + 2$
$h(x) = -0,5^x - 2$
$k(x) = -2^x - 2$
$m(x) = x$
$n(x) = -x$

P 21
a) lineare Funktion
b) $f(x) = 0,05x + 100$ $\qquad$ $g(x) = 0,04x + 150$
c) Kosten G-Nord = 1450 €; Kosten West-Gas = 1230 €
Entscheidung für West-Gas
d) Kosten G-Nord = 1585 €; Kosten West-Gas = 1392 €
Der Anbieter muss nicht gewechselt werden.

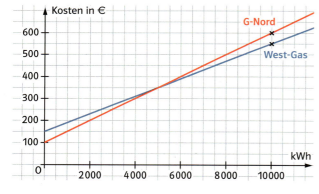

P 22
a) $f(x) = 0,05x + 2100$

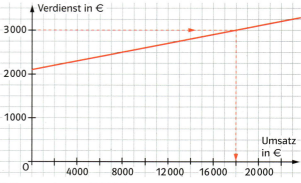

b) Er muss knapp 18 000 € umsetzen.

P 23
a) $f(x) = 224 - 1,4x$ $\quad$ (x = Anzahl der Tage)
b)

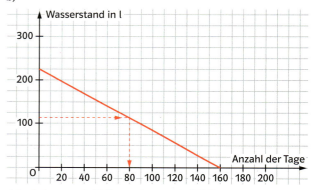

c) halb leer nach 80 Tagen, leer nach 160 Tagen.
d) Es muss die gleiche Temperatur herrschen, damit eine gleichmäßige Verdunstung stattfindet.

P 24
a) Mü – Havixbeck: 75 km/h
Havixbeck – Mü: 60 km/h und 75 km/h
b) $f(x) = x$; bzw. $g(x) = 1,25 \cdot x$ $\quad$ (x = Zeit in Minuten)
c) Die Fahrzeit beträgt etwa 7 Minuten.

P 25
a)
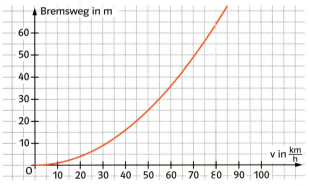
b) Der Quotient aus v und 10 wird quadriert.

P 26
a) exponentielles Wachstum
b)
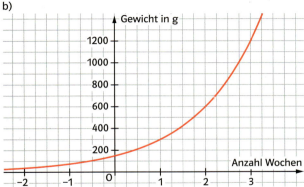
c) 4,8 kg   d) 0,0375 kg   e) nach der 6. Woche

P 27
a) $K = 500 \cdot 1{,}06^x$ b) nach dem 12. Jahr
c) 1198,28 €
    1198,28 € + 500 € = 1698,28 €
    1698,28 · $1{,}06^3$ = 2022,68 €
Der Führerschein kann bezahlt werden.

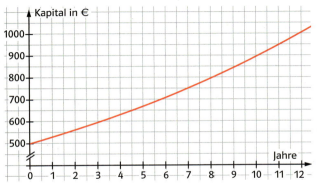

P 28
a) $f(x) = 5 \cdot 0{,}92^x$

Anzahl der Tage	0	1	2	3	4
Jodmasse in mg	5	4,60	4,23	3,89	3,58

Anzahl der Tage	5	7	10	15
Jodmasse in mg	3,30	2,79	2,17	1,43

b)
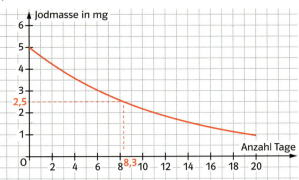

c) Halbwertszeit = 8,3 Tage

Geometrie, Seite 148

P 1
a) α = 150°
β = 30°
γ = 150°
δ = 150°
ε = 30°

b) α = 60°
β = 60°

c) α = 40°
β = 80°

P 2

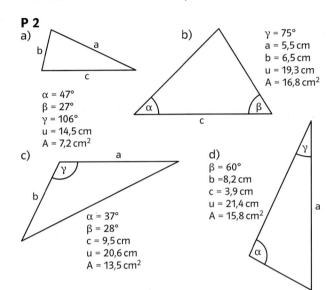

a) α = 47°
β = 27°
γ = 106°
u = 14,5 cm
A = 7,2 cm²

b) γ = 75°
a = 5,5 cm
b = 6,5 cm
u = 19,3 cm
A = 16,8 cm²

c) α = 37°
β = 28°
c = 9,5 cm
u = 20,6 cm
A = 13,5 cm²

d) β = 60°
b = 8,2 cm
c = 3,9 cm
u = 21,4 cm
A = 15,8 cm²

P 3
a) $\frac{8\,cm}{50\,cm} = \frac{h}{3000\,cm}$

$h = \frac{24\,000\,cm}{50\,cm} = 480\,cm = 4{,}80\,m$

$h_{ges} = 4{,}80\,m + 1{,}50\,m = 6{,}30\,m$

b) $\frac{d}{c} = \frac{b}{a}$

$d = \frac{b \cdot c}{a} = \frac{10\,m \cdot 15\,m}{12\,m} = 12{,}50\,m$

P 4
a) $h^2 = s^2 - \left(\frac{c}{2}\right)^2 = 6^2 - 4{,}5^2 = 15{,}75$
$h \approx 4{,}0\,cm$

b) $\left(\frac{c}{2}\right)^2 = s^2 - h^2 = 5^2 - 3^2 = 16$
$\frac{c}{2} = 4$; c = 8

c) $s^2 = h^2 + \left(\frac{c}{2}\right)^2 = 400^2 + 175^2 = 190\,625$
$s \approx 436{,}6\,m$

d) △ABC = Gleichseitiges Dreieck, daraus folgt: s = c = 8 cm
$h^2 = s^2 - \left(\frac{c}{2}\right)^2 = 8^2 - 4^2 = 48$
$h \approx 6{,}9\,cm$

P 5

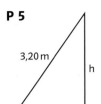

$h^2 = 3{,}20^2 - 1{,}10^2 = 9{,}03$
$h \approx 3{,}00\,m$

P 6
$r^2 = 7{,}00^2 - 6{,}50^2 = 6{,}75$
$r \approx 2{,}60\,m$; d = 5,20 m
Rechnet man links und rechts jeweils 50 cm Tanzbreite hinzu (= 1,00 m), muss die Tanzfläche einen Durchmesser von mindestens 6,20 m haben.

P 7
a) Gleichschenkliges, rechtwinkliges Dreieck:
$A = \frac{a^2}{2} = \frac{5^2}{2} = 12{,}50\,cm^2$
$u = 2a + \sqrt{2a^2} \approx 17{,}1\,cm$

b) Symmetrisches Trapez:
$A = \frac{5+8}{2} \cdot 5 = 32{,}50\,cm^2$
$u = a + b + 2 \cdot \sqrt{a^2 + \left(\frac{b-a}{2}\right)^2} \approx 13 + 2 \cdot 5{,}22 = 23{,}44\,cm$

c) Parallelogramm:
$A = a \cdot b = 5 \cdot 8 = 40{,}0\,cm^2$
$u = 2 \cdot a + 2 \cdot \sqrt{a^2 + b^2} \approx 10 + 2 \cdot 9{,}43 = 28{,}86\,cm$

P 8
a) $A = 7{,}2^2 + \frac{1}{4} \cdot \pi \cdot 7{,}2^2 \approx 92{,}56\,m^2$
$u = 7{,}2 \cdot 4 + \frac{1}{4} \cdot \pi \cdot 14{,}4 \approx 40{,}11\,m$

b) $A = 40 \cdot 60 + \pi \cdot 20^2 \approx 3656{,}64\,m^2$
$u = 2 \cdot 60 + \pi \cdot 40 \approx 245{,}66\,m$

c) $A = \frac{1}{2} \cdot \pi \cdot 16^2 + \frac{1}{2} \cdot \pi \cdot 12^2 + \frac{1}{2} \cdot \pi \cdot 4^2 = \frac{1}{2} \cdot \pi \cdot 416$
$\approx 653{,}45\,m^2$
$u = \frac{1}{2} \cdot \pi \cdot (32 + 24 + 8) = \frac{1}{2} \cdot \pi \cdot 64 \approx 100{,}53\,m$

P 9
a) $u_1 = \pi \cdot 6 \approx 18{,}85\,cm$
$u_2 = \pi \cdot 20 \approx 62{,}83\,cm$
1s: $\frac{u_1}{u_2} \cdot 20 = \frac{\pi \cdot 6}{\pi \cdot 20} \cdot 20 = 6$ Umdrehungen (des großen Laufrads B)
1 min: 6 · 60 = 360 Umdrehungen
1 h: 6 · 60 · 60 = 21 600 Umdrehungen

b) Auch dieses Rad dreht sich entsprechend Nr. 9 a).
$u_1 = \pi \cdot 5 \approx 15{,}71\,cm$
$u_2 = \pi \cdot 17{,}2 \approx 54{,}03\,cm$
1s: $\frac{u_1}{u_2} \cdot 20 = \frac{\pi \cdot 5}{\pi \cdot 17{,}2} \cdot 20 \approx 5{,}81$ Umdrehungen (des großen Laufrads B)
1 min: 5,81 · 60 = 348,6 Umdrehungen
1 h: 5,81 · 60 · 60 = 20 916 Umdrehungen

P 10

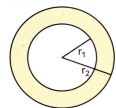

$r_1 = 2{,}40\,\text{m}$
$r_2 = \frac{u}{2 \cdot \pi} = \frac{22{,}80}{2 \cdot \pi} \approx 3{,}63\,\text{m}$
$A = A_2 - A_1 = \pi \cdot (3{,}63^2 - 2{,}40^2)$
$\approx 23{,}30\,\text{m}^2$

Das Blumenbeet um die Windmühle ist etwa 23,30 m² groß.

P 11
a) $V = 3 \cdot 10 \cdot 6 = 180\,\text{m}^2 = 180\,000\,l$ ($1\,\text{m}^2 = 1000\,\text{dm}^2 = 1000\,l$)
b) $180\,000 \cdot \frac{1}{8} = 22\,500\,l$ müssen abgepumpt werden.
$22\,500 : 16 = 1406{,}25\,\text{min} = 23\,\text{h}\,26\,\text{min}\,15\,\text{s}$ (: 60) ≈ 1 d
Das Abpumpen von einem Achtel der Wassermenge dauert fast einen Tag.

P 12
(A) a)

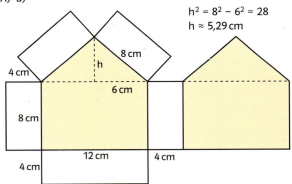

$h^2 = 8^2 - 6^2 = 28$
$h \approx 5{,}29\,\text{cm}$

b) $O = 2 \cdot (12 \cdot 8) + 2 \cdot \left(\frac{1}{2} \cdot 12 \cdot 5{,}29\right) + 4 \cdot (4 \cdot 8) + (12 \cdot 4)$
$= 431{,}48\,\text{cm}^2$ (≈ 4,3 dm²)
$V = 12 \cdot 8 \cdot 4 + \frac{1}{2} \cdot 12 \cdot 5{,}29 \cdot 4 = 384 + 126{,}96 = 510{,}96\,48\,\text{cm}^3$
(≈ 0,5 dm³)
c) $P = O \cdot 1{,}16 = 500{,}52\,\text{cm}^2$ (≈ 5,0 dm²)

(B) a)

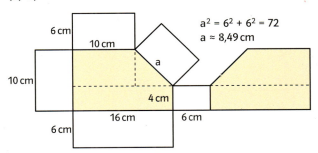

$a^2 = 6^2 + 6^2 = 72$
$a \approx 8{,}49\,\text{cm}$

b) $O = 2 \cdot (16 \cdot 4) + 2 \cdot \left(\frac{16+10}{2} \cdot 6\right) + (4 \cdot 6) + 2 \cdot (6 \cdot 10) + (16 \cdot 6)$
$+ (8{,}49 \cdot 6) = 574{,}91\,\text{cm}^2$ (≈ 5,7 dm²)
$V = 16 \cdot 4 \cdot 6 + \frac{16+10}{2} \cdot 6 \cdot 6 = 384 + 468 = 852\,\text{cm}^3$ (≈ 0,85 dm³)
c) $P = O \cdot 1{,}16 = 666{,}90\,\text{cm}^2$ (≈ 6,7 dm²)

P 13
a) Trapezprisma:
$V = \frac{6{,}3 + 22{,}8}{2} \cdot 5{,}6 \cdot 28 = 2281{,}44\,\text{m}^3$
Es müssen etwa 2300 m³ Erde bestellt werden.
b) $a^2 = 8{,}25^2 + 5{,}60^2$
$a \approx 9{,}97\,\text{m}$
$O = (2 \cdot 9{,}97 + 6{,}3) \cdot 28 = 26{,}24 \cdot 28 = 734{,}72\,\text{m}^2$
Die Schafe können hier auf etwa 735 m² Wiese grasen.
c) Das Trapezprisma sollte aus Platzgründen auf einem DIN-A4-Blatt im Querformat gezeichnet werden.

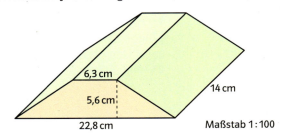

Maßstab 1 : 100

P 14
a) Geschlossener Zylinder:
$O = 2 \cdot \pi \cdot r^2 + 2 \cdot \pi \cdot r \cdot h = 2 \cdot \pi \cdot (r^2 + r \cdot h)$
a) $O = 2 \cdot \pi \cdot (12^2 + 12 \cdot 18) \approx 2261{,}95\,\text{cm}^2 \approx 22{,}62\,\text{dm}^2$
$\xrightarrow{\cdot 250}$ 5655 dm² = 56,55 m²
b) $O = 2 \cdot \pi \cdot (20^2 + 20 \cdot 85) \approx 13\,194{,}69\,\text{cm}^2 \approx 131{,}95\,\text{dm}^2$
$\xrightarrow{\cdot 250}$ 32 987,5 dm² ≈ 329,88 m²
c) $O = 2 \cdot \pi \cdot (2{,}5^2 + 2{,}5 \cdot 3{,}2) \approx 89{,}54\,\text{cm}^2$
$\xrightarrow{\cdot 250}$ 22 385 cm² ≈ 2,24 m²
d) $O = 2 \cdot \pi \cdot (0{,}3^2 + 0{,}3 \cdot 0{,}4) \approx 1{,}32\,\text{cm}^2$
$\xrightarrow{\cdot 250}$ 330 cm² = 0,033 m²

P 15
a) $V = \frac{1}{3} \cdot \pi \cdot r^2 \cdot h$
$V = \frac{1}{3} \cdot \pi \cdot 6{,}0^2 \cdot 16{,}5 \approx 622{,}04\,\text{cm}^3$
Minimalgewicht: $622{,}04\,\text{cm}^3 \cdot 2{,}62\,\text{g} = 1629{,}73\,\text{g} \approx 1{,}63\,\text{kg}$
Maximalgewicht: $622{,}04\,\text{cm}^3 \cdot 2{,}84\,\text{g} = 1766{,}58\,\text{g} \approx 1{,}77\,\text{kg}$
Der Marmorkegel wiegt zwischen 1,63 kg und 1,77 kg.
b) $s^2 = 16{,}5^2 + 6{,}0^2 = 308{,}25$
$s = 17{,}56\,\text{cm}$
$O = \pi \cdot r^2 + \pi \cdot r \cdot s = \pi \cdot (r^2 + 2 \cdot r \cdot s)$
$O = \pi \cdot (6{,}0^2 + 6{,}0 \cdot 17{,}56) \approx 444\,\text{cm}^2 \approx 4{,}4\,\text{dm}^2$
Der Marmorkegel besitzt eine zu schleifende Oberfläche von ungefähr 4,4 dm².

P 16
Mit Hilfszeichnungen lösen.

$h_s = \sqrt{s^2 - \left(\frac{a}{2}\right)^2}$ $h_s = \sqrt{28^2 - \left(\frac{30}{2}\right)^2} \approx 23{,}64\,\text{cm}$

$h = \sqrt{h_s^2 - \left(\frac{a}{2}\right)^2}$ $h = \sqrt{23{,}64^2 - \left(\frac{30}{2}\right)^2} \approx 18{,}27\,\text{cm}$

$V = \frac{1}{3} \cdot a^2 \cdot h$ $V = \frac{1}{3} \cdot 30^2 \cdot 18{,}27 = 5481\,\text{cm}^3 \approx 5{,}5\,\text{dm}^3$

$O = a^2 + 2 \cdot a \cdot h_s$ $O = 30^2 + 2 \cdot 30 \cdot 23{,}64 = 2318{,}4\,\text{cm}^2$
$\approx 23{,}2\,\text{dm}^2$

P 17
a) $r = 28{,}6\,\text{mm} = 2{,}86\,\text{cm}$
$V = \frac{4}{3} \cdot \pi \cdot r^3$ $V = \frac{4}{3} \cdot \pi \cdot 2{,}86^3 \approx 97{,}99\,\text{cm}^3$
$O = 4 \cdot \pi \cdot r^2$ $O = 4 \cdot \pi \cdot 2{,}86^2 \approx 102{,}79\,\text{cm}^2$
b) $V_P = (4 \cdot 5{,}72)^2 \cdot 5{,}72 = 2994{,}39\,\text{cm}^3$
$V_L = V_P - 16 \cdot V_K = 2994{,}39 - 16 \cdot 97{,}99 = 1426{,}55\,\text{cm}^2$
$p\% = \frac{1426{,}55}{2994{,}39} \cdot 100 \approx 0{,}4764 \cdot 100 \approx 47{,}64\,\%$

Rund 48 %, also fast die Hälfte, der quadratischen Packung ist mit Luft gefüllt.

Anwendungen

P 18
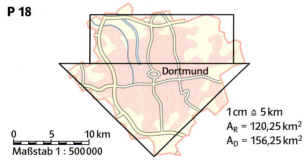

Die Gesamtfläche von Dortmund beträgt näherungsweise 276,5 km²

P 19
a) Man kann den Felsen stark vereinfacht als Kugel betrachten. Der Durchmesser d lässt sich im Vergleich mit der Person (Größe ca. 1,70 m) daneben abschätzen. Der Durchmesser des Felsens entspricht etwa der vierfachen Größe der Person. kann somit nur als Näherungswert gelten.

$a \approx 1{,}70\,\text{m}$
$d \approx 4 \cdot 1{,}70\,\text{m}$
$= 6{,}80\,\text{m};\ r = 3{,}40\,\text{m}$
$V_F = \frac{4}{3} \cdot \pi \cdot r^3$
$= \frac{4}{3} \cdot \pi \cdot 3{,}40^3$
$\approx 164{,}64\,\text{m}^3 \approx 165\,\text{m}^3$

b) $M_F = 165 \cdot 2{,}6 = 429\,\text{t}$ $429 : 1{,}2 = 357{,}5\,\text{Autos}$
Der Felsen umfasst ungefähr ein Volumen von 165 m³ und wiegt demnach etwa 429 t. Diese Masse entspricht dem Gewicht von ca. 358 Autos.

P 20
a) $80\,\text{l} = 8\,\text{dm}^3$
Füllhöhe: $h_1 = \frac{8}{8 \cdot 4{,}5} \approx 2{,}22\,\text{dm} = 22{,}2\,\text{cm}$
b) Quader: $V = a \cdot b \cdot c$ $V = 8 \cdot 4{,}5 \cdot 4 = 144\,\text{l}$
$144 - 80 = 64\,\text{l}$ (fehlen zur kompletten Füllung)
c) $V = 4^3 + 5^3 + 6^3 = 405\,\text{cm}^3 = 0{,}405\,\text{l}$
Wasseranstieg: $h_2 = \frac{0{,}405}{8 \cdot 4{,}5} = 0{,}01125\,\text{dm} \approx 1{,}1\,\text{mm}$

P 21
(1)

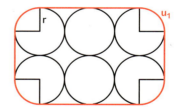

$u_1 = 2 \cdot \pi \cdot 1 + 2 \cdot 4 + 2 \cdot 2 \approx 18{,}28\,\text{cm}$
$A_1 = 20 \cdot 18{,}28 = 365{,}6\,\text{cm}^2$

(2)

$u_2 = 2 \cdot \pi \cdot 1 + 2 \cdot 10 \approx 26{,}28\,\text{cm}$
$A_2 = 20 \cdot 26{,}28 = 525{,}6\,\text{cm}^2$

(3)

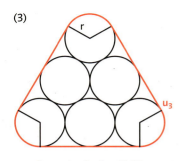

$u_3 = 2 \cdot \pi \cdot 1 + 3 \cdot 4 \approx 18{,}28 \text{ cm}$
$A_3 = 20 \cdot 18{,}28 = 365{,}6 \text{ cm}^2$
Das Seidenpapier muss mindestens 365,6 cm² groß sein.

P 22

a) Strecke: $1{,}2 + \sqrt{3{,}8^2 + 2{,}0^2} + \sqrt{1{,}8^2 + 3{,}2^2} + 2{,}0 \approx 11{,}166 \text{ km}$
$t_L = 11{,}166 \text{ km} : 5 \text{ km/h} = 2{,}23 \approx 2\text{ h } 14\text{ min}$
$t_A = 11{,}166 \text{ km} : 13 \text{ km/h} = 0{,}86 \approx 51\text{ min } 30\text{ s}$
$v_J = \frac{11{,}166}{28} \cdot 60 \approx 23{,}9 \text{ km/h}$

Lukas benötigt für die Strecke von 11,166 km etwa 2 h 14 min und Annika 51 min 30 s. Johanna fährt die Strecke mit einer Geschwindigkeit von durchschnittlich 23,9 km/h.

P 23

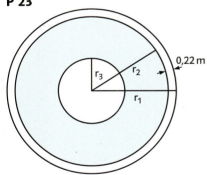

$r_2 = 5{,}54 - 0{,}22 = 5{,}32 \text{ m}$
$V = V_{r_2} - V_{r_3} = \pi \cdot h \cdot (r_2^2 - r_3^2) = \pi \cdot 14{,}04 \cdot (5{,}32^2 - 2{,}30^2)$
$\approx 1015{,}03 \text{ m}^3 \approx 1 \text{ Mio. Liter}$
In das Becken passen etwa 1 Mio. Liter Meerwasser.

P 24

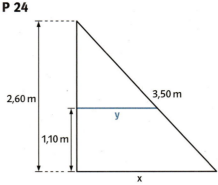

$x^2 = 3{,}50^2 - 2{,}60^2 = 5{,}49$
$x = 2{,}34 \text{ m}$
$\frac{y}{1{,}50} = \frac{2{,}34}{2{,}60}$
$y = 1{,}35 \text{ m}$
Die Glasplatte muss 1,35 m breit sein.

P 25

a) $V_1 = \frac{1}{3} \cdot \pi \cdot \left(\frac{r}{2}\right)^2 \cdot \frac{h}{2} = \frac{1}{24} \cdot \pi \cdot r^2 \cdot h = \frac{1}{24} \cdot \pi \cdot 3{,}4^2 \cdot 7{,}2$
$\approx 10{,}9 \text{ cm}^3$
$V_2 = \frac{1}{3} \cdot \pi \cdot r^2 \cdot h = \frac{1}{3} \cdot \pi \cdot 3{,}4^2 \cdot 7{,}2 \approx 87{,}2 \text{ cm}^3$
Das Volumen ist 8-mal so groß.

b) $V_3 = \frac{1}{3} \cdot \pi \cdot \left(\frac{r}{4}\right)^2 \cdot \frac{h}{4} = \frac{1}{192} \cdot \pi \cdot r^2 \cdot h = \frac{1}{192} \cdot \pi \cdot 3{,}4^2 \cdot 7{,}2$
$\approx 1{,}4 \text{ cm}^3$
Das Volumen ist 8-mal kleiner.

c)

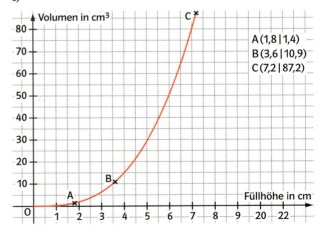

P 26

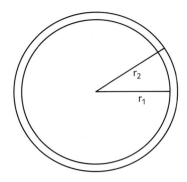

Berechnung mithilfe des Taschenrechners:
$V = V_{r_1} - V_{r_2} = \frac{4}{3} \cdot \pi \cdot (r_2^3 - r_1^3) = \frac{4}{3} \cdot \pi \cdot (3397{,}011^3 - 3397^3)$
$\approx 1595126{,}077 \, km^3 \approx 1{,}6 \, Mio. \, km^3$
Die Aussage des Zeitungsartikels stimmt.

P 27

a) $A = \pi \cdot r^2 = \pi \cdot 57{,}5^2 \approx 10386{,}9 \, m^2$
$u = 2 \cdot \pi \cdot r = 2 \cdot \pi \cdot 57{,}5 \approx 361{,}28 \, m$
b) Die Länge des Umfangs entspricht annähernd der Anzahl der Tage im Jahr. Das ist Zufall, da es vor mehreren Tausend Jahren noch keine einheitliche Längeneinheiten und erst recht keine Metereinheit gab.

P 28

a) Bei allen drei Körpern handelt es sich um zusammengesetzte bzw. ausgehöhlte Körper, deren Volumen bzw. Oberfläche aus einzelnen Elementen zusammengesetzt werden muss.
$h_c^2 = 8{,}0^2 - 4{,}3^2 = 45{,}51$
$h_c \approx 6{,}75 \, cm$
$h^2 = 6{,}75^2 - 4{,}3^2 = 27{,}0725$
$h \approx 5{,}2 \, cm$
$V = a^2 \cdot b + \frac{1}{3} \cdot a^2 \cdot h = 8{,}6^2 \cdot 3{,}2 + \frac{1}{3} \cdot 8{,}6^2 \cdot 5{,}2 = 364{,}87 \, cm^3$
$O = 4 \cdot a \cdot b + a^2 + 2 \cdot a \cdot h_c = 4 \cdot 8{,}6 \cdot 3{,}2 + 8{,}6^2 + 2 \cdot 8{,}6 \cdot 6{,}75 = 300{,}14 \, cm^2 \approx 3 \, dm^2$

b) $h_2 = 8{,}0^2 - 3{,}4^2 = 52{,}44$
$h \approx 7{,}24 \, cm$
$V = \pi \cdot \left(\frac{a}{2}\right)^2 \cdot a + \frac{1}{3} \cdot \pi \cdot \left(\frac{b}{2}\right)^2 \cdot h = \pi \cdot 1{,}0^2 \cdot 2{,}0 + \frac{1}{3} \cdot \pi \cdot 3{,}4^2 \cdot 7{,}24 \approx 93{,}93 \, cm^3$
$O = \pi \cdot \left(\frac{a}{2}\right)^2 + \pi \cdot a \cdot a + \pi \cdot \left(\frac{b}{2}\right) \cdot c + \pi \cdot \left(\left(\frac{b}{2}\right)^2 - \left(\frac{a}{2}\right)^2\right)$
$= \pi \cdot 1{,}0^2 + \pi \cdot 2{,}0 \cdot 2{,}0 + \pi \cdot 3{,}4 \cdot 8{,}0 + \pi \cdot (3{,}4^2 - 1{,}0^2)$
$\approx 134{,}33 \, cm^2 \approx 1{,}3 \, dm^2$

c) $V = \pi \cdot \left(\frac{a}{2}\right)^2 \cdot b - \frac{2}{3} \cdot \pi \cdot \left(\frac{c}{2}\right)^3 = \pi \cdot 4{,}0^2 \cdot 5{,}0 - \frac{2}{3} \cdot \pi \cdot 3{,}4^3$
$\approx 169{,}0 \, cm^3$
$O = \pi \cdot \left(\frac{a}{2}\right)^2 + \pi \cdot a \cdot b + \frac{1}{2} \cdot 4 \cdot \pi \cdot \left(\frac{c}{2}\right)^2 + \pi \cdot \left(\left(\frac{a}{2}\right)^2 - \left(\frac{c}{2}\right)^2\right)$
$= \pi \cdot 4{,}0^2 + \pi \cdot 8{,}0 \cdot 5{,}0 + \frac{1}{2} \cdot 4 \cdot \pi \cdot 3{,}4^2 + \pi \cdot (4{,}0^2 - 3{,}4^2)$
$\approx 262{,}51 \, cm^2 \approx 2{,}6 \, dm^2$

P 29

$A_L = 3{,}2 \cdot 7{,}8 + 4{,}8 \cdot 7{,}8 + 6{,}2 \cdot 6{,}0 = 99{,}60 \, m^2$
$P_L = 99{,}6 \cdot 15{,}90 \, € = 1583{,}64 \, €$
$A_F = 3{,}0 \cdot 3{,}0 + 3{,}2 \cdot 2{,}0 = 15{,}40 \, m^2$
$15{,}40 \, m^2 : 0{,}2 \, m^2 = 77 \, Kartons$
$P_F = 77 \cdot 6{,}90 \, € = 531{,}30 \, €$
$P_{ges} = 1583{,}64 \, € + 531{,}30 \, € = 2114{,}94 \, €$
Familie Sowa muss für die Renovierung 2114,94 € an Materialkosten bezahlen.

P 30

$A_1 = \pi \cdot r^2 = \pi \cdot 18{,}7^2 \approx 1098{,}58 \, m^2 = 109858 \, dm^2$
$12190 \, kg : 109858 \, dm^2 = 0{,}111 \, kg = 111 \, g$
$A_2 = \pi \cdot r^2 = \pi \cdot 14^2 \approx 615 \, cm^2 = 6{,}15 \, dm^2$
$500 \, g : 6{,}15 \, dm^2 \approx 81{,}3 \, g$
$\frac{111}{81{,}3} \approx 1{,}365 = 136{,}5 \, \%$
Die Riesenpizza ist pro Flächeneinheit um 36,5 % schwerer und somit viel dicker als die Tiefkühlpizza aus dem Supermarkt.

Zufall, Seite 154

P 1
a) $P(2) = \frac{2}{6} = \frac{1}{3} \approx 33{,}3\%$

$P(2) = \frac{3}{8} = 37{,}5\%$

$P(2) = \frac{2}{10} = \frac{1}{5} = 20\%$

b) $P(\text{ungerade}) = \frac{7}{10} = 70\%$

c) geradzahliges Ergebnis:
 gelbes Rad: 60-mal
 blaues Rad: 75-mal
 grünes Rad: 36-mal

P 2
$P(\text{blau}) = \frac{20}{60} = \frac{1}{3}$ $\qquad$ $P(\text{grün}) = \frac{24}{60} = \frac{2}{5}$

$P(\text{rot}) = \frac{12}{60} = \frac{1}{5}$ $\qquad$ $P(\text{gelb}) = \frac{4}{60} = \frac{1}{15}$

a) $P(\text{zweimal rot}) = \frac{1}{5} \cdot \frac{1}{5} = \frac{1}{20} = 4\%$

b) $P(\text{einmal blau, einmal gelb}) = 2 \cdot \frac{1}{3} \cdot \frac{1}{15} = \frac{2}{45} \approx 4{,}4\%$

c) $P(\text{mindestens einmal blau}) = P(\text{blau, beliebig}) + P(\text{beliebig, blau}) - P(\text{blau, blau}) = 2 \cdot \frac{1}{3} - \frac{1}{3} \cdot \frac{1}{3} = \frac{2}{3} - \frac{1}{9} = \frac{5}{9} \approx 55{,}6\%$

d) $P(\text{höchstens einmal rot, aber kein gelb}) = P(\text{einmal rot, einmal blau}) + P(\text{einmal rot, einmal grün}) + P(\text{einmal blau, einmal grün}) + P(\text{blau, blau}) + P(\text{grün, grün}) =$
$2 \cdot \frac{1}{5} \cdot \frac{1}{3} + 2 \cdot \frac{1}{5} \cdot \frac{1}{5} + 2 \cdot \frac{1}{3} \cdot \frac{2}{5} + \frac{1}{3} \cdot \frac{1}{3} + \frac{2}{5} \cdot \frac{2}{5} = \frac{187}{225} \approx 83{,}1\%$

P 3
a) $P(\text{rot}) = \frac{6}{14} = \frac{3}{7} \approx 42{,}9\%$

b) $P(\text{gelb, gelb}) = \frac{8}{14} \cdot \frac{8}{14} = \frac{64}{196} = \frac{16}{49} \approx 32{,}7\%$

c) $P(\text{gelb, gelb}) = \frac{8}{14} \cdot \frac{7}{13} = \frac{56}{182} = \frac{4}{13} \approx 30{,}8\%$

P 4

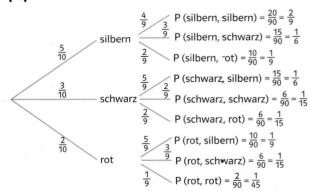

a) $P(\text{gleichfarbige Autos}) = \frac{2}{9} + \frac{1}{15} + \frac{1}{45} = \frac{14}{45} \approx 31{,}1\%$

b) $P(\text{genau einmal silberfarbig}) = \frac{1}{6} + \frac{1}{9} + \frac{1}{6} + \frac{1}{9} = \frac{5}{9} \approx 55{,}6\%$

P 5
Relative Häufigkeit:
Grundfläche: 81,6 %.
Reibefläche: 16,2 %.
Seitenfläche: 2,2 %

a) Bei 50 Würfen landet die Schachtel etwa 8 mal auf einer der Reibeflächen.

b) $P(\text{nicht G}) = P(R, R) + P(\text{einmal R, einmal S}) + P(S, S) =$
$0{,}162^2 + 2 \cdot 0{,}165 \cdot 0{,}022 + 0{,}022^2 \approx 0{,}0339 \approx 3{,}4\%$

c) $P(\text{genau einmal R}) = P(\text{einmal R, einmal G}) + P(\text{einmal R, einmal S}) = 2 \cdot 0{,}162 \cdot 0{,}816 + 2 \cdot 0{,}162 \cdot 0{,}022 = 0{,}271512 \approx 27{,}2\%$

P 6
a) $P(\text{kein Kreisel auf einer geraden Zahl}) = \frac{4}{6} \cdot \frac{2}{6} = \frac{8}{36} = \frac{2}{9} \approx 22{,}2\%$

b) $P(\text{Summe größer als 12}) = \frac{2}{6} \cdot \frac{2}{6} + \frac{2}{6} \cdot \frac{4}{6} = \frac{12}{36} = \frac{1}{3} \approx 33{,}3\%$

c) $P(\text{Produkt durch drei teilbar}) = \frac{2}{6} \cdot \frac{2}{6} + \frac{2}{6} \cdot \frac{2}{6} + \frac{2}{6} \cdot 1 = \frac{20}{36} = \frac{5}{9} \approx 55{,}6\%$

P 7
a) $P(\text{Alexandra hat zwei Treffer}) = 0{,}3 \cdot 0{,}3 = 0{,}09 = 9\%$

b) $P(\text{Katja trifft nicht}) = 0{,}4 \cdot 0{,}4 = 0{,}16 = 16\%$

c) $P(\text{Katja und Alexandra treffen je einmal}) = 0{,}3 \cdot 0{,}6 = 0{,}18 = 18\%$

P 8
$P(\text{weiß}) = \frac{54}{360} = 0{,}15;$ $\qquad$ $P(\text{gelb}) = \frac{162}{360} = 0{,}45;$

$P(\text{rot}) = \frac{108}{360} = 0{,}3;$ $\qquad$ $P(\text{blau}) = \frac{36}{360} = 0{,}1$

$P(\text{zwei unterschiedliche Farben}) = 1 - P(\text{weiß, weiß}) - P(\text{gelb, gelb}) - P(\text{rot, rot}) - P(\text{blau, blau}) = 1 - 0{,}15^2 - 0{,}45^2 - 0{,}3^2 - 0{,}1^2 = 1 - 0{,}325 = 0{,}675 = 67{,}5\%$

P 9
a) $P(\text{mindestens ein Gewinn, jedoch kein Fahrrad}) = P(\text{zwei Kleingewinne}) + P(\text{genau ein Kleingewinn})$
$= \frac{100}{500} \cdot \frac{99}{499} + 2 \cdot \frac{100}{500} \cdot \frac{399}{499} = \frac{89700}{249500} = \frac{897}{2495} \approx 0{,}3595 = 35{,}95\%$

b) $P(\text{zwei Gewinne}) = \frac{101}{500} \cdot \frac{100}{499} = \frac{10100}{249500} = \frac{101}{2495} \approx 0{,}0405 = 4{,}05\%$

c) $P(\text{genau einen Gewinn}) = 2 \cdot \frac{101}{500} \cdot \frac{399}{499} = \frac{80598}{249500} \approx 0{,}3230 = 32{,}3\%$

P 10

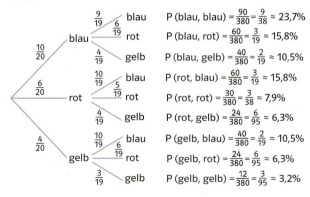

a) Variante (1) $P(\text{zwei gleiche Farben}) = \frac{90+30+12}{380} = \frac{132}{380} = \frac{33}{95} \approx 34{,}7\%$

Variante (2) $P(\text{einmal rot, einmal gelb}) = 2 \cdot \frac{24}{380} = \frac{48}{380} = \frac{12}{95} \approx 12{,}6\%$

Variante (3) $P(\text{genau einmal gelb}) = \frac{40+24+24+40}{380} = \frac{128}{380} = \frac{32}{95} \approx 33{,}7\%$

Mit Variante (2) wird das meiste Geld eingenommen.

b) Das meiste Geld wird eingenommen, wenn ein Gewinn nur mit dem Zug zweier gelber Kugeln möglich ist. Die Wahrscheinlichkeit hierfür beträgt nur 3,2%.

P 11
a)

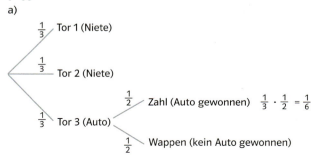

b) Mit einem Würfel könnte das Spiel simuliert werden.

Statistik, Seite 156

P 1
a)

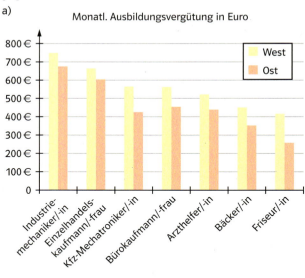

b) Ein Kreisdiagramm ist ein relatives Diagramm. Es soll Anteile einer Gesamtheit verdeutlichen. In dem vorliegenden Diagramm gibt es keine Gesamtvergütung, die 100% ausmacht. Es geht nur darum, absolute Ausbildungsvergütung miteinander zu vergleichen und nicht welchen Anteil eine Ausbildungsvergütung an einer nicht vorhandenen Gesamtvergütung einnimmt.

c) Die größte Differenz tritt bei der Friseurin oder beim Friseur auf (155 €), die kleinste Differenz bei der Industriemechanikerin oder beim Industriemechaniker (58 €). Ein Friseur im Westen bekommt 59,6% mehr Gehalt als einer im Osten. Ein Industriemechaniker im Westen bekommt 8,5% mehr Gehalt als einer im Osten.

P 2
Mögliche Lösungen: Das Diagramm beschreibt den Verlauf einer Aktie an der Börse, den Umsatz einer Firma, das Höhenprofil einer Radstrecke etc.

P 3

a)

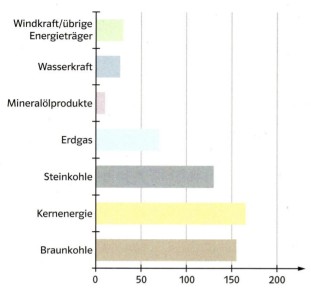

b) Braunkohle: 26,2 %
Kernenergie: 27,5 %
Steinkohle: 22,6 %
Erdgas: 11,8 %
Mineralölprodukte: 1,9 %
Wasserkraft: 4,7 %
Windkraft, übrige Energieträger: 5,2 %

c)

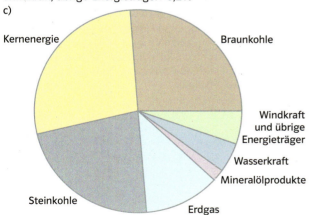

P 4

a) Gas: 24,762 Gigawattstunden
Erneuerbare Energien: 15,768 Gigawattstunden
Kernenergie: 8,059 Gigawattstunden
Öl: 40,880 Gigawattstunden
Kohle: 27,331 Gigawattstunden

b) Die 13,5 % erneuerbaren Energien Wasserkraft, Biomasse, Wind und Solar nehmen in dem zu zeichnenden Kreisdiagramm 360° ein. Das heißt 13,5 % entsprechen 360°. Somit entsprechen 0,5 % Wind- und Solarenergie $\frac{360° \cdot 0,5}{13,5} \approx$ 13,3°. Auf gleiche Weise berechnet man für Biomasse einen Winkel von 58,7° und für Wasserkraft 288,0°.
Kreisdiagramm:

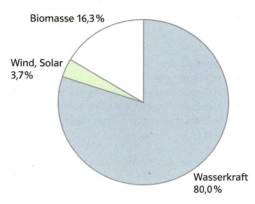

P 5

Durch die „doppelt so groß gezeichnete" Flasche wird die Umsatzsteigerung nicht korrekt dargestellt. Eine Verdopplung des Radius des Flaschenbodens sowie der Gesamthöhe bewirkt eine Verachtfachung des ursprünglichen Volumens ($V_{alt} = r^2 \pi h$; $V_{neu} = (2r)^2 \pi \, 2h = 8r^2 \pi h = 8 V_{alt}$). Die Flasche dürfte z. B. nur bei gleich bleibendem Radius doppelt so hoch gezeichnet werden. Idealerweise sollte man den Radius und die Höhe um den Faktor $\sqrt[3]{2} \approx 1,26$ vergrößern.

P 6

Wird der Radius der Apfelsinenscheibe verdreifacht, so verneunfacht sich die Fläche ($A_{alt} = r^2 \pi$; $A_{neu} = (3r)^2 \pi = 9 r^2 \pi = 9 A_{alt}$). Tatsächlich hat sich der Vitamin-C-Gehalt nur verdreifacht. Außerdem füllt die Apfelsinenscheibe von Fruchtissimo den Krug fast vollständig aus, wodurch der Eindruck entsteht, das Getränk besteht fast ausschließlich aus gesundem Vitamin C.
Der Radius der großen Apfelsinenscheibe dürfte nur das $\sqrt{3}$-Fache der kleinen Apfelsinenscheibe betragen.
Wird z. B. die kleine Apfelsinenscheibe mit dem Radius von 2 cm gezeichnet, so muss die große Apfelsinenscheibe mit dem Radius von $\sqrt{3} \cdot 2 \, \text{cm} \approx 3,5 \, \text{cm}$ gezeichnet werden.

P 7

a) Die Seitenlänge der Grundfläche und die Höhe werden um die gleichen Prozentsätze verändert, wodurch das Volumen überproportional wächst. Obwohl eine lineare Zunahme vorliegt, wächst das Volumen mit der dritten Potenz (vergleiche hierzu die Lösung zu Aufgabe 5). Der Eindruck wird noch verstärkt, da die Mülltonnen auf einem Müllberg stehen.

b)

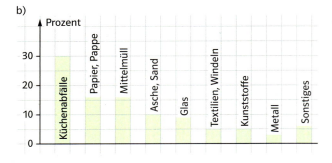

P 8
a) Die Darstellung erweckt den Eindruck, dass das Bruttosozialprodukt von Luxemburg ein Vielfaches des Bruttosozialproduktes von Deutschland beträgt, obwohl es nur gut doppelt so groß ist. Dies liegt daran, dass das Volumen mit der 3. Potenz der Seitenlänge wächst (vergleiche hierzu die Lösung zur Aufgabe 5).
b) Individuelle Lösung.
Setze das Bruttosozialprodukt von Deutschland mit 100 % = 1 an, dann hat Amerika das 1,373-fache und Luxemburg das 2,238-fache Bruttosozialprodukt. Also dürfen die Quadratflächen auch nur das 1,373-Fache bzw. 2,238-Fache der Fläche für Deutschland betragen. Die Seitenlängen für Amerika bzw. Luxemburg dürfen demnach nur das $\sqrt{1{,}373}$ ≈ 1,17-Fache bzw. $\sqrt{2{,}238}$ ≈ 1,50-Fache der Seitenlänge für Deutschland betragen.
Analog gilt für die Kantenlänge des Würfels für Amerika $\sqrt[3]{1{,}373}$ ≈ 1,11-Fache und für Luxemburg $\sqrt[3]{2{,}238}$ ≈ 1,31-Fache der Kantenlänge für Deutschland.

P 9
a) Durch das Diagramm wird der Eindruck erzeugt, der Umsatz habe sich verzehnfacht. Begründung: Die y-Achse reicht von 80 bis 85, der Umsatz steigt von 80,5 (Start bei 80 + 0,5) bis 85 (Ende bei 80 + 5).
b)

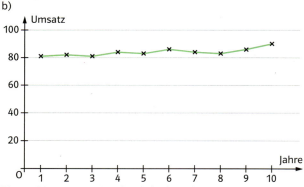

Dieses Diagramm zeigt deutlich, dass der Umsatz zwar leicht gestiegen ist, aber im Wesentlichen konstant verläuft.

P 10
a) Es wurden durch das Verschieben des Koordinatenursprungs kleine Unterschiede stark hervorgehoben. Tatsächlich ist der Unterschied sehr gering, was folgende Tabelle zeigt.
Zuckergehalt in 500 g Weingummiprodukten
A: 75 % von 500 g = 375 g
B: 77 % von 500 g = 385 g
C: 73 % von 500 g = 365 g
D: 74 % von 500 g = 370 g
E: 72 % von 500 g = 360 g
b)

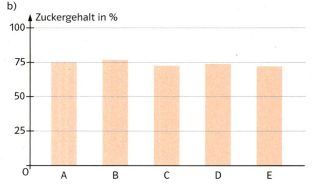

P 11
a) Das linke Säulendiagramm vermittelt den Eindruck, dass es von 1965 bis 1975 einen dramatischen Geburtenrückgang gegeben hätte. Außerdem erscheint die Geburtenrate von 1965 extrem groß. Das rechte Säulendiagramm zeigt die tatsächlichen Veränderungen der Geburten.
b) Im linken Säulendiagramm kann man die Veränderungen der Geburtenzahl von Jahrzehnt zu Jahrzehnt viel besser erkennen als im rechten Säulendiagramm. Im rechten kann man die tatsächliche Entwicklung der Geburtenzahlen pro Jahrzehnt besser erkennen.

P 12
a)

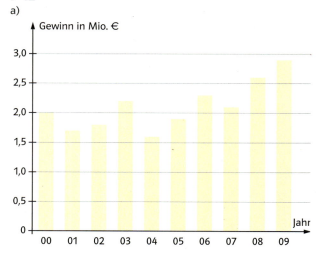

b) Individuelle Lösung.
Vorschlag einer Möglichkeit:

c) Individuelle Lösung.
Vorschlag einer Darstellung, die den Eindruck einer gleichmäßigen Gewinnentwicklung vermittelt:

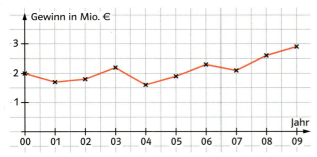

Vorschlag einer Darstellung, die den Eindruck einer turbulenten Gewinnentwicklung vermittelt:

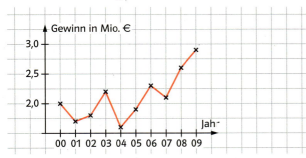

P 13
a) Diese Behauptung kann man aufgrund der Zahlen nicht aufstellen. Der Koffeingehalt von Kaffee ist auf 125 ml, der von Cola auf 330 ml bezogen. Bei einem Vergleich müsste man sich auf die gleichen Mengen beziehen.

b) Die Balkenlängen in der Grafik sind nicht maßstäblich und somit falsch. Vorausgesetzt die rechte Säule stellt 4 mg Koffein dar, so müssten die beiden anderen Säulen 10- bzw. 15- bis 25-mal so hoch sein. Tatsächlich sind sie jedoch nur 7,5- bzw. 1,5-mal so hoch.

P 14
a) Bei beiden Diagrammen ist die y-Achse nicht vollständig gezeichnet. Sie beginnt bei 38 500 Einwohner bzw. bei 42 Mrd. Euro Reiseausgaben. Dadurch erscheinen die Unterschiede von Jahr zu Jahr viel größer, als sie wirklich sind.
Bei den Reiseausgaben sind die Jahre 1999–2004 nicht aufgeführt. Dadurch entsteht zu Unrecht der Eindruck einer erheblichen Ausgabensteigerung von 1998 auf 2005. Betrachtet man ein korrektes Säulendiagramm (siehe Aufgabe b), so erkennt man, dass die Reiseausgaben zwar weiterhin gestiegen sind, aber nicht sprunghaft, sondern gleichmäßig. Die Reiseausgaben der Deutschen sind wie in den Jahren zuvor wiederum im Jahr 2005 leicht gestiegen. Dieses zeugt aber nicht von der sprunghaft gestiegenen Reiselust der Deutschen, sondern lediglich von den höheren Kosten für An- und Abreise sowie den größeren Aufenthaltskosten.

b)

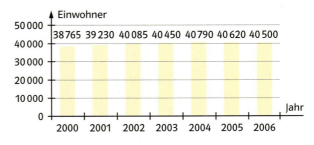

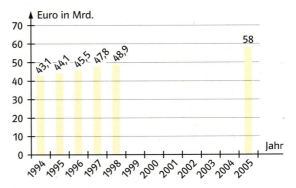

P 15

a) Zentralwert: 500 €; Mittelwert: 1473,68 €
b) Jeweils 42,1 % der Beschäftigten (8 Personen).
c) Man kann ein Kreisdiagramm erstellen, aus dem hervorgeht, welcher Anteil in jedem Arbeitsbereich aufgewendet wird. Dieses Diagramm würde die Geschäftsleitung bevorzugen.

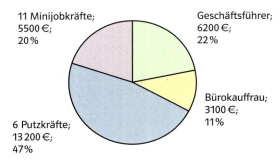

Monatliche Lohnaufwendungen

Man kann in einem Säulen- oder Balkendiagramm darstellen, wie viel eine Arbeitskraft in dem jeweiligen Arbeitsbereich verdient. Ein solches Diagramm würde die Belegschaft bevorzugen.

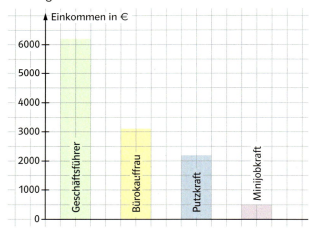

d) Der Zentralwert steigt von 500 € auf 750 €, der Mittelwert sinkt von 1473,68 € auf 1154,41 €.
e)

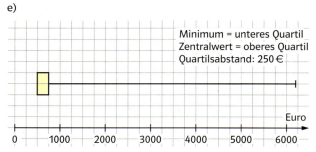

Minimum = unteres Quartil
Zentralwert = oberes Quartil
Quartilsabstand: 250 €

P 16

a) Individuelle Lösung.
Mögliche Aussagen:
- In der Klasse 10 streuen die Daten stärker als in der Klasse 8. So beträgt die Spannweite 100 h in Klasse 10 und nur 45 h in Klasse 8, der Quartilabstand 12 h in Klasse 10 und nur 7 h in Klasse 8.
- In Klasse 10 gibt es mit 100 h mindestens einen Vielseher. Mindestens ein Zehnklässler schaut gar nicht Fernsehen.
- Insgesamt sehen die Zehnklässler mehr Fernsehen als die Achtklässler. Dies wird sowohl am Mittelwert (12,4 h gegenüber 16,2 h) als auch am Zentralwert (9,5 h gegenüber 12 h) deutlich.

usw.

b)
- Nein, Quartilabstand in Klasse 8: 7 h; in Klasse 10: 12 h
Korrektur: 50 % der Achtklässler liegen in ihren Fernsehgewohnheiten näher beieinander als die Zehnklässler. Dies gilt sowohl für die untere Hälfte, als auch für die mittlere und obere Hälfte.

	Klasse 8	Klasse 10
untere Hälfte	9,5 − 5 = 4,5	12 − 0 = 12
mittlere Hälfte	15 − 8 = 7	17 − 5 = 12
obere Hälfte	50 − 9,5 = 41,5	100 − 17 = 83

- Ja, sowohl die Spannweite als auch der Quartilabstand ist in der Klasse 10 größer als in der Klasse 8.
- Ein Viertel der Klasse 8 schaut zwischen 5 und 8 Stunden Fernsehen pro Woche, sodass der Durchschnitt gut bei einer Stunde pro Tag liegen kann.

P 17

a)

	M	J	gesamt
Maximum	100	125	125
Minimum	35	15	15
Spannweite	65	110	110
Zentralwert	67,5	53,5	59
Mittelwert	67,08	60,17	63,63
oberes Quartil	82	79	80
unteres Quartil	52,5	43,5	46,5

b) Der Zentralwert bleibt jeweils gleich, der Mittelwert ist bei den Mädchen 67, bei den Jungen 58,2. Das heißt der Mittelwert verringert sich um ca. 0,1 % bei den Mädchen, um ca. 3,3 % bei den Jungen.

c)

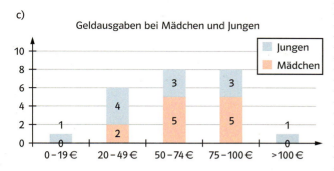

P 18
Reihe A ist zuverlässiger, denn der Zentralwert ist größer bei kleinerer Spannweite und kleinerem Quartilabstand. Die Daten liegen insgesamt dichter.

P 19
a)

	Fahrräder	Mofas	Mopeds
Maximum	75 659	7 326	12 113
Minimum	67 677	6 601	11 070
Mittelwert	72 188	6 911	11 566
Zentralwert	72 363	6 891	11 534

	Motorräder	Pkw	Busse
Maximum	42 818	319 994	5 202
Minimum	34 453	259 605	4 564
Mittelwert	38 847	297 484	4 913
Zentralwert	38 525	307 306	4 944

b) Fahrräder: Das Maximum liegt 4,81 % über dem Mittelwert, das Minimum 6,25 % drunter.
Mofas: Das Maximum liegt 6,0 % über dem Mittelwert, das Minimum 4,49 % drunter.
Mopeds: Das Maximum liegt 4,73 % über dem Mittelwert, das Minimum 4,29 % drunter.
Motorräder: Das Maximum liegt 10,22 % über dem Mittelwert, das Minimum 11,31 % drunter.
Pkw: Das Maximum liegt 7,57 über dem Mittelwert, das Minimum 12,73 % drunter.
Busse: Das Maximum liegt 5,88 % über dem Mittelwert, das Minimum 7,10 % drunter.

c) Verletzte bei Verkehrsunfällen in Prozent

	Fahrräder	Mofas	Mopeds	Motorräder	Pkw	Busse
1997	16,2	1,5	2,5	9,3	69,4	1,1
2004	18,8	1,7	2,9	8,3	66,6	1,3

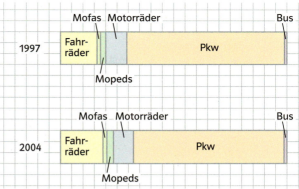

Das Verletzungsrisiko hat für Fahrradfahrer deutlich zu- und für Reisende im Pkw deutlich abgenommen. Für alle anderen Verkehrsteilnehmer ist das Verletzungsrisiko etwa gleich geblieben.

d)
- Die Aussage stimmt im Großen und Ganzen. Zwischen den Jahren 1998 und 1999 hat die Anzahl der Verletzten zugenommen, ansonsten hat sie aber kontinuierlich abgenommen.
- Aussage korrekt (462 487)
- Aussage falsch (1997: 131 010; 2004: 125 374; Unterschied: 1997 gab es 4,5 % mehr Verletzte als 2004.)

P 20
Individuelle Lösung.
Zur Auswertung werden zunächst die Kennwerte und Streumaße bestimmt. Dabei wird jeweils der Wert der Klassenmitte zugrunde gelegt. Die letzte Klasse kann mit 150 Minuten angesetzt werden.
Fernverkehr: $\overline{m} \approx 4$ Minuten; $q_u = z = 1{,}5$ Minuten; $q_o = 4$ Minuten
Nahverkehr: $\overline{m} \approx 6$ Minuten; $q_u = z = 1{,}5$ Minuten; $q_o = 4$ Minuten
Gesamtverkehr: $\overline{m} \approx 5$ Minuten; $q_u = z = 1{,}5$ Minuten; $q_o = 4$ Minuten
Zur Auswertung und als Grundlage zur Diskussion sind die Werte nur bedingt geeignet. Es ist sinnvoller, die prozentuale Verteilung der Verspätungszeiten zu berechnen und mithilfe geschickter Zusammenfassung von Klassen zu argumentieren. Kreisdiagramme können die Argumentation visuell unterstützen.
a) Vertreter „Fahrgastverband pro Bahn":
Prozentuale Verteilung der Verspätungen:

Minuten	0	1–2	3–5	6–10	> 10
Nahverkehr in %	15,1	43,6	23,4	9,1	8,8
Fernverkehr in %	16,1	41,3	21,4	7,3	13,9
Gesamtverkehr in %	15,5	42,7	22,7	8,4	10,7

Kreisdiagramme:

Minuten	0	1–2	3–5	6–10	> 10
Nahverkehr in Grad	54,4	157,0	84,2	32,8	31,6
Fernverkehr in Grad	58,0	148,7	77,0	26,3	50,0
Gesamtverkehr in Grad	55,8	153,8	81,7	30,2	38,5

Mögliche Argumente:
- Im Durchschnitt hat jeder Zug 5 Minuten Verspätung, bei Fernzügen sind es sogar durchschnittlich 6 Minuten pro Zug.
- Etwa jeder vierte Zug hat 4 und mehr Minuten Verspätung.
- Lediglich etwa 15 % aller Züge verlassen den Bahnhof pünktlich.
- Jeder 7. Fernzug (≈ 14 %) hat eine Verspätung von mehr als 10 Minuten.
- Jeder 30. Fernzug, das sind immerhin etwa 7 Züge pro Tag, hat mehr als 30 Minuten Verspätung.

usw.

b) Vertreter der Bahn
Prozentuale Verteilung der Verspätungen:

Minuten	0	1–5	6–15	16–30	30–60	> 60
Nahverkehr in %	15,1	67,0	12,3	4,7	0,8	0,1
Fernverkehr in %	16,1	62,7	13,4	4,4	1,8	1,6
Gesamtverk. in %	15,5	65,4	12,7	4,6	1,1	0,7

Kreisdiagramme:

Minuten	0	1–5	6–15	16–30	30–60	> 60
Nahv. in Grad	54,4	241,2	44,3	16,9	2,9	0,4
Fernv. in Grad	58,0	225,7	48,2	15,8	6,5	5,8
Gesamtv. in Grad	55,8	235,4	45,7	16,6	4,0	2,5

Mögliche Argumente:
- Immerhin haben 81 % aller Züge weniger als 6 Minuten und 90 % weniger als 11 Minuten Verspätung.
- Im Nahverkehr ist das Ergebnis noch besser. Hier haben sogar 82 % aller Züge weniger als 6 Minuten und 91 % weniger als 11 Minuten Verspätung.
- Mehr als die Hälfte aller Züge haben weniger als 2 Minuten Verspätung.
- Im Fernverkehr kann es in vereinzelten Fällen zu extremen Verspätungen kommen. Lässt man diese Züge außer Acht, so haben die Fernzüge im Durchschnitt ähnlich wie die Nahverkehrszüge nur $4\frac{1}{2}$ Minuten Verspätung.
- Immerhin verlassen etwa die Hälfte (ca. 48 %) aller Züge den Bahnhof mit weniger als 3 Minuten Verspätung, also nahezu pünktlich.
- Von 100 Nahverkehrszügen hat lediglich ein Zug eine nennenswerte Verspätung von mehr als 30 Minuten.

usw.

Register

Abnahme 92, 104
Anhalteweg 62
allgemeine Dreiecke
　　　berechnen 120, 132

Bruchgleichungen 32, 37
Bremsweg 62

DGS 48, 55, 58, 130
Definitionsmenge 32
Diagramme lesen und beurteilen 157
Diskriminante 30

Einheitskreis 129, 132
Exponentialfunktion 90

Funktion
–, Exponentialfunktion 90
–, quadratische 42, 59

Gleichung
–, biquadratisch 39
–, gemischt quadratische 26, 37
–, quadratische 22, 37
–, rein quadratische 24, 37
–, unvollständig gemischt
　　　quadratische 28

Halbwertszeit 102
Hilfsdreieck 127, 132

Kegel
–, Bogenlänge 74
–, Mantelfläche 74
–, Mantellinie 74,
–, Netz 74
–, Oberfläche 74, 85
–, Schrägbild 66
–, Volumen 76, 85
Kosinus 112, 132
–, besondere Werte 114
Kosinusfunktion 129, 132
–, Periodizität 131
Kugel
–, Oberfläche 80, 85
–, Volumen 78, 85

Lösungsformel 29, 37
Logarithmieren 107

Modellieren 56, 59, 101

Netz
–, Pyramide 68
–, Kegel 74
Normalparabel 44, 59
Nullstellen der quadratischen
　　　Funktion 53, 59
–, Anzahl der Nullstellen 54

quadratische Ergänzung 26, 37, 50
quadratische Gleichung 24, 37
–, Anzahl der Lösungen 30
–, Diskriminante 30
–, Lösungsformel 29, 37
–, Normalform 29
–, zur Lösung von Problemen 34

Parabel
–, Lage der Parabel 44, 49, 59
–, Normalparabel 44, 59
–, Öffnung der Parabel 46, 59
–, Schnittpunkte zweier Parabeln 61
–, Tangente 61
Polarkoordinaten 123
p,q-Formel 29
Pyramide
–, Mantelfläche 68
–, Netz 68
–, Oberfläche 68, 85
–, Schrägbild 66
–, Stumpf 73
–, Volumen 71, 85

rechtwinklige Dreiecke
　　　berechnen 115, 132

Satz von Vieta 31
Scheitel 44
Scheitelpunktform der quadratischen
　　　Funktion 49, 59
Schrägbild
–, Kegel 66
–, Pyramide 66
Sinus 112, 132
–, besondere Werte 114
Sinusfunktion 129, 132
–, Periodizität 131
Sinussatz 136
pitzkörper 66
Steigung 118

Tangens 112, 132
–, besondere Werte 114
Trigonometrie 110
–, in der Ebene 120, 132
–, im Raum 127, 132

Verdopplungszeit 103
Vielecke 124

Wachstum 92, 104
–, durchschnittliches 92, 104
–, exponentielles 96, 104
–, lineares 96, 104
Wachstumsfaktor 94, 104
Wachstumsrate 94, 104

Zusammengesetzte Körper 82, 85

Mathematische Symbole

=	gleich	g, h, …	Buchstaben für Geraden
≈	ungefähr gleich	A, B, … , P, Q, …	Buchstaben für Punkte
<	kleiner als	α, β, γ, δ, …	griechische Buchstaben für Winkel
>	größer als		
ℕ	Menge der natürlichen Zahlen	$\overline{AB}$	Strecke mit den Endpunkten A und B
ℝ	Menge der reellen Zahlen		
ℤ	Menge der ganzen Zahlen	A(−2∣4)	Punkt im Koordinatensystem mit dem x-Wert −2 und y-Wert 4
ℚ	Menge der rationalen Zahlen		
g ⊥ h	die Geraden g und h sind zueinander senkrecht	π	Kreiszahl
⦜	rechter Winkel	√	Wurzel
g ∥ h	die Geraden g und h sind parallel		

Maßeinheiten und Umrechnungen

Zeiteinheiten

Jahr	Tag	Stunde	Minute	Sekunde
1 a	= 365 d			
	1 d	= 24 h		
		1 h	= 60 min	
			1 min	= 60 s

Gewichtseinheiten

Tonne	Kilogramm	Gramm	Milligramm
1 t	= 1000 kg		
	1 kg	= 1000 g	
		1 g	= 1000 mg

Längeneinheiten

Kilometer	Meter	Dezimeter	Zentimeter	Millimeter
1 km	= 1000 m			
	1 m	= 10 dm		
		1 dm	= 10 cm	
			1 cm	= 10 mm

Flächeneinheiten

Quadrat-kilometer	Hektar	Ar	Quadrat-meter	Quadrat-dezimeter	Quadrat-zentimeter	Quadrat-millimeter
1 km^2	= 100 ha					
	1 ha	= 100 a				
		1 a	= 100 m^2			
			1 m^2	= 100 dm^2		
				1 dm^2	= 100 cm^2	
					1 cm^2	= 100 mm^2

Raumeinheiten

Kubikmeter	Kubikdezimeter	Kubikzentimeter	Kubikmillimeter
1 m^3	= 1000 dm^3		
	1 dm^3	= 1000 cm^3	
	1 l	= 1000 ml	
		1 cm^3	= 1000 mm^3

Bildquellenverzeichnis

U1: Getty Images (Image Bank), München – 22.2: Avenue Images GmbH (Photo Alto), Hamburg – 22.5: Avenue Images GmbH (Stockbyte), Hamburg – 23.1: Avenue Images GmbH (Stockbyte), Hamburg – 36.1 Picture-Alliance (dpaweb), Frankfurt – 40.2 Comstock, Luxemburg – 40.3 Corbis (SUKREE SUKPLANG/Reuters), Düsseldorf – 40.4: Arco Images GmbH (J. De Meester), Lünen – 42.1: iStockphoto (paulrdunn), Calgary, Alberta – 42.3: Klett-Archiv, Stuttgart – 44.2: Getty Images (photonica/Doug Plummer), München – 45.2: Klett-Archiv, Stuttgart – 57.1: BigStockPhoto.com (jramelia), Davis, CA – 57.3: Getty Images (Bongarts), München – 57.4: Werner Otto Reisefotografie - Bildarchiv, Oberhausen – 58.1: vario images GmbH & Co.KG (Faltermaier), Bonn – 64.1: Getty Images (Greg Elms/Lonely Planet Images), München – 66.1: MEV Verlag GmbH, Augsburg – 66.2: VISUM Foto GmbH (Thomas Pflaum), Hamburg – 66.3: creativ collection Verlag GmbH, Freiburg – 70.3: Mauritius Images (imagebroker), Mittenwald – 70.5: Caro Fotoagentur (Sorge), Berlin – 75.5: Ullstein Bild GmbH (Oberhäuser/CARO), Berlin – 77.3: Ullstein Bild GmbH (Imagebroker.net), Berlin – 77.4: Stiftung Neanderthal Museum, Mettmann – 77.5: iStockphoto (Holger Mette), Calgary, Alberta – 79.5: VISUM Foto GmbH (Marc Steinmetz), Hamburg – 80.1: Dreamstime LLC (Pamelajane), Brentwood, TN – 80.2: schulverlag blmv AG, Bern und Klett und Balmer AG, Zug, 2004/Fotografin: Stephanie Tremp – 81.2: Getty Images, München – 81.3: WaterFrame (Franco Banfi), München – 81.4: Mauritius Images (Hubatka), Mittenwald – 83.4: Klett-Archiv (Christof Birkendorf, Dortmund), Stuttgart – 84.1: Rüdiger Wölk, Münster – 84.3: Alamy Images RM (Werner Ottto), Abingdon, Oxon – 84.6: LWL-Medienzentrum für Westfalen (Stephan Sagurna), Münster – 86.1: Mauritius Images (Werner Otto), Mittenwald – 86.3: Klett-Archiv (Christof Birkendorf, Dortmund), Stuttgart – 87.2: Getty Images (Stone/Bruce Forster), München – 88.1: Stabsbereich Kommunale Kriminalprävention, Stuttgart – 88.2: Corbis (Rolph White), Düsseldorf – 89.1; 89.4 Corbis (Sandro Vannini), Düsseldorf – 90.1: STOCK4B GmbH RM (Isu), München – 90.2: Corbis (John Warden/Index Stock), Düsseldorf – 91.4: Getty Images RF (Photodisc/David Buffington), München – 91.5: Getty Images RF (Image Source), München – 92.2: Klett-Archiv (Gerd Mothes), Stuttgart – 93.1: Imago Stock & People, Berlin – 95.1: Picture-Alliance (Picture Press/Westermann), Frankfurt – 95.2: Daimler AG Medienarchiv, Stuttgart – 97.1: Klett-Archiv (Simianer & Blühdorn), Stuttgart – 99.1: Picture-Alliance (Godong), Frankfurt – 101.1: vario images GmbH & Co. KG (sodapix), Bonn – 106.2: Okapia (Institut Pasteur/CNRI), Frankfurt – 108.1: Picture-Alliance (ZB), Frankfurt – 110.1: Corbis (Owaki/Kulla), Düsseldorf – 110.2: Avenue Images GmbH (Mark Karrass), Hamburg – 110.3: plainpicture GmbH & Co. KG (Stock4b), Hamburg – 110.4: Picswiss Roland Zumbühl – 111.3: plainpicture GmbH & Co. KG (Stock4b), Hamburg – 119.1: Arne Wiechern, Hamburg – 119.4: MEV Verlag GmbH, Augsburg – 119.5: Helga Lade (BIM), Frankfurt – 119.6 Fotolia LLC (Monja Wessel), New York – 119.7: Fotolia LLC (James Wei), New York – 129.2: Mauritius Images (Pascal), Mittenwald – 134.3: Fnoxx, Arnulf Hettrich (Arnulf Hettrich), Stuttgart – 134.7: Arne Wiechern, Hamburg – 136.1: AKG, Berlin – 138.1:: Getty Images (Stone/Uwe Krejci), München – 138.2: MEV Verlag GmbH, Augsburg – 138.3: DigitalVision (Digital Vision), Maintal-Dörnigheim – 138.4: Bananastock RF, Watlington/Oxon – 147.2: Getty Images (FoodPix), München – 150.3: Avenue Images GmbH (Photo Disc), Hamburg – 151.2: Klett-Archiv (Rainer Pongs), Stuttgart – 152.1: Picture-Alliance (Rüsche), Frankfurt – 152.4: Picture-Alliance (ESA), Frankfurt – 153.2: AKG, Berlin – 153.4: Getty Images RF (PhotoDisc), München

Nicht in allen Fällen war es uns möglich, den uns bekannten Rechteinhaber ausfindig zu machen. Berechtigte Ansprüche werden selbstverständlich im Rahmen der üblichen Vereinbarungen abgegolten.